一样的语言，不一样的学习方法

易学C++

（第二版） | 潘嘉杰◎主编
刘春华　金定毅◎副主编

U0341431

人民邮电出版社

北京

图书在版编目（CIP）数据

易学C++ / 潘嘉杰主编. -- 2版. -- 北京：人民邮电出版社，2017.5
　　ISBN 978-7-115-44779-1

Ⅰ. ①易… Ⅱ. ①潘… Ⅲ. ①C语言—程序设计
Ⅳ. ①TP312.8

中国版本图书馆CIP数据核字(2017)第042183号

内 容 提 要

本书是为 C++程序设计学习者量身订做的辅导书。

全书分为 3 篇。前篇介绍了面向过程的程序设计，主要有基本语句、语法基础、函数机制和数据类型等内容。中篇介绍了一些实用编程技巧，内容包括阅读代码、调试程序、异常处理和简单的编程思想。后篇介绍了面向对象的程序设计，主要有类和对象、对象生灭、友元、继承、标准模板库（STL）等内容。书中常以形象的比喻来解释程序设计中的概念，通俗易懂，令读者印象深刻，能更快地进入 C++程序设计的大门。

本书的内容涵盖了绝大部分常用的 C++知识，可以作为大学计算机专业或非计算机专业的程序设计入门教材，也可供计算机爱好者自学使用。

◆ 主　　编　潘嘉杰
　　副 主 编　刘春华　金定毅
　　责任编辑　张　涛
　　责任印制　焦志炜

◆ 人民邮电出版社出版发行　　北京市丰台区成寿寺路 11 号
　　邮编　100164　　电子邮件　315@ptpress.com.cn
　　网址　http://www.ptpress.com.cn
　　固安县铭成印刷有限公司印刷

◆ 开本：787×1092　1/16
　　印张：22　　　　　　　　　2017 年 5 月第 2 版
　　字数：565 千字　　　　　　2025 年 2 月河北第 6 次印刷

定价：59.00 元

读者服务热线：(010)81055410　印装质量热线：(010)81055316
反盗版热线：(010)81055315

序

  计算机已经成为人们日常生活中不可或缺的工具。随着计算机技术的飞速发展,现在工作、学习与生活的方式和过去相比有了很大的变化,社会对人们计算机水平的要求也日益提高。作为一名大学生,特别是理工科的大学生,应该能熟练地掌握各种计算机方面的理论与技能,而程序设计就是其中的重要一项。

  与很多传统学科相比,计算机是一门比较新兴的学科。我们对它的教学方法和教学形式还在不断探索中。况且计算机技术的更新速度很快,计划永远赶不上变化,所以教师和学生都要有"活到老,学到老"的心理准备。在教学过程中,教和学应该是相辅相成的。钱伟长校长提出要拆除四堵墙,其中之一就是要拆除教与学之间的墙。教师要主动去了解教学的理念、方法与效果,学生也可以向教师提出各种建议和意见。我们希望能有更多人参与到"教和学"的探讨中来,寻求计算机专业的教学精髓。

  当我听说我们学院的潘嘉杰同志写了一本程序设计教程,我先是一阵惊喜,却并不出乎意料。潘嘉杰是一位勤奋好学、善于探索、敢于实践的同志。他不仅在程序设计方面刻苦钻研,而且还是一位出色的程序设计普及教学志愿者。他的这本《易学 C++》出版前,曾在上海一些学校试用并免费放在网上供网友试读,得到了很多学习者的喜爱和广泛的关注,上海《新闻晚报》还特意给予报道。《易学 C++》这本书不仅仅是程序设计的入门教程,也是一位成功掌握程序设计的程序员的经验之谈。它形象生动、通俗易懂,尤其那些贴近生活的实例并不是其他同类书本中能找到的。相信大家选用它作为入门教程,能够在学习过程中少走很多弯路。

  我们也期待,能有更多形象生动、通俗易懂的高质量计算机科学读物问世,共同为更广泛地普及计算机知识而努力。

上海大学 计算机工程与科学学院

党委书记 徐炜民 教授

第2版前言

自《易学 C++》出版以来，已经有八个年头了。这八年来，热心的读者通过电子邮件、QQ 等各种方式提供了诸多宝贵的建议。相比当初编写《易学 C++》时，C++这门语言本身也是在不断地改进和完善。尽管老掉牙的 Visual C++ 6.0 还在校园里发挥余热，但在大多数企业里都已经难觅踪迹。相比 C#等更"时髦"的高级语言提供的诸多便利，当年红极一时的 C++还真显得不那么好用。就连去书店里找一本讲 MFC 的书也都不容易找到了。这就是现实，计算机技术就是在发展。不论是读者还是作者，都要顺应时代的潮流，把握市场的需求。

相比于《易学 C++》第 1 版，本书主要做了以下一些改进。

- 对基础知识和技术细节进行了补充，回答初学者的一些常见问题。
- 介绍了 Visual Studio 2012、Visual C++ 6.0、Dev C++等多种开发环境。
- 对全书所有代码进行了修改，使之满足 C++标准和新的运行要求。
- 简化了面向对象部分"链表"的代码，进一步降低学习的难度。
- 补充了 STL 的相关知识，使读者能够掌握 C++高级编程的入门知识。
- 提供了配套的教学课件，既能用于自学，也可用作课堂教材。
- 加入交互式阅读特色，为读者提供不一样的阅读体验。

计算机学科的领域非常广泛，想在课堂上学到所有的知识根本不可能。对于这门学科来说，理论是基础，兴趣是关键。希望本书中与众不同的讲解和比喻能够帮助一些在计算机学科前长期徘徊的朋友尽快找到感觉。这种感觉不仅仅是正确的学习方法，更重要的是对这门学科发自内心的热爱。

本书配套提供了教学课件、Visual Studio 2012 下的源代码以及参考答案，请访问 http://www.tomatostudio.net.cn/下载或通过二维码访问获取。

《易学 C++》第 2 版由多位上海大学的好友参与修订。其中，金定毅完成第 6、7、8、9 章的修订，刘春华完成第 10、11、12、13、19、20 章的修订。潘嘉杰完成其余章节的编写、修订及全书的统稿和校对。在此感谢团队成员放弃自己的休息时间，以及辛勤的付出，使本书能够早日面世。

最后要感谢所有读者。没有你们的支持，无论什么样的作品都不会出彩，本书读者答疑 QQ 群为 282558995。

如果读者对本书有任何评论或建议，欢迎致信作者邮箱 author@tomatostudio.net.cn。

潘嘉杰

第1版前言

本书旨在帮助读者学习如何使用 C++进行编程。在编写此书的过程中，作者始终遵循"不要一下子把什么都说出来，而是循序渐进地增长读者能力"的原则。这样，读者就不会一下子被众多难以接受的概念吓住，以至于失去了继续学习的信心。作者将抽象的理论通俗化讲解，使它成为一个友好的、便于使用的指南；通俗化了的概念再实例化，突出了本书的实践性学习本质。从而向读者传达这样一个信念：任何人都可以把快乐融入到编程语言 C++的学习之中。

本书内容编排上独具匠心，依照过程化的程序设计、实战程序设计、面向对象的程序设计的次序讲解，让初学者更容易上手。学习程序设计是一个循序渐进的漫长过程，在短短的时间内很难完全掌握。若在内容上求精求全，更是难上加难。对初学者来说，知道得越多往往就越是迷茫。所以本书将不常用的技术知识略去，添加了一些常用的算法介绍和可能与后继课程有关联的知识，以帮助大家更快地掌握高级语言程序设计的精髓。

本书的初稿曾在上海一些学校试用，得到了很多学习者的喜爱和广泛的关注，上海《新闻晚报》特意报道，下面是摘自该报纸的报道：

用 F1 比赛引导程序设计初学者

推出"新概念"计算机教材

上海《新闻晚报》实习生 石洪彬 记者 李征

晚报讯：能不能编写一本浅易生动的教材供计算机初学者使用呢？最近，上海大学计算机专业的潘嘉杰用这样的思路编写了一本"新概念"计算机程序设计教材——《易学C++》，目前已交人民邮电出版社出版，最晚年底面市。

书中，小潘用 F1 赛车的各种现象来解释程序的循环结构。如赛车每跑一圈代表程序的一次循环；将程序的终止运行比作赛车退出比赛。"形象生动，通俗易懂，用鲜活的实例来解释各种原理或语法现象"，小潘希望此书能为大众普及计算机知识做点贡献。

此事在上海大学计算机学院引起了很大的反响，很多同学和老师还对图书提出了各种建议。对于书的内容，很多大学新生认为比教科书更容易懂。

本书的特点

1. 本书从初学者的角度讲解 C++，降低了 C++的学习门槛，是一本编程基础零起点的好教程。通过在网站上提供试读，本书已经得到广大 C++编程爱好者的强烈响应和支持。

《易学 C++》在各大编程论坛反响强烈，部分转载网站如下：

http://www.programfan.com/club/post-128283-1.html

http://www.programfan.com/club/post-128840-1.html

http://download.csdn.net/source/227661

http://bbs.bc-cn.net/dispbbs.asp?boardID=56&ID=37649&page=1

http://www.shubulo.com/viewthread.php?tid=32915

2. 书中的语言通俗易懂，常以形象的比喻和插图来解释 C++的语法和各种概念，便于读者理解。书中介绍的大量实用技巧也是一项特色，介绍的程序阅读、调试技巧和编程思想，是市面上同类书籍少有的。

本书的定位是 C++程序设计的入门教材，读者不需要有任何编程经验。本书既介绍 C++语法，又讨论使用 C++进行编程涉及的概念，并提供了大量实例和详细代码分析，是引导读者开始 C++编程的优秀向导。无论读者是刚开始学习编程，还是已经有一些编程经验，书中精心安排的内容都将让你的 C++学习变得既快速又容易。

本书约定

程序实例：除少数程序出于教学需要无法通过编译外，其余程序均是完整的代码，在 Visual C++ 6.0 下通过编译，并能正常运行。

小提示：提醒读者应该注意的各种细节。

试试看：鼓励读者上机试验，以得到深刻的结论。这些结论将对以后的学习有所帮助。建议有条件的读者一定要去努力尝试，没有条件的读者则需牢记书中给出的结论。

算法与思想：介绍程序设计的常用算法和思想。大多数情况下，一个程序就是把各种算法以不同的形式搭建起来。如果能够掌握这些算法，不论是对阅读别人的代码还是对自己设计程序都有很大的帮助。

习题：帮助读者巩固已经学习的知识。如果读者已经完全掌握了章节中的知识，那么完成这些习题也不会有困难。

编程环境：书中程序主要使用的编译器是微软公司的 Visual C++ 6.0，对于其他编译器不作讨论，以免初学者把各种概念混淆起来。①

友情提示：如果您是一位初学者，请务必要看到本书的每一个角落。您未阅读到的一句话，有可能是一个关键的知识点。

特别鸣谢

感谢上海市市北高级中学金缨老师、顾梦伟老师传授我许多程序设计的知识。她们在课堂上的实例仍时常在我脑海中浮现，为我的创作带来灵感。

感谢已故恩师——上海大学计算机学院陈毛狗老师，是他生前兢兢业业地教书育人，助我跨入了 C++的大门。

感谢上海大学计算机学院赵正德老师、周叔望老师在 C++语言和数据结构方面给予我诸多指导。

感谢上海大学计算机学院徐炜民老师、沈云付老师、金翊老师、吕俊老师长期以来对我写作的关心和支持。

感谢上海市北郊高级中学周一民老师在本书作为教材试用期间提出了许多宝贵的建议。

感谢上海大学机自学院陈晨同学为本书的早日出版作出了很多努力。

感谢我身边的亲人、老师、同学、朋友、网友对我写作的支持和鼓励！

由于写作时间仓促，加之水平有限，书中难免有疏漏或错误，希望各位专家、老师、同学能够不吝赐教。如果您对本书有什么建议或者意见，请发送邮件到 zhangtao@ptpress.com.cn。

作　者

2008 年 3 月

于上海大学

---

① 在本书第 2 版中，将主要使用主流的 Visual Studio 2012 集成开发环境，但同时介绍了 Visual C++ 6.0、Dev-C++等开发环境。程序代码也尽可能符合最新的 C++标准，使运行结果与编译器无关。对于更"古老"的编译器，本书中不再讨论。

目　　录

前篇　过程化的程序设计

中篇　实战程序设计

后篇 面向对象的程序设计

前篇　过程化的程序设计

第1章　C++从这里开始

本章主要讲述学习程序设计前需要了解的一些知识和学习程序设计的方法，并且对 C++作了简要的介绍。通过阅读本章的内容，可以激发读者学习 C++的兴趣。虽然本章没有介绍任何 C++的编程技巧，但却充满了各种基础概念。学好本章，对日后的学习能够起到事半功倍的效果。

本章的知识点有：

◆　软件和程序的概念

◆　程序设计的概念

◆　算法的概念

◆　计算机语言的概念

◆　C++的用途

◆　C++与 VC 的关系

◆　学习 C++的方法和技巧

1.1　软件与程序

计算机改变着我们的世界，互联网改变着我们的生活。不断发展的多媒体技术（Multimedia）、虚拟现实技术（Virtual Reality）、网络技术（Network）给一批批 70 后、80 后和 90 后打上了鲜明的烙印。20 年前的大学生尚且只能通过收音机和电视机来打发学校里的时间；15 年前的大学生有幸经历了刺蛇对狂徒的鏖战；而如今，大家都在拿着随身的小型计算机——手机刷着微博和朋友圈。随着计算机的普及，越来越多的人开始对计算机本身感兴趣。而其中最多的就是对"编程"感兴趣的技术爱好者。计算机之所以能够实现各种让人不可思议的功能，主要还是归功于软件工程师赋予了它智慧。如果你的计算机用了 3 年，你会发现芯片还是那个芯片，硬盘还是那个硬盘，但你的操作系统可能从 Windows XP 变成了 Windows Vista，接着是 Windows 7、Windows 8、Windows 10。

其实，我们平时对计算机进行的操作是在与计算机软件（Software）打交道。计算机之所以能够帮助人类工作，离不开软件的支持。打一个比方，计算机的各种硬件设备（Hardware）就像是人的身体，而软件就像是人的灵魂。少了软件这个灵魂，那么计算机只是一堆废铜烂铁。人们通过编写一款软件，来教会计算机做一些事情，像 Windows、Word、QQ 甚至游戏都是软件。

一个软件，往往是由若干个相关的程序（Program）、运行这些程序所需要的数据和相关文档（如帮助文档）等多个文件组成的。因此，要设计出一款软件，就必须从程序设计开始。那么，程序是什么呢？

那么，软件和我们所说的程序（Program）又有着什么样的关系呢？首先，要弄清什么是程序。

从初学者比较容易理解的角度说，程序是计算机执行一系列有序的动作的集合。通过一个程序，可以使计算机完成某一类有着共同特点的工作。如求解一个一元二次方程，或是找出一组数里面最大的一个数。所以，学会了程序设计，就是学会了用计算机解决各种问题。

小提示

传统的计算机学科将软件分为两大类：系统软件和应用软件。系统软件通常包括操作系统（Operating System）、数据库管理系统（Database Management System）和编译系统（Compile System），其中操作系统是计算机运行不可缺少的软件。系统软件为计算机最基本的管理、资源分配和任务调度功能提供支持。应用软件比较多，办公软件、通信软件和游戏都属于应用软件的范畴。除了系统软件和应用软件，现在还在它们之间发展起了一种叫中间件（Middleware）的软件。

1.2　程序设计要做什么

很多初学者会不解：程序设计到底是要做什么呢？我们该如何教会计算机解决问题呢？

其实，要解决一些看似不同的问题，可以归结为一种确定的过程和方法。这种能够在有限的步骤内解决一类问题的过程和方法称为算法（Algorithm）。下面以解一元二次方程为例，介绍求解的算法步骤。

（1）输入二次项系数 a，一次项系数 b 和常数项 c；

（2）计算 $\triangle=b^2\text{-}4ac$；

（3）判断 $\triangle$ 的大小，如果 $\triangle \geqslant 0$，则有实数解，否则就没有实数解；

（4）如果有实数解，就利用求根公式求出两个解；

（5）输出方程的两个实数解，或告知无解。

以上便是用自然语言描述的求解一元二次方程的算法。程序设计所要做的就是探求这种能解决一类问题的算法，并且将这种算法用计算机能够"看懂"的语言表达出来。

想要学好程序设计，最重要的是具有清晰的逻辑思维能力。一个程序员可以把生活中任何细节都归结为一个确定的过程和方法。例如，一个人回家，通常需要经过以下步骤。

（1）进入小区；

（2）进入所在的单元（楼房）；

（3）如果电梯没有坏则乘电梯，否则就走楼梯；

（4）用钥匙打开房门。

这些步骤仍然是非常粗略的。可以对每一个步骤进行细化，直到细化为每一个具体的动作。这与程序设计也是非常相似的，当一个算法已经细化到最详细的程度，就能与程序的"语句"（Statement）一一对应起来。将这些语句按顺序组织起来，便基本完成了程序的设计。

小提示

所谓语句，就是在程序设计中要编写的代码。这些代码以文本方式存在，并且其组成遵循一定的规则，即语法。与自然语言相比，计算机语言中的语法相对比较"死板"。如果在设计程序时不遵守语法规则，那么计算机可能无法正确理解程序员的意图。

1.3　选好一种语言

计算机无法懂得人类的自然语言，它有着自己的语言。计算机中最原始的语言是机器语言，这也是计算机唯一能够读懂的语言。它纯粹是由"0"和"1"组成的一串数字。这样的语言冗长难记，对一般人来说实在难以入门。接着又发明了汇编语言。机器语言指令变成了人类能够读懂的助记符，如 ADD, MOV。然而，用汇编语言编一个复杂的程序仍然显得有些困难。为了能够让计算机的语言更通俗易懂，更接近人类的自然语言，于是出现了高级语言，比较著名的高级语言有 Basic、Pascal、C++、Java 和 C#等。本书中所说的程序设计是指高级语言的程序设计。

学习程序设计之前，选好一种语言是十分有必要的。如果你是一名初学者，那么你选的语言并不需要有很强大的功能，但要能很快地让你适应、让你入门；如果你想将来从事软件设计工作，那么你务必要选一种比较符合潮流，并且有美好前景的语言。

如图 1.1 所示，本书主要选择微软公司（Microsoft）Visual Studio 2012 环境下的 C++作为教学语言，一方面是因为它是时下流行的高级语言，与 Java、C#也有很多共通之处，另一方面是因为它既能够实现结构化程序设计，方便初学者入门，又能够用于现今流行的面向对象的程序设计。因此，当你学完了 C++之后，便已经具备了多种计算机语言的基础。

图 1.1　微软 Visual Studio 2012

1.4　C++能够做些什么

或许不少人对计算机逐渐感兴趣，都是源于接触了一些优秀的游戏或者软件，我也是。当我还不知道程序设计是什么的时候，也曾幻想能够做一款像"红色警戒"那样令人兴奋的游戏，或是编出另一个操作系统，挑战一下 Windows 的霸主地位。不过，很遗憾地告诉大家，光靠本书中所介绍的 C++内容是不可能开发出让人眩目的 3D 游戏，更不可能开发出一个图形化的操作系统。但是，一个会编游戏或软件的程序员必然对本书中的内容了然于胸，因为这些都是 C++语言的基础。尽管如此，为了增加本书的趣味性，笔者还是在适合的章节处安排了一些初学者力所能及的小程序，以达到抛砖引玉的目的。

C++语言广泛应用于各种软件的开发。事实上，Windows 下的应用软件也有不少曾经是用 C++编写的（现在也有不少使用 C#或者 Java）。例如，用控制台可以编写计算量较大的科学计算程序；用 MFC 或 WinForm 类库可以编写中小型企业的内部管理软件；用图形应用程序接口可以编写 3D 游戏，或游戏机模拟器；利用 C++能够接触系统底层的特点，可以编写优化软件让计算机的运作效率大大提高；利用 C++可以与内存打交道的特点，可以编写游戏修改器；用 C++还可以编写各种手机游戏。总而言之，C++的功能是非常强大的，而且强大得很低调。

由于 C++是面向对象的高级语言，用它面向对象的特性来开发软件可以大大减少重复的工作，使设计程序变得更为轻松。例如当编写一个 Windows 窗口程序时，程序员不必去考虑窗口如何显示的细节，而只需要将大小和位置等信息输入代码即可。因为每个窗口都是相似的，没必要去做重复的工作。

图 1.2 所示是上海大学一位校友陈迪锋的作品。该赛车游戏约有 1 万行代码，使用了 Visual C++ 和多个游戏引擎。要做成这样的游戏，并不是件容易的事情。没有扎实的 C++ 基本功和多年来长期的坚持学习，很难有这样的成果。

图 1.2　用 Visual C++ 和多个引擎开发的 3D 赛车游戏

为了降低学习的难度，本书主要介绍 C++ 的语法特性以及如何编写控制台应用程序。控制台应用程序是 C++ 程序设计的基础，涵盖了 C++ 程序设计的大部分知识。而学习更多编程知识之前也必须掌握 C++ 的语法特性和控制台应用程序。

控制台应用程序是一种基于字符方式的人机界面，即用户主要通过键盘来向计算机输入信息或发出指令。这与 Windows 下的命令控制行相似，是一种最基本的交互方式。图 1.3 所示是一个典型的控制台应用程序。

图 1.3　典型的控制台应用程序

1.5　C 语言、C++ 语言和 Visual C++

在学习 C++ 之前，有必要了解 C 语言、C++ 语言和 Visual C++ 之间的关系。

C 语言是一种高级语言，它诞生于 20 世纪 70 年代。虽然它已经存在了四十九年，但至今依然被广泛运用和学习。C 语言的大多数语法也被沿用到 C++、Java 和 C#等语言中去。因此，在对计算机语言的技术路线进行分类时，通常把 C 语言和 C++放在一起，称为 C/C++。C 语言是一种结构化的语言，它的执行效率很高，并且易于移植。但是，C 语言自身并不具有面向对象的特性，因此在开发大规模的程序时会遇到些许困难。

C++语言也是一种高级语言。在设计之初，它的确是由 C 语言发展而来。C++语言能兼容 C 语言，并在这个基础上添加了重载和面向对象等特性。1998 年，C++的标准被制定出来。平时所称的 C++一般就是指符合该标准的 C++语言。直到现在，这个标准已经发布了第四个版本，即 ISO/IEC 14882:2014。需要注意的是，不能简单地认为 C++就是 C 语言的升级版。在学习 C++的过程中，也要时刻牢记 C++和 C 是两种不同的语言，不能将它们混淆。

在 1.3 节介绍了计算机语言是从机器语言、汇编语言到高级语言慢慢发展起来的。并且，计算机只能读懂人们难以掌握的机器语言。这时候就需要有一个翻译器，帮助把较接近自然语言的高级语言翻译成机器语言。这个翻译器叫做编译器（Compiler），它是一种软件。

如图 1.4 所示，Visual C++是微软公司提供的一个 C++编译器和集成开发环境（Integrated Development Environment），它是一款软件，所以 VC++和 C++是两个不同的概念。集成开发环境给程序员提供了设计程序时必要的各种功能和工具。即使是一位初学者，也只要输入一些代码，点几下鼠标就能设计出一个简单的程序来。目前微软公司已经将 C++等几种高级语言的开发环境全都融合到了 Visual Studio 中。

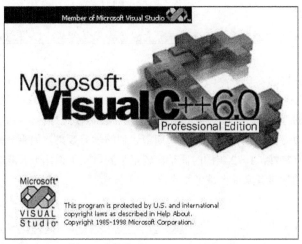

图 1.4　古老的 Microsoft Visual C++ 6.0

1.6　学习程序设计总体建议

学习方法——四"多"一"有"。

（1）多看：多看别人写的程序，从简单的程序看起，揣摩别人的思想和意图。

（2）多抄：挑选难度合适的完整代码，亲自去尝试一下运行的结果。在不断借鉴别人代码的过程中，你的思维会升级。

（3）多改：正所谓"青出于蓝胜于蓝"，把自己的思想融入别人的思想中，那么你就得到了两种思想。

（4）多实践：不要用纸和笔来写程序。没有人能保证那样写出来的程序一定能执行。一定要勤上机、勤测试，你的水平才能真正提高。

（5）有好习惯：一名优秀的程序员应该有自己良好的风格习惯。至于这些良好的习惯如何养成，在以后的章节中会陆续介绍。

必要准备——五"要"。

（1）要有一定能学会的信心和坚持到底的决心。

（2）要有足够的时间去经常写程序，经常实践。长时间不写程序，水平就会退步。

（3）要有良好的身体素质。做程序员很伤身体，废寝忘食更是家常便饭。

（4）要有一定的计算机常识和实践操作基础。

（5）要有计算机和相关软件。

1.7　C++学习的常见问题

在学习 C++语言之前，不少初学者就已经有了很多疑问，这是件好事。在正式学习之前对所学的内容和整个过程有一个大致的了解有助于安排学习的进度和深度。因此，下面罗列了初学者的常见问题，并根据笔者的经验给出了答复。如果您没有以下这些问题，那么可以跳过本章节，避免引入过多的新名词而产生困扰。

问题1：学习C++大约需要多久？有些书籍上说几十天就能学会C++这是真的吗？（来自网友E-mail）

回答：在高校中安排的 C++课程约为半年至一年，但事实上要精通 C++，这点时间是远远不够的。C++并不只是一门简单的计算机语言，而是逐渐形成了一个学科体系。要熟练运用 C++，做出界面美观、功能强大的程序，还必须对数据结构、STL、设计模式等各个专题进行深入学习。因此，学习 C++所需时间取决于学习者本身的基础和期望达到的学习效果。如果一位零基础的初学者要掌握 C++语言本身的所有特性，1～2 年的时间是比较正常的。至于说几十天能够学会 C++，对于已经精通其他计算机语言的学习者来说也是可能的。

问题2：学习C++需要什么样的数学和英语水平？学历较低可以学C++么？（来自网友留言）

回答：学习程序设计必然会用到数学和英语。至少输入的代码基本都是英文字母，我们要用的算法多少和数学、逻辑学有些关系。因此，彻底没有数学和英语基础就学习程序设计真的很困难。一般认为，有初中或以上的数学和英语基础就可以学习程序设计了。在现实中，很多中学生已经成为了编程高手。如果已经忘记以前所学的数学和英语知识，建议略花一些时间去回顾一下。数学和英语对学习程序设计还是有莫大的裨益。数学能够锻炼一个人的逻辑思维能力，使接受算法的速度更快；英语则有助于学习者看懂计算机的反馈信息、阅读更多原版的技术资料。

问题3：以前学习过程序设计，时间长都忘记了，现在不从事计算机行业。随着年龄增加，学习能力和记忆力都可能有所减弱，这样能学习C++吗？（来自网友E-mail）

回答：学习能力和记忆力的确会随年龄受到影响。但是学习 C++本来就是一个周期相对较长的过程，最重要的是保持学习的热情和耐心。C++语言的基础部分已经基本固定，不会经常发生重大变化，因此即使年龄稍大，经过努力后掌握 C++是完全可能的。

问题 4：很多网友说学习 C++之前要学 C 语言，是这样吗？（来自网友留言）

回答：在 1.5 节中已经说明，C 语言的部分语法的确与 C++相似甚至相同。如果有 C 语言的基础学习 C++肯定会更快。但是，这并不意味着学习 C++之前必须要学 C 语言，而且对于初学者来说在短时间内接触这两种语言反而会造成部分概念的混淆。因此，如果你的目标是 C++而不是 C 语言，那么不必特意在学习 C++之前先去学 C 语言。

问题 5：现在学习 C++主要有哪些集成开发环境？哪个最适合初学者？（来自网友 E-mail）

回答：首先需要说明的是，集成开发环境和编译器又不是一回事情。通常集成开发环境可以搭配一种或多种编译器。编译器的功能是将 C++源程序转变成可执行的程序，而集成开发环境则是一系列代码编辑、调试和管理工具。目前 Windows 操作系统下使用比较广泛的集成开发环境有微软的 Visual Studio（包括 6.0 版、2010 版和 2012 版等）、Dev-C++、Eclipse、Code::Blocks等。从集成开发环境的界面友好程度来看，微软的 Visual Studio 有着不小的优势。并且 Visual Studio 的市场占有率也是非常高的，很多院校、培训机构、企业都在使用。因此，建议有条件的初学者优先选用 Visual Studio。如果实在无法安装 Visual Studio，那么 Dev-C++或 Code::Blocks也可以作为替代。

问题 6：如何保持学习 C++的积极性和热情？（来自网友 E-mail）

回答：对于大多数初学者来说，学习 C++语言还是有一定难度的。因此，必须要掌握好学习的速度和节奏，不要对自己产生过大的压力。有些读者说只需要 3 周就能把小半本书看完，可是剩下的那部分却始终看不进去。事实上这说明了前面的小半本书还没有完全消化吸收——暴饮暴食自然就要没胃口了。建议初学者不要贪急贪快，那样很容易毁掉自己的学习热情。如果为自己订制了一个相对长期的、宽松的学习计划，反而更容易培养自己的积极性。

问题 7：零基础的初学者应该学 VB 还是学 C++？（来自网友留言）

回答：不得不承认，用 Visual Basic 制作一个 Windows 窗口界面的程序比 C++方便得多。因此，初学者可能在学习 Visual Basic 的时候觉得更容易，更有成就感。Basic 和 C++属于计算机高级语言中的两支路线，各有所长。但是，从计算机高级语言的发展趋势来说，C++更具有代表性。如果只是想了解一下程序设计，学习 Visual Basic 也未尝不可。

问题 8：看完《易学 C++》之后应该学习些什么内容？（来自网友留言）

回答：《易学 C++》是一本入门级的 C++教程，主要面向没有程序设计基础的读者。本书中的内容都是 C++语言中必须掌握的基础知识。当看完《易学 C++》之后，并不表示你已经成为一个 C++高手，而只能表示你入门了。因此，如果想得更深入地了解，在看完《易学 C++》之后必须再去看一些更高层次的书籍。此外，还可以去阅读一些关于数据结构、算法、设计模式等方面的书籍，强化实际应用。

1.8　缩略语和术语表

英文全称	英文缩写	中文
Multimedia	-	多媒体
Virtual Reality	VR	虚拟现实
Network	-	网络
Software	-	软件
Program	-	程序
Operating System	OS	操作系统
Database Management System	DBMS	数据库管理系统
Compile System		编译系统
Middleware	-	中间件
Algorithm	-	算法
Statement	-	语句
Microsoft	MS	微软
Microsoft Foundation Class	MFC	微软基础类
Application Programming Interface	API	应用程序编程接口
International Organization for Standards	ISO	国际标准化组织
American National Standards Institute	ANSI	美国国家标准学会
Compiler	-	编译器
Integrated Development Environment	IDE	集成开发环境

1.9　方法指导

　　工欲善其事，必先利其器。在学习程序设计之前，必须做好充分的准备工作。首先，要了解程序和软件的概念，并且知道程序设计是在做什么。然后，要知道一些语言的基本概念，以及高级语言能被计算机理解的原因。最重要的是，牢记学习程序设计的方法并不断付诸实践。

1.10　习题

　　1．选择题

　　（1）Windows 操作系统、MSN、Word 等属于计算机（　　　）

　　　　A．硬件　　　　　　　B．软件　　　　　　　C．固件　　　　　　　D．组件

　　（2）算法是指（　　　）

　　　　A．程序代码　　　　B．软件　　　　　　　C．硬件　　　　　　　D．解决问题的过程和方法

　　（3）以下不属于计算机语言的是（　　　）

　　　　A．机器语言　　　　B．汇编语言　　　　　C．自然语言　　　　　D．高级语言

　　2．参照本书 1.2 节中对算法的描述，试用自然语言描述以下问题的算法。

　　（1）已知一元一次方程 a*x+b=0，其中 a 和 b 均为常数，求解未知数 x。

（2）判断某个年份有多少天，如 2008 年有 366 天，2009 年有 365 天。

（3）已知三条边长 a、b 和 c，判断这三条边能否组成三角形。

扫一扫二维码，获取参考答案

第 2 章 Hello，World!

本章先不介绍枯燥的理论知识，而是通过"Hello，World!"这个示例教会大家如何编一个很简单的程序。在这一章里，将介绍输入输出、程序的基本结构和字符串等知识。你也可以通过本章来了解编写一个程序的基本步骤。本章首先介绍 Visual Studio 2012 集成开发环境，之后会介绍 Visual C++ 6.0 及 Dev-C++作为补充。

本章的知识点有：

◆ Visual Studio 集成开发环境

◆ 项目的概念

◆ 创建 C++应用程序的过程

◆ C++程序的最基本结构

◆ 注释的概念

◆ 输出与输入

◆ 转义字符

◆ 其他开发环境的使用

2.1 Visual Studio 2012 的安装和启动

Visual Studio 是微软的一个集成开发环境，支持 C/C++、Visual Basic、C#等多种语言。常用的 Visual Studio 版本有 Visual Studio 6.0、Visual Studio 2008、Visual Studio 2010 和 Visual Studio 2012 等。如果您使用的操作系统是 Windows 7 或 Windows 8，则推荐您使用 Visual Studio 2012[①]。如果您仍在使用 XP 操作系统，则可以使用 Visual Studio 2010 或 Visual Studio 6.0[②]。Visual Studio 2012 拥有多个版本，包括旗舰版（Ultimate）、专业版（Professional）、入门版（Express）等。本节将以方便入门的 Express 版为例进行介绍。

当您下载完 Visual Studio 的安装光盘镜像后，需要使用虚拟光驱软件（例如 D-Tools 等）进行加载。Visual Studio 2012 Express 版的安装过程非常简单，但根据不同计算机的性能需要安装十几分钟到几十分钟不等。安装过程主要分为以下几步。

（1）选择安装路径并同意许可条款和条件。

---

① Visual Studio 2012 不再支持 Windows XP 操作系统，因此在 Visual Studio 2012 下开发的程序也无法直接在 Windows XP 下运行。用户需要至微软的网站下载 Update 升级包，并在平台工具集选项中选择 Visual Studio 2012 – Windows XP (v110_xp)后，重新编译。

② Visual Studio 6.0 因推出时间较早，对各语言的最新标准并没有很好的支持。尽管如此，Visual Studio 6.0 因其简单易用仍然被各大院校和初学者广泛使用。如果可以选用更新的开发环境，则推荐使用 Visual Studio 2010。它与本书主要介绍的 Visual Studio 2012 也更为接近。

（2）等待安装过程。

（3）启动并完成注册。

图 2.1　Visual Studio 2012 Express 版的安装

完成注册后，Visual Studio 2012 Express 版就会启动。您也可以在开始菜单中找到相应的快捷方式，以便于下一次打开 Visual Studio。

2.2　如何创建一个程序

进入 Visual Studio 2012 Express 版之后，可以看到整个开发环境的界面，如图 2.2 所示。

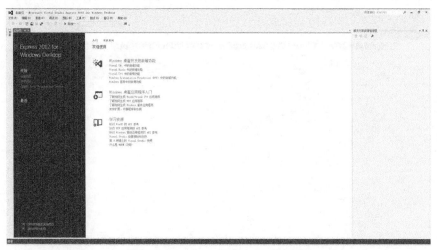

图 2.2　Visual Studio 2012 Express 版的界面

在菜单栏上有 11 个下拉式菜单（其中"项目"菜单和"生成"菜单要在打开项目之后才会出现），分别如下。

（1）文件菜单：实现新建、打开、保存项目或源代码以及退出等功能。

（2）编辑菜单：实现撤销、重做、查找、替换等常用功能。

（3）查看菜单：实现显示区域的选择功能。

（4）项目菜单：实现项目相关的设置、添加资源文件等功能。

（5）生成菜单：实现程序的编译、生成等功能。

（6）调试菜单：实现程序的运行、调试等功能。

（7）团队菜单：连接到团队服务器实现协同开发。

（8）工具菜单：提供管理、调试、数据库连接等辅助工具。

（9）测试菜单：提供程序的测试设置和自动测试等功能。

（10）窗口菜单：实现窗口管理功能。

（11）帮助菜单：提供帮助信息。

在新建程序之前，需要先介绍一下项目[①]（Project）的概念。类似于造房子需要图纸、建筑材料和建筑工具一样，设计程序也需要各种各样的东西，如程序代码、头文件或一些额外的资源，这些东西都是放在一个项目里的。项目能够协调组织好这些文件和资源，使得设计更为有序，查找更为方便。如果不创建项目，那么将会失去很多管理功能，多文件的程序会编译失败，并且有可能找不到对应文件。

小提示

　　每一个项目只能对应一个程序。如果编写好一个程序之后，想再另外编写一个程序，应该新建另一个项目，否则两个程序都可能会无法编译运行。

此外，在 Visual Studio 2003 以后的版本中，都有了解决方案这个概念。它是一组多个项目的集合，可以认为是一个"更大的项目"。对于初学者而言，可以暂时不使用该功能。

那么，如何新建一个程序呢？首先单击"文件"菜单，选择"新建项目"，可以看到"新建项目"的对话框，如图 2.3 所示。

图 2.3　新建项目对话框

---

① Projects 在《易学 C++》第 1 版中译为"工程"。为与微软的中文版集成开发环境保持一致，现改称为"项目"。

在左侧的模板中，选择 Visual C++；在右侧的项目类型中，选择"Win32 控制台应用程序"。在下方填写名称并取消"为解决方案创建目录"前面的勾，选定该项目的保存位置，然后单击"确定"按钮。

接下来会出现 Win32 应用程序向导，其中需要设置的是应用程序类型和附加选项，如图 2.4 所示。

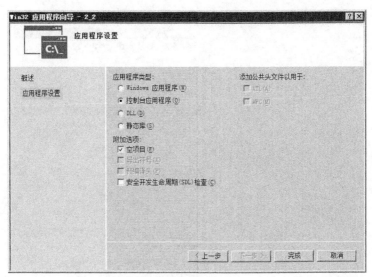

图 2.4　Win32 应用程序向导

此时新项目已经建立好，可以发现 Visual Studio 的界面和启动时发生了一些变化，如图 2.5 所示。

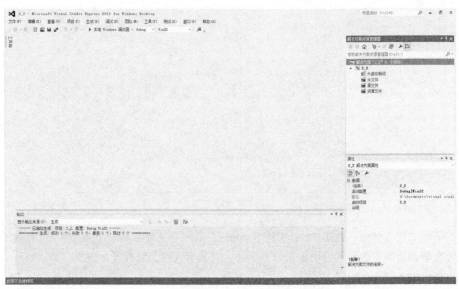

图 2.5　打开项目后 Visual Studio 2012 的界面

在右侧的解决方案资源管理器中可以看到 4 个像文件夹形状的图标，分别是外部依赖项、源文件、头文件和资源文件。外部依赖项和头文件的概念将在本书第 11 章中再作详细介绍。源文件主要用于存放程序的代码，这些文件的扩展名为 cpp；头文件主要用于存放一些预先定义好的程序内容，扩展名为 h；资源文件一般是存放运行该程序所必需的资源，例如图像、文本等类型的文件。要注意，这里的"文件夹结构"并不是磁盘上的文件夹结构，而只是这些文件在该项目中的分类。所以，如果你没有自行创建过这些文件夹，那么在磁盘上是无法找到它们的。

接下来需要向空的项目中添加代码文件。在右上侧的"解决方案资源管理器"中，右击"源文件"，选择添加，单击"新建项"，会出现添加新项的对话框，如图 2.6 和图 2.7 所示。

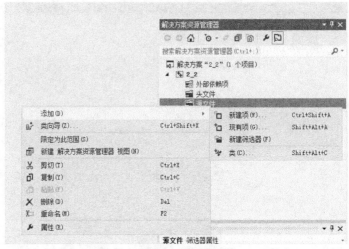

图 2.6　解决方案资源管理器

图 2.7　添加新项

在右侧的文件类型中，选择"C++文件（.cpp）"，并填写文件名 main.cpp。单击"添加"之后，就能发现在解决方案资源管理器中多了一个文件，并且该文件已经打开，供用户输入程序代码。在右侧文本框内输入以下代码。

程序 2.1　自己编写的 Hello,World

```
#include <iostream>
using namespace std;
int main()
{
    cout<<"Hello World!"; //输出 Hello World
    return 0;
}
```

接下来要介绍如何让设计好的程序运行起来。单击"生成"菜单，再单击"编译"（或使用快捷
键 Ctrl+F7）。所谓编译，就是用编译器软件将我们比较容易掌握的高级语言翻译成计算机可以识别
的低级语言。如果没有经过编译（或解释），高级语言的程序代码是无法被执行的。

编译的结果可以在"输出"窗口中看到，输出窗口默认位置为屏幕下方，如图 2.8 所示。如果编
译正确，那么就会显示"成功 1 个，失败 0 个"，表示没有任何错误或警告。如果编译错误，则会提
示在哪一行的什么位置可能发生了什么错误，相关内容会在本书第 11 章介绍。

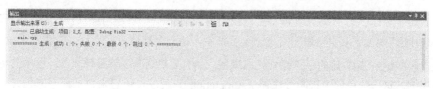

图 2.8　编译结果

完成编译后，还要再单击"生成"菜单，单击"生成解决方案"（或使用快捷键 F7）。在这个过
程中，会将多个源文件的程序模块都"拼装"起来。当一个程序规模比较大的时候，必须要生成解决
方案后才能正常运行。生成解决方案的结果也能够在"输出"窗口中看到。

最后单击"调试"菜单里的"开始执行（不调试）"，就能运行程序并查看结果了，如图 2.9 所示。

在使用熟练之后，会发现当单击"调试"菜单里的"启动调试"或"开始执行（不调试）"时，
如果程序代码被修改过需要重新编译生成，则 Visual Studio 会自动提醒用户是否要重新生成，如
图 2.10 所示。

图 2.9　程序运行结果

图 2.10　自动提示重新生成

15

学会如何编译、生成和运行程序之后，我们来分析一下程序 2.2 中每个语句的含义。

```
#include <iostream>
```

包含输入输出流头文件，使得程序具有输入输出功能。通常把这种包含操作称为"预处理头文件"。

```
using namespace std;
```

使用命名空间，暂时认为是一种定式（该内容将在第 11 章中介绍）。

```
int main()
```

主函数，是每个程序开始运行的起点，每个程序只能有并且必须有一个主函数。在没有系统地介绍函数之前，也只能认为这是一种定式。

```
cout <<"Hello World!"; //输出 Hello World
```

这个 cout（念 C-Out）实现了在屏幕上输出内容的功能。"<<"称为插入操作符，用于输出内容。在 Hello World!两端加上双引号表示它是一个字符串，是一个整体。

而在代码中键入"//"后的字符都会变成绿色，而且无论这些字符是什么，对程序的运行结果都不会产生影响。这些绿色的字符叫做注释（Annotation），程序员用它来记录程序的相关文字信息，或记载某一段程序的含义，方便自己回忆或其他人理解编程思路。

小提示

1. 并不是说注释越多越好。在那些很简单的、显而易见的语句后加上注释便显得画蛇添足了。尽管注释允许占用多行，还是应点到为止，从简为宜。

2. 在 Visual Studio 中，注释的颜色默认为绿色。但是，该颜色通常可以在集成开发环境中进行设置，也可能因不同的集成开发环境而发生变化。

写注释是一种好习惯，能够及时把自己当时的思路记录下来。"//"称为单行注释符，当注释要占用多行时，可以用"/*"表示注释的开始，用"*/"表示注释的结束。

```
return 0;
```

主函数的返回值，表示程序运行的结束。暂时也认为是一种定式。

试试看

1. 如果去掉第一行的#include <iostream>，该程序能否正常运行？

2. 如果去掉字符串两端的双引号，是否还能输出这些字符？

3. 如果去掉 cout 语句后的分号，编译时会出现什么错误提示？

4. 试试 cout <<"3+4=" <<3+4;会是什么结果。

通过这个程序可以总结出一个简单的 C++程序代码结构。

```
预处理头文件
使用命名空间
主函数
{
    语句1;//注释……
    ……
    /*
```

```
    注释……
    */
    语句 n;
}
```

小提示

1. 在某些计算机中安装了操作系统的更新之后，会导致 Visual Studio 2012 无法打开 C++的项目。目前已经证实这是微软.NET Framework 更新程序的一个潜在缺陷，可以通过安装 Visual Studio 2012 更新（KB2781514）解决这个问题。

参考地址：http://www.microsoft.com/zh-cn/download/details.aspx?id=36020

2. 如果将 Visual Studio 2012 生成的可执行文件直接复制到某些 Windows 系统的计算机中，运行时会提示"无法启动该程序，因为计算机中丢失 MSVCP110D.dll（或 MSVCP110.dll）。尝试重新安装该程序以解决此问题。"这是因为在这些操作系统中没有安装 Visual Studio 对应版本的 Visual C++运行时组件。通过修改项目属性，能够使生成的程序可以在大多数 Windows 系统中运行。单击"项目"菜单，单击"项目名 属性"，会弹出"项目属性页"的对话框。单击左侧框中"配置属性"下"C/C++"前的加号，再单击"代码生成"。根据配置的实际情况（Debug 或者 Release）将右侧的"运行时库"选项改为"多线程调试"（针对 Debug）或"多线程"（针对 Release）即可，如图 2.11 所示。此外，也可以为这些计算机安装 Visual Studio 2012 的 Visual C++运行库（Redistributable Package）。

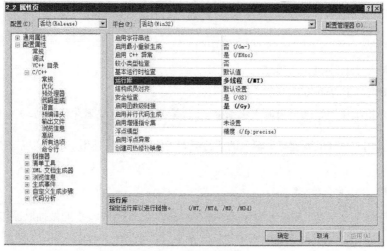

图 2.11　更改运行时库

2.3　输出与输入

在上一节中已经演示了 cout 的用法，并且还发现 cout 除了输出字符串之外，还能输出运算结果。根据程序和试试看中的"语句"，可以归纳出 cout 的使用方法。

cout <<需要输出的内容 $_1$ [<<需要输出的内容 $_2$ …… <<需要输出的内容 $_n$];

在上述使用方法中，中括号表示根据实际需要，可有可无的内容。在实际输入代码时，中括号是不需要输入的。即如果要输出多个字符串，可以通过多加一些插入操作符和字符串来实现。而在语句的最后，必须要加上一个分号。C++中，分号表示一句语句的结束，但是它的位置是有规则的，待介绍了更多语句后，再做归纳。

小提示

对于 C++语句中使用的双引号、分号，均应该是英文半角的。初学者经常会不小心输入为中文标点或全角符号，这会导致未知字符的编译错误。很显然，C++的编译器不认识中文语句。

既然可以让 cout 输出字符串，那么怎么样才能让它输出换行或者输出双引号呢？需要输出的双引号会和字符串两边的双引号混淆吗？在此，需要引入转义字符（Escape Sequence）的概念，即通过多个键盘上有的字符来表示键盘上没有或者不方便输出的字符。转义字符仍作一个字符处理，加在字符串的双引号内。表 2.1 中给出了常用转义字符。

表 2.1 常用转义字符

转义字符	功能	转移字符	功能
\a	响铃	\n	换行
\t	水平制表符（相当于 Tab）	\\	反斜杠
\v	垂直制表符	\"	双引号
\'	单引号	\b	退格（Backspace）
\f	换页	\r	回车（指键盘输入）

在 C++中，除了转义字符\n 之外，还有一种更为常用的输出换行的方法，为 cout <<endl;。以后在程序中会经常遇到。

试试看

1. 试输出 Hello World!后换行。
2. 试输出 Hello World!后换行。
3. 试输出 Hello World!的同时发出响铃。（计算机上装有蜂鸣器才能听到。）

那么，如何用 C++获取到键盘上输入的字符呢？我们可以通过使用 cin 来实现，它的使用方法和 cout 很类似：

cin >>变量$_1$ [>>变量$_2$……>>变量$_n$]；

在 cin "语句"中，双箭头的方向和插入操作符的方向相反。">>"叫做抽取操作符。要记住，输入的时候东西一定要放到变量里。关于变量的具体知识，会在下一章做详细的讲解。

识记宝典

虽然插入操作符和抽取操作符的名字都比较难记，但是它们的功能却很好理解。"<<"是箭头从字符串指向外面，好像把东西从字符串里拿出来，所以就是输出功能；而 ">>" 是箭头指向变量，好像是把东西放进去，所以就是输入功能。

下面来写一段程序，练习输入与输出的功能。

程序 2.2　输入与输出

```
#include <iostream>
using namespace std;
```

```
int main()
{
    char a;                                 //创建一个字符变量 a
    cout <<"请输入字符: ";                   //输出提示消息
    cin >>a;                                //把键盘输入的字符放入变量 a
    cout <<"刚才输入的字符是" <<a <<endl;     //输出提示消息和变量 a 中的字符
    return 0;
}
```

运行结果：

请输入字符: T
刚才输入的字符是 T
请按任意键继续...

小提示

1. 如果给 cout <<"刚才输入的字符是" <<a <<endl; 的 a 加上双引号，那么无论输入什么，输出的始终是一个字符 a。当要输出变量中的内容时，千万不能给它加上双引号。

2. 书中带底纹的字符表示从键盘输入的字符。

功能分析：这段代码的主要功能是将从键盘输入的一个字符在屏幕上输出。cin 负责读入字符并放入变量 a 中，cout 负责输出。

在运行结果中显示的"请按任意键继续……"是由系统给出的，表示程序已经运行结束。在以后的运行结果中，这句话会被省略。

通过这个程序，我们还知道了 cout 不仅能够输出字符串和运算结果，还能输出变量里的内容。

试试看

1. 在程序 2.2 中，如果输入了多个字符，那么最终输出的是哪个字符？

2. 已知对于整数可以通过 int a,b; 语句来创建一个名为 a 和 b 的整数变量，试用输入输出语句实现输出任意两个整数的和。

3. 在执行 cin 语句时，输入 1+1 等表达式计算机是否能够识别？

2.4 Visual C++ 6.0 的使用

Visual C++ 6.0 是微软公司在 1998 年推出的一款 C++语言的集成开发环境，属于 Visual Studio 6.0 中的一部分。当时 C++的国际标准尚未形成，因此在兼容性方面表现不佳。但由于之前其应用广泛，在不少教材中仍介绍使用该开发环境。在本节中，将简要介绍一下它的使用方法[①]。

打开 Visual C++ 6.0 之后，可以看到以下界面，如图 2.12 所示。

与 Visual Studio 2012 稍有不同，Visual C++ 6.0 在菜单栏中只有 9 个下拉式菜单，分别如下。

（1）File（文件）菜单：实现新建、打开、保存项目或源代码以及退出等功能。

（2）Edit（编辑）菜单：实现撤销、重做、查找、替换等常用功能。

---

①微软官方并未发布过 Visual Studio 6.0 中文版，现有中文版均为编程爱好者自行汉化，品质良莠不齐，故建议使用英文原版。

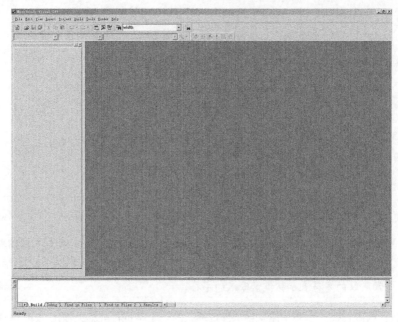

图 2.12　Microsoft Visual C++6.0 界面

（3）View（视图）菜单：实现显示区域的选择功能。

（4）Insert（插入）菜单：实现插入类、窗体、资源、文件等功能。

（5）Project（项目）菜单：实现项目相关的设置功能。

（6）Build（生成）菜单：实现程序的编译、生成和调试等功能。

（7）Tools（工具）菜单：提供管理、调试等辅助工具。

（8）Window（窗口）菜单：实现窗口管理功能。

（9）Help（帮助）菜单：提供帮助信息。

要创建一个新的 C++项目，单击左上角的 File 菜单，选择 New（新建），会跳出对话框，如图 2.13 所示。

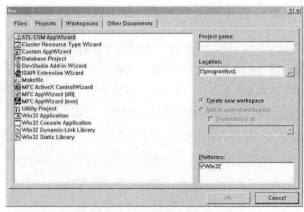

图 2.13　New 对话框的 Projects 选项卡

选择项目类型，即 Win32 控制台应用程序（Win32 Console Application），并填好项目名和保存位置，单击"OK"按钮。

在选择类型时选 An Empty Project，即一个空项目，如图 2.14 所示。该项目在创建时没有任何文件和代码。

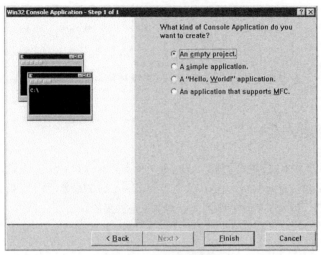

图 2.14   项目向导对话框

与 Visual Studio 2012 类似，新建完项目之后，还要新建一个源文件。单击 File 菜单，选择 New，这次还会出现 New 对话框，如图 2.15 所示。

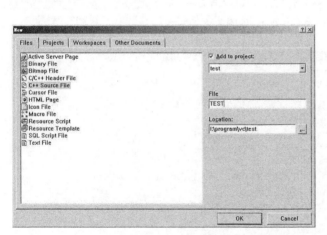

图 2.15   New 对话框的 Files 选项卡和 Workspace 框

当打开着一个项目再按 New 时，出现的默认选项卡是 Files，即向打开的项目中添加新文件。在左边选择文件类型为 C++ Source File，表示要新建一个源文件。在右边的 File 中输入文件名，单击"OK"按钮以后，就会在 Workspace 框的 Source Files 里面出现这个新建的文件，文件扩展名为 cpp，如图 2.15 所示。

在编辑完 cpp 文件的代码之后，就能准备编译、生成和运行了。在右上角会有一些快捷按钮，其中有一组是用于编译和生成的，单击相应的 Compile、Build 和 Execute 按钮，便可实现编译、生成和运行，如图 2.16 所示。

图 2.16　编译、生成和执行（调试）的快捷按钮

试试看

在创建项目时，能否在项目名和源代码文件名中使用中文？

2.5　小巧的 Dev-C++

Dev-C++是一款遵守 GPL[①]的自由软件[②]。它是一个支持 C++和 C 语言的集成开发环境。Dev-C++自身并不是编译器，它使用 GCC 作为编译器。目前 Dev-C++的最新版本是 4.9.9.2。尽管自 2005 年以来它就停止了更新，但对于初学 C++的读者来说还是够用的。

2.5.1　Dev-C++的安装

Dev-C++是免费的，我们可以在它的项目网站（http://sourceforge.net/projects/dev-cpp/files/）和各软件网站下载到。整个安装的过程并不复杂，双击 Dev-C++的安装程序即可开始安装。在安装过程中并没有中文提示，所以只能选择语言为英文，如图 2.17 所示。

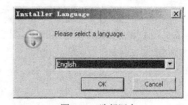

图 2.17　选择语言

在同意了安装协议后，安装向导会要求选择安装组件和文件关联。如果不想默认用 Dev-C++打开某些源文件，可以取消文件关联（Associate C and C++ files to Dev-C++及其子项），如图 2.18 所示。

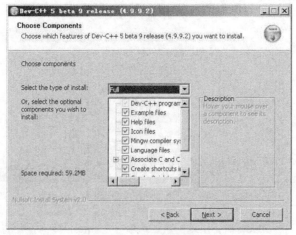

图 2.18　选择安装组件

---

① GPL：GNU General Public License，中文为 GNU 通用公共授权。GPL 使用户拥有共享和修改软件的自由。
② 自由软件：英文为 Free Software，此处的 Free 并不是指免费。尽管绝大多数的自由软件是免费的，但其重点在于自由权。

完成了组件的选择，会提示设定安装位置，如图 2.19 所示。我们可以直接在文本框中输入路径或者按 Browse 来选择一个安装位置。

单击 Install 之后，Dev-C++就会开始安装，安装的过程很快。在完成安装后，单击 Finish 关闭安装向导并启动 Dev-C++，如图 2.20 所示。

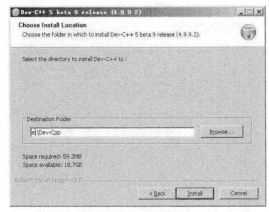

图 2.19 设定安装位置   图 2.20 安装完成

2.5.2 Dev-C++的配置

完成 Dev-C++的安装之后，双击 Dev-C++的图标就可以启动程序，如图 2.21 所示。

第一次运行 Dev-C++时，会出现一个配置向导，用于设置一些用户习惯和 Dev-C++的特性。具体有以下内容。

Dev-C++

图 2.21 Dev-C++图标

1．选择语言和外观主题

虽然在安装时没有中文提示，但是 Dev-C++在使用时可以是中文界面的。在设置语言的时候选择 Chinese，表示选择简体中文。至于外观主题，用户可以根据自己的喜好和习惯，选择合适的外观主题，如图 2.22 所示。

2．是否启用类浏览器和完成代码清单

Dev-C++的类浏览器（Class Browser）和 VC++的 Workspace 中的 Class View 类似，可以方便地查找到整个程序中的类、函数和变量等信息，建议启用该功能，如图 2.23 所示。

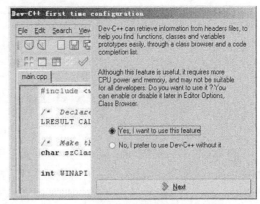

图 2.22 选择语言和外观主题   图 2.23 是否启用类浏览器和完成代码清单

3．是否建立标准头文件缓存

如果选择了启用类浏览器和完成代码清单，那么系统会提示是否建立标准头文件缓存。建立该缓存有助于优化完成代码清单的性能，所以通常选择建立缓存，如图 2.24 所示。

4．完成设置

单击 OK 完成第一次运行 Dev-C++的设置，并启动 Dev-C++，如图 2.25 所示。

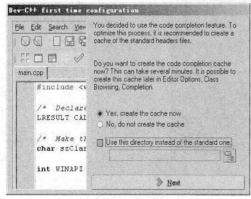

图 2.24　是否建立标准头文件缓存

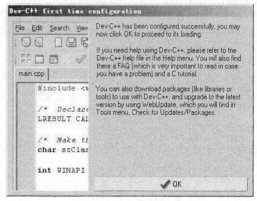

图 2.25　完成设置

2.5.3　Dev-C++的使用

在完成了 Dev-C++的设置之后，就可以看到它的界面，如图 2.26 所示。

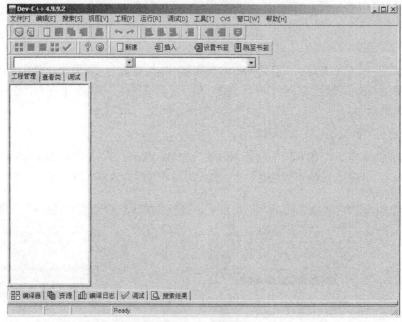

图 2.26　Dev-C++界面

和 Visual C++类似，Dev-C++也可以创建工程（Visual C++中的 Project，即项目）。工程可以组织和管理一系列的源文件、头文件和资源文件，并可以做某些编译的设置。在 Dev-C++中，允许用户编译一个不在工程中的源文件。但是，如果该源文件还和其他源文件有关，就必须将它们放置到工程中。为了保证程序能被很好地管理，建议将程序放置在工程中。

下面演示一下如何新建一个控制台的 C++工程。

（1）单击"文件"菜单，选择"新建"，单击"工程…"，弹出"新工程"对话框。

（2）点选"Basic"选项卡，并选择"Console Application"。在名称中填写工程的名称，并选择"C++工程"，最后单击"确定"，如图 2.27 所示。

（3）此时会跳出一个保存新工程的对话框，如图 2.28 所示。在 Dev-C++中，不会自动新建一个与工程名同名的文件夹。建议大家自己新建一个文件夹，并将工程相关的文件都保存在该文件夹中。

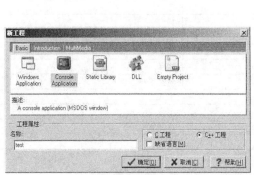

图 2.27　新工程对话框

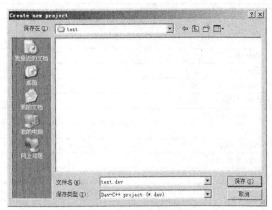

图 2.28　保存新工程对话框

（4）保存完工程之后，Dev-C++会自动创建一个 main.cpp 源文件。该源文件已经包含了主函数的基本框架。我们可以对其略作修改，以实现输出"Hello World"的功能，如图 2.29 所示。

（5）在编写完代码之后，单击工具栏上的编译按钮（或者按 Ctrl+F9 组合键）进行编译。如果编写的代码还没有保存，则会提示保存源代码。如果编译没有错误，则会出现一个提示状态为 Done 的对话框，如图 2.30 所示。

图 2.29　Dev-C++中输入代码

图 2.30　编译成功

（6）编译成功后，单击工具栏上的运行按钮（或者按 Ctrl+F10 组合键）即可运行程序。

小提示

如果直接将原来 Visual C++中的代码复制到 Dev-C++中运行，会发现程序的运行结果"一闪而过"，根本看不到。这是因为 Visual C++会在程序运行结束后提示 Press any key to continue，而 Dev-C++中没有自带这种提示。为此，可以在 return 0;语句之前添加 system("pause");语句，从而使程序在运行结束后不立刻关闭窗口。

2.6　缩略语和术语表

英文全称	英文缩写	中文
Integrated Development Environment	IDE	集成开发环境
Project	-	项目（工程）
Win32 Console Application	-	Win32 控制台应用程序
Source File	-	源文件
Header File	-	头文件
Resource File	-	资源文件
Output	-	输出
Error	-	错误
Warning	-	警告
Execute	-	执行
Namespace	-	命名空间
Annotation	-	注释
Escape Sequence	-	转义字符
Input	-	输入
Workspace	-	工作空间
Free Software	-	自由软件
Debug	-	调试

2.7　方法指导

本章介绍了创建项目的方法。在以后的时间里，这项操作将会经常遇到，所以一定要熟练掌握。你也可以探索一下 Visual Studio 中的各项菜单和功能，为将来的学习打好基础。

本章还介绍了输入和输出。输入输出是人与计算机的唯一交流方式。绝大多数程序都要用到输入和输出的功能。熟练、灵活并正确地使用输入输出能提高编写程序的速度和效率。尤其在多行输出时，要能写出简练易读的输出"语句"。

至于包含头文件和主函数，如果你觉得无法理解，就暂时先放在一边。把它们作为一种定式，牢记在心，在不断使用和学习的过程中逐渐体会它们的意义。

2.8　习题

1．选择题

（1）Win32 控制台应用程序是一种（　　）的程序。

　　A．基于网络　　　　B．基于数字　　　　C．基于硬件　　　　D．基于字符界面

（2）字符串的两端应带有（　　）。

　　A．分号　　　　　　B．逗号　　　　　　C．感叹号　　　　　D．双引号

（3）在 Visual Studio 2012 中，注释文字的颜色默认为（　　）。

　　A．红色　　　　B．绿色　　　　C．黄色　　　　　D．蓝色

（4）转义字符通常用多个字符表示，这些字符都以（　　）开头。

　　A．\　　　　　B．"　　　　　C．!　　　　　D．@

（5）以下开发软件无法用于开发 C++程序的是（　　）。

A．Visual Studio 2012　　　　　B．Visual C++ 6.0

C．Dev-C++　　　　　　　　　D．Turbo C

2．试写出完整的 C++代码结构。

_____
_____
_____
___
_____ //注释……
_____ ……
_____ ……
___

3．试用一句 cout 语句输出以下图形：（即该语句只能有一个表示结尾的分号）

```
****
***
**
*
```

4．判断下列使用 cout 语句输出 Hello,World 的写法是否正确？如果不正确，请将其改正。

（1）cout <<'Hello,World';

（2）cout >>"Hello,World";

（3）cout 'Hello,World";

（4）cout <<"Hello,World"

5．根据运行结果完善代码，并根据已有的代码补全运行结果。

```
_____
using namespace _____
int _____
{
    char a;
    cout <<"欢迎光临！"<<endl;
    cout <<endl;
    _____
    cin >>a;
    _____
    return 0;
}
```

运行结果：

_____
请输入您的房间: F
您的房间是 F

扫一扫二维码，获取参考答案

第 3 章　各种各样的箱子——变量

在第 2 章中已经介绍了如何从键盘获取信息以及如何把结果反馈到屏幕，还提及到了"变量"这个名词。本章要详细介绍什么是变量，以及其他一些 C++语言方面的基础知识。

本章的知识点有：

◆　变量的概念和用途

◆　数据类型的概念

◆　变量的声明和使用方法

◆　常量的概念和用途

◆　常量的声明和使用方法

◆　操作符和算术表达式

◆　数据类型的转换

3.1　会变的箱子

计算机具有存储的功能。所谓的存储通常可以分为两类：一类是指数据以文件的形式保存在磁盘或光盘上，另一类则是指计算机能够时刻记住用户正在进行的操作，并及时做出反应。对于前一类，数据存放在外存储器中；对于后一类，数据则是存放在内存储器中。本章要关心的是内存储器中保存的数据，这些数据在计算机断电之后就会丢失。在保存 Word 中的文章前，这篇文章是保存在内存储器中。如果单击了保存按钮，并为这篇文章命名保存，那么这篇文章就以文件的形式保存在外存储器中了。那么数据是如何保存到内存储器中的呢？这些数据又该如何使用呢？

在设计程序时，我们把要存储的数据放在一个叫变量（Variable）的东西里。变量是存放在内存储器中的，它就好像是一个箱子，而数据就是箱子里的物品。对于这个箱子里的物品，有两种可以执行的动作：把东西放进去，或者把东西取出来。在放东西和取东西之前，必须要创建这么一个箱子，这条创建变量的语句又称为变量的声明（Declare）。它的语句格式为：

[修饰符] 数据类型 变量名 $_1$[,变量名 $_2$,……变量名 $_n$]；

从上面这个格式中不难看出，可以在一条语句中声明多个相同数据类型的变量，这些变量名要用半角逗号分隔。

3.1.1　数据类型

刚才说了，变量就好像是一个箱子。不同的东西要放在对应的箱子里，如果把吃的东西放进文具盒里，把衣服放进饼干盒里，显然是不合适的。变量也是一样的，有些数据是文字（字符或字符串），有些数据是数字（整数或者实数），如果把它们随便乱放，计算机就可能无法理解这些数据的含义了。因此，数据类型（Data Type）确定了在变量里存放哪种类型的数据。而修饰符则是在这个基础上进行一些补充，例如一个整数是否带正负符号。

在大多数高级语言中，最基本数据类型为三大类：数值类、字符类和逻辑类。每种类型下可能又有多种具体的数据类型。同一分类下的数据类型通常有某些关联，而且可以互相转换。不同数据类型的实质是占用内存空间、表示范围和精度的不同。数据类型除了与计算机语言有关之外，也会和编译器有关。不同的编译器对各种数据类型的定义也会有所不同。表 3.1 所示是 Visual Studio 2012中常用的基本数据类型。

表 3.1　　　　　　　　　Visual Studio 2012 中常用的基本数据类型

主类型	分类型	修饰符	占用空间	表示范围
数值类	整（数）型 int	short	2 字节	-32768~32767
		long（默认）	4 字节	$-2^{31} \sim (2^{31}-1)$
		unsigned short	2 字节	0~65535
		unsigned long	4 字节	$0 \sim (2^{32}-1)$
	浮点型 float	无	4 字节	$-3.4 \times 10^{38} \sim 3.4 \times 10^{38}$
	双精度型 double	long（默认）	8 字节	$-1.7 \times 10^{308} \sim 1.7 \times 10^{308}$
字符类	字符型 char	signed（默认）	1 字节	-128~127
		unsigned	1 字节	0~255
逻辑类	布尔型 bool	无	1 字节	0~1

在程序 2.2 中，char a;就是声明了一个字符型变量。修饰符是放在分类型之前的，例如要创建一个无符号短整型变量 A，就应该是 unsigned short int A;了。

要注意，两个数据类型截然不同的变量是不能放在一条语句中声明的。例如，企图通过 int a,char b;声明整型变量 a 和字符型变量 b 是不可以的。

小提示

1. 在选择数据类型时，应尽量满足使用的要求。例如我们要算一个一元二次方程的解，就应该选择精度较高的浮点型或者双精度型，而不能选一个整型。同时，也要有"节约资源"的好习惯。如果创建一个双精度型的变量去存储从整数 1 到 100 的和，那就显得大材小用，太浪费了。一个变量所占内存（Memory）的空间和它的数据类型有关。虽然现在计算机的内存容量已经高达数个 GB，但是如果在设计大型软件时经常"大材小用"，即使有了更多的内存，也会捉襟见肘的。

2. 对于每种数据类型来说，通常都有默认的修饰符。例如在程序中写 int a;则默认为该变量为带符号的长整型变量。

3.1.2　变量名

当创建了一个"箱子"，使用它的时候就需要用一样东西来表示它，那就是变量名。给变量起名的意义就如同给文件夹或文件起名一样。不过，给变量起名字也是要讲规则的。具体规则如下。

（1）变量名不能是与 C++语句产生混淆的单词。C++语句中的单词称为关键字（Keyword），具体哪些是 C++的关键字可以查阅书后的附录 A。凡是在输入代码时，自动变成蓝色的单词，一定是关键字。不难想象，如果创建一个名为 int 的变量，那么这个 int 到底是一个变量名还是另一个变量的数据类型呢？计算机将无法分辨。

（2）变量名的第一个字符必须是字母或者是下划线。

（3）大小写不同的变量名表示两个不相同的变量。C++是大小写敏感的（Case Sensitive）。所以，如果不小心把 C++的语句打成大写字母，也会造成错误。

（4）变量名中不应有除字母、数字和下划线以外的字符。因为某些特殊字符在 C++中具有特殊功能，计算机将无法判断这到底是一个变量还是其他含义。

变量名应该尽量符合变量里存放的数据的特征。这样，自己和别人在阅读代码的时候才能一目了然。我们介绍两种比较常用的变量名标记法：驼峰标记法和匈牙利标记法。驼峰标记法是以小写字母开头，下一个单词用大写字母开头，例如 numOfStudent、typeOfBook 等，这些大写字母看起来像驼峰，因此得名。而匈牙利标记法是在变量名首添加一个字符来表示该变量的数据类型，例如，iNumOfStudent 是表示学生数的整型变量，fResult 是表示结果的浮点型变量等。不过，如果一个程序实在是非常简单，用诸如 a，b，c 作为变量名也未尝不可，只要你能够记住这些变量分别应该存放什么数据就行了。

3.1.3　变量的初始化

前面说到，变量是存放在内存里面的，而内存又是有限的。在某些情况下①，创建一个变量时，并不是真的重新造了一个"箱子"，而是把"弃置不用的旧箱子"拿来用。那些"旧箱子"里往往有原来的数据，这些数据是不确定的。所以，在使用"箱子"之前，需要把原来的旧数据处理掉。这个过程称为变量的初始化（Initialize）。具体格式为：

变量名=初始值；

或者可以在声明变量时，在变量名的后面加上"=初始值"即可，如 int a=5;。变量的初始化可以和它的声明放在一起，也可以分开。另外，在初始化时，要注意设置的初始值要符合变量的数据类型。如 int a=3.28;就是错误的写法。

试试看

1. 试自己编一段程序，分别按整型和浮点型输出由键盘输入的数值。

2. 如果在主函数中声明的变量未经初始化，那么里面的数据是什么？

3.2　常用的基本数据类型

3.2.1　整型（Integer）

所谓整型，就是平时说的整数。在 Visual Studio 2012 中，int 默认为 long int，即有符号的长整型数据。一个有符号的长整型变量在内存中占用 4 个字节的空间，它的表示范围是从-2147483648～2147483647。虽然整型数据无法表示小数，表示的范围也不是非常大，但是在它范围内的运算却是绝对精确的，不会发生四舍五入等情况。

我们常用整型数据来表示人数、天数等可数的事物。对于长度不是很长的编号，如学号、职工号，也可以用整型数据来表示。

小提示

对于首位数为"0"的学号或职工号，不适合用整型来表示，因为最前面的 0 会被计算机忽略。因此，对于这类学号和工号，应使用字符或字符串来存储。
---

① "在某些情况下"是指使用局部变量时，该内容将在第 11 章中介绍，在本章不作要求。

在计算机中，整数也通常以二进制、八进制和十六进制来表示，并且以二进制存储。因此，有必要简单地介绍一下二进制、八进制、十六进制与十进制之间的转换。

1．二进制

所谓"二进制"就是"逢二进一"，现代电子计算机的发展与二进制密不可分。电路的通和断能够表示两种不同的状态，因此目前电子计算机内部都是二进制的。二进制只有两个数字，即 0 和 1。

说到二进制，不得不提到《易经》中让人耳熟能详的一句"太极生两仪，两仪生四象，四象生八卦"，这或许是最早的二进制。1、2、4、8 正是最低四位二进制位与十进制的对应关系：

$(1)_2$ $=2^0=1=(1)_{10}$

$(10)_2$ $=2^1=2=(2)_{10}$

$(100)_2$ $=2^2=4=(4)_{10}$

$(1000)_2$ $=2^3=8=(8)_{10}$

$(1011)_2$ $=2^3+2^1+2^0=8+2+1=(11)_{10}$

将十进制数转化为二进制，通常可以使用短除法，这在数学课上应该学习过，如图 3.1 所示。

在上述短除式的左侧一列是除数 2（因为是二进制），中间是被除数及每次除得的结果，而右侧一列是每次除得的余数。将这些余数从下而上书写，即 11001 为十进制 25 对应的二进制值。

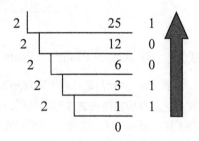

图 3.1　短除法

2．八进制

尽管二进制已经能够描述计算机内部的实现，但由于二进制只有两个数字，所以非常冗长。十进制的 1024 转换成二进制有 11 位，在显示和输出时都非常不便。为了能方便显示输出以及转换，在显示计算机内部的数据时通常用八进制和十六进制。8 和 16 的质因数都是 2，因此与二进制的转换更为方便。与二进制相似，八进制一共有 8 个数字，即 0、1、2、3、4、5、6 和 7。为了与十进制数表示区别，在计算机中八进制数常以"0"开头。

每一位八进制数能够方便地转换为 3 位二进制数，例如：

$(056)_8$ $=(\underline{101}\ \underline{110})_2$ $=2^5+2^3+2^2+2^1$ $=(46)_{10}$

$(027)_8$ $=(\underline{010}\ \underline{111})_2$ $=2^4+2^2+2^1+2^0$ $=(23)_{10}$

3．十六进制

十六进制也可以方便地与二进制进行转换，而且每一位十六进制数能够转换为四位二进制数。在计算机的存储系统中，所谓一个字节就是八位二进制，因此一个字节也相当于两位十六进制数的容量。该内容会在本书的第 7 章再作介绍。与八进制相似，十六进制一共有 16 个数字，即 0、1、2、3、4、5、6、7、8、9、A（相当于 10）、B（相当于 11）、C（相当于 12）、D（相当于 13）、E（相当于 14）和 F（相当于 15）。为了与八进制、十进制数表示区别，在计算机中十六进制数常以"0x"开头。

每一位十六进制数能够方便地转换为 4 位二进制数，例如：

$(0x72)_{16}$ $=(\underline{0111}\ \underline{0010})_2$ $=2^6+2^5+2^4+2^1$ $=(114)_{10}$

$(0xCF)_{16}$ $=(\underline{1100}\ \underline{1111})_2$ $=2^7+2^6+2^3+2^2+2^1+2^0$ $=(207)_{10}$

关于数的进制转换，也可以利用 Windows 自带的计算器来运算。在运算前先要单击"查看"菜单，选择"程序员"（Windows XP 下选择科学型）。然后选择好待转换的进制，输入待转换的数，再单击转换到的目标进制，就会显示出结果，如图 3.2 所示。

图 3.2　Windows 自带的计算器

3.2.2　浮点型（Floating Point）

所谓浮点型[①]，是相对于固定小数点的整型而言的，意味着小数点可以浮动。浮动的小数点可以在有限的存储空间内表述更大范围或更高精度的数值。在 C++中，广义的浮点型数分为 float（浮点型）和 double（双精度型）。两者的主要区别是表示范围不同和占用的存储空间不同，如表 3.1 所示。

浮点型数可以用两种方式来表示：

（1）小数形式，例如，0.1、0.01、12.34 等，这与日常生活中的表达相同。

（2）指数形式，即科学记数法。例如，0.25E5 表示 0.25×10^5，E 表示 10 的多少次方，也可以用小写 e 表示。注意，在 E 之后的指数必须是整数。

我们常用浮点型数据来进行科学运算，例如计算一个数的平方根，或是记录地球到月亮的距离。而温度、价格、平均数等可能出现小数的数据，通常也用浮点型数据来表示。

> **小提示**
>
> 虽然浮点型数表示范围比整数要大得多，小数点后的精度也更高，但用它进行运算却不是绝对精确的。因为衡量浮点型数精确度的主要指标是有效数字，而非小数点后的位数。例如，同样是 800000000+1，整数的运算结果是 800000001，而浮点型数的运算结果却是 8e+008，即 8×10^8。所以在选用数据类型的时候一定要小心。

3.2.3　字符型（Character）

一个字符型变量可以存放一个半角西文字符或者一个转义字符，占用一个字节。在初始化时，字符两端要加上单引号，例如 char a='a',b='\n';。一个全角字符或中文汉字要占两个字节，因此无法存

[①] 在《易学 C++》第 1 版中将本节浮点型数称为实数，但实际上在 C++中并没有实型（Real）这种数据类型。为避免读者引起误会，在本版中选用 C++标准所使用的术语 floating point type，即广义的浮点型数来描述。

储在一个字符型变量中。

要注意，字符型数据'1'和整型数据 1 是不同的。虽然它们输出时的现象是一样的，但它们存储的内容却是不一样的。关于字符型数据的存储，我们将在后续章节中再做介绍。

3.2.4　布尔型（Boolean）

布尔型[①]数据有时在其他高级语言中也称为逻辑型。一个布尔型数据能记录了一个命题的真或假。原则上，布尔型数据的取值只能是 0 或 1，也可以分别写作 false 和 true。0 表示假（false），1 表示真（true）。但是，在我们以后学到的内容中，只要数值不等于 0 都表示为真（包括负数）。由于 0 在数学上表示"什么都没有"，所以方便地记为"有真无假"。

> **小提示**
>
> C++是大小写敏感的，在写 true 或 false 的时候千万不要把大小写搞错。

3.3　不会变的箱子

上一节介绍了变量，它是一种存储在计算机内存里，在程序运行过程中可以改变的数据。然而，有时候还有一些数据，它们在程序中不应该被改变。例如，圆周率 π 就应该等于 3.1415926……，一年就应该是 12 个月。换句话说，如果这些值无意之中被改变，可能会导致整个程序发生错误。这时就需要一个不允许改变的"箱子"，我们称它为常量（Constant）。

常量可以分为两种：一种是文字常量，也叫值常量，即在代码中直接输入的、用字符表示的常量，如整数 1，字符'a'就是文字常量；另一种是通过自己声明的常量，也称为符号常量，它的表达和变量有些类似。

声明一个常量的语法格式为：

```
const [修饰符] 数据类型 常量名=文字常量;
```

可以认为，声明一个常量与声明一个变量的区别是在语句之前加上了 const。但是，声明常量时必须对其进行初始化，并且在除声明语句以外的任何地方不允许再对该常量赋值。

尽管文字常量和声明的符号常量可能在数值上相同，但声明常量有着其自己的意义。例如，在处理考试成绩时，认为 60 分是及格分，因此在处理个人分数、总评分、班级平均分时都会用到 60 这个常量，来判断成绩是否及格。当某次考试总分为 150 分时，及格分就应该是 90 分了。如果用文字常量来表示及格分，则要将代码中的所有表示及格分的 60 都替换成 90，万一替换错一处则程序就会错乱。相反地，如果用声明常量的方式表示及格分，那么只需要修改常量声明处的值即可。这大大提高了程序的可维护性和可读性[②]。

> **小提示**
>
> 如果一个浮点型文字常量没有作任何说明，那么默认为双精度型数据。若要表示浮点型数据，要在该文字常量之后加上 F（大小写不限）；若要表示长双精度型数据，则要加上 L（大小写不限）。

---

① 布尔型数据 Boolean 是以英国著名的数学家、逻辑学家乔治·布尔（George Boole）命名的。

② 可读性就是指容易让自己或别人读懂程序。

cout 语句可以输出字符串，这些带着双引号的字符串的全称是字符串常量。而带着单引号的常量称为字符常量，它与字符串常量是不同的。字符常量只能是一个字符，而字符串常量可以是一个字符，也可以由若干个字符组成。

事实上，只要在不改变变量值的情况下，常量可以由一个变量来代替。但是从程序的安全和严谨角度考虑，我们并不推荐这样做。区别使用常量和变量是一个优秀程序员需要具有的好习惯。

3.4　算术表达式

前几节已经介绍了程序设计中，最常用的两种数据存储形式——常量和变量。本节要学习如何在程序中运用常量和变量，来看这个求圆形周长的小程序。

> 程序 3.1　求圆的周长

```cpp
#include <iostream>
using namespace std;
int main()
{
    float radius;                    //创建一个浮点型变量存放半径
    float length;                    //创建一个浮点型变量存放运算得出的周长结果
    const float pi=3.1415926F;       //声明常量 pi，最后的 F 表示它是浮点型
    cout <<"请输入半径: ";
    cin >>radius;
    length=2*pi*radius;              //计算周长
    cout <<"这个圆的周长为" <<length <<endl;
    return 0;
}
```

运行结果：

请输入半径: 2
这个圆的周长为12.5664

功能分析：以上这段代码的功能是求一个圆的周长。先输入一个圆的半径，根据圆的周长计算公式求出周长，最后将该周长输出。

3.4.1　操作符和表达式

经过一番解释之后，相信大多数读者应该已经基本能够理解程序 3.1 的意义。这里我们需要重点研究的是 length=2*pi*radius;这句语句。该语句称为赋值语句，赋值语句的语法格式为：

左值=表达式；

语句中，等号称为赋值（Assignment）操作符。在了解赋值操作之前，先介绍一下什么是操作符（Operator）。在某些书籍中，操作符又被称为运算符，但事实上，它不仅仅是狭隘地进行加减乘除等简单的算术运算。我们可以认为操作符是对一个或多个数据进行处理，最终得到一个处理结果。例如，将两个数相乘，乘号就是操作符，而乘号两旁的被乘数和乘数则称为两个操作数（Operand）。

如果一个操作符必须有且只能有一个操作数，则称为单目操作符；如果一个操作符必须有且只能有两个操作数，则称为双目操作符；如果一个操作符必须有且只能有 3 个操作数，则称为三目操作符。例如，负号就是一个单目操作符，而减号就是一个双目操作符。（尽管它们在 C++中都是用 "-"来表示。）

再回到赋值操作符上，赋值操作符的作用就是把表达式的结果传递给左值。左值（Left Value，

也作 L-Value）的原意是在赋值操作符左边的表达式，它具有存储空间（例如自定义常量或变量），并且要允许存储（自定义常量只能在声明时初始化）。目前，左值可以理解为变量或声明语句中的自定义常量。赋值操作的具体过程是，先将右侧表达式的值求出，然后再将它存放到左值中，例如 a=1+1。赋值操作与数学意义上的等号不同，因此在赋值操作符两边出现相同的变量也是允许的。例如，a=a+1 就是先把 a 原来的值和 1 相加，然后再把结果存放到变量 a 中。

像程序中的 2*pi*radius 称为算术表达式（Expression），它通常由若干个操作符和操作数组成。C++中的算术表达式和数学上的表达式没有什么不同。如同四则运算一样，算术表达式中使用加减乘除和括号，运算的次序也是遵循"括号最先，先乘除后加减"的原则。

> **小提示**
>
> 　表达式中，乘号是不能够省略的，即 2a、4b 之类的表达式是无法被识别的。另外，在算术表达式中，括号只有小括号 () 一种，并且可以有多重括号。中括号[]和大括号{}都是不允许使用在算术表达式中的。比如((a+b)*4)是正确的写法，[(a+b)*4]却是错误的写法。

3.4.2　算术操作符

在 C++中，常用的算术操作符包括"+"（加法）、"-"（减法）、"*"（乘法）、"/"（除法）、"%"（取余数）等。除了加号可以作为正号、减号可以作为负号外，其他几个算术操作符都是双目的。

需要注意的是，在 C++中除号有两种含义：当除号两边的数均为整型数据时为整除，即商的小数部分被截去（不是四舍五入），例如 3/2 的结果为 1；除号两边只要有一个是浮点型（包括 float 和 double）数据，那么就做除法，小数部分予以保留，运算结果应当存放在浮点型变量中，例如 3.0/2 或 3/2.0 或 3.0/2.0 的结果均为 1.5。

在 C++中，"%"为取余数操作符，例如 7%3 的结果是 1。它的优先级和乘除法相同，比加减法优先执行运算，例如 1+7%3 的结果应该为 2。注意，在取余数操作符两边的操作数都必须是整数，否则将无法通过编译。

在 3.4.1 节中，介绍了诸如 a=a+b 的写法，就是先把 a 原来的值和 b 相加，然后再把结果存放到变量 a 中。这种操作在今后的程序设计中会经常用到。为了简化书写，在 C++中对应算术操作符有 5 种复合赋值操作符（Compound Assignment Operator），分别是：

（1）+=，a=a+b 可缩写为 a+=b；

（2）-=，a=a-b 可缩写为 a-=b；

（3）*=，a=a*b 可缩写为 a*=b；

（4）/=，a=a/b 可缩写为 a/=b；

（5）%=，a=a%b 可缩写为 a%=b。

当然，复合赋值操作符不仅仅只有以上 5 种，以后学到的一些其他操作符也有对应的复合赋值操作符。在某些情况下，复合赋值操作符可以提供更好的运算性能，但是其可读性较差，因此建议读者不要集中使用复合赋值操作符。

> **试试看**
>
> 　1. 当定义一个浮点型 float 的常量时，如果不在实数之后加上 F，是否能够通过编译？
>
> 　2. 假设已定义两个未初始化整型变量 a 和 b，赋值语句 a=b=1;是否是合法的？如果合法，

那么 a 和 b 的结果分别是什么？

3. 7/-2 的结果应该是多少？-7%2 的结果应该是多少？请上机验证。

3.5 箱子的转换

通常情况下，我们不会把东西乱放到箱子里。但是在某些特殊情况下，只有一个小箱子，却要放进一样很大的东西，这该怎么办呢？乱塞是没用的，那样只会更难把东西放进去。这时候，需要把东西整理一下，去掉那些不太需要而又太占体积的部分，就能把大东西放进小箱子了。

C++很强调数据的类型，不能随意把不同数据类型的变量或常量乱赋值。如果真的有特殊需要，必须把数据"整理"一下，这就是数据类型的转换（Conversion）。C++中的数据类型转换主要有两种：隐式转换和显式转换。

3.5.1 隐式转换

所谓隐式，就是隐藏的，看不到的，这种转换经常发生在把小东西放到大箱子里的时候。这里小和大的主要判别依据是数据类型的表示范围和精度。例如，short 比 long 小，float 比 double 小等。当一个变量的表示范围和精度都大于另一个变量时，将后者赋值给前者就会发生隐式转换。这种转换一般不会造成数据的丢失。

需要注意的是，布尔型和整型之间也能进行隐式转换，如表 3.2 所示。当把一个非 0 的整型值赋给布尔型变量后，布尔型变量的值为 true。但由于 true 对应的整型数值为 1，因此再将其赋值给整型变量时值为 1。对于值为 0 的整型变量，经过这样一连串变换以后，最终变回的整型变量结果还是 0。

表 3.2   整型与布尔型的转换

整型	布尔型	整型
非 0 值　→	true　→	1
0　→	false　→	0

3.5.2 显式转换

与隐式转换相反，显式转换会在程序中体现出来。显式转换的简单方法为：

（[修饰符] 数据类型）表达式

这种转换经常发生在把大东西放到小箱子里的时候，多出来的部分就不得不丢掉。当一个变量的表示范围或精度无法满足另一个变量时，将后者赋值给前者就需要进行显式转换。显式转换可能会导致部分数据（如小数）丢失。

下面我们就来看一个程序，尝试数据类型转换。

程序 3.2   数据类型转换

```
#include <iostream>
using namespace std;
int main()
{
    short a=4;
    int b;
    float c=5.0F;
```

```
        long double d;
        b=a;                    //隐式转换
        d=c;                    //隐式转换
        cout <<b <<" " <<d <<endl;
        d=2.2;
        c=(float)d;             //显式转换
        b=(int)c;               //显式转换
        a=(short)b;             //显式转换
        cout <<c <<" " <<b <<endl;
        return 0;
}
```

运行结果：

```
4 5
2.2 2
```

试试看

1. 如果程序 3.2 中不进行显式转换，程序能否通过编译？

2. 修改程序 3.2，验证当变量 b 抛弃小数的时候是否是"四舍五入"？

功能分析：这段代码通过不同类型变量的显式或隐式转换，输出转换后的结果。

根据运行结果，发现把浮点型变量 c 赋值给整型变量 b 时，它的小数部分被丢弃了。尽管部分数据丢了，但程序通过了编译，得以正常运行。

小提示

3.5.2 节中介绍的显式转换方式源于 C 语言。由于它的转换方法简单易懂，所以在 C++ 中仍然被很多程序员沿用。C++ 中提供了 static_cast 关键字的显式转换方式，有兴趣的读者可以参考相关书籍或网络。

3.6　缩略语和术语表

英文全称	英文缩写	中文
Variable	-	变量
Declare	-	声明
Data Type	-	数据类型
Memory	-	存储器、内存
Keyword	-	关键字
Case Sensitive	-	大小写敏感
Initialize	-	初始化
Integer	-	整数、整型
Floating Point	-	浮点数、浮点型
Character	-	字符、字符型
Boolean	-	布尔型
True	-	真

续表

英文全称	英文缩写	中文
False	-	假
Constant	-	常量
Assignment	-	赋值
Operator	-	操作符、运算符
Operand	-	操作数
Left Value	L-Value	左值
Expression	-	表达式
Compound Assignment Operator	-	复合赋值操作符
Conversion	-	转换
Explicit Conversion	-	显式转换
Implicit Conversion	-	隐式转换

3.7 方法指导

本章主要介绍了变量的概念、变量的声明和初始化以及变量的使用。学到这里，你已经可以编写一些简单的小程序了。但是，基础仍然是很重要的。很多初学者虽然已经知道了变量这个概念，但却不知道在什么时候使用何种类型的变量。所以，必须要对常用的基本数据类型非常熟悉，甚至要能说出它们的大致范围和占用空间。唯有多看、多抄、多改、多实践才能提高自己的水平。现在的努力在以后一定会有回报。

3.8 习题

1. 选择题

（1）Visual C++的变量存储在（   ）中。

    A．键盘　　　B．硬盘　　　C．内存　　　D．光盘

（2）采用匈牙利标记法的变量名中隐含了变量的（   ）。

    A．数值　　　B．地址　　　C．空间　　　D．类型

（3）在计算机中存储的数字 728D 可能是（   ）数。

    A．二进制　　　B．八进制　　　C．十进制　　　D．十六进制

（4）三目操作符有且必须有（   ）个操作数。

    A．1　　　B．2　　　C．3　　　D．4

（5）下列操作符优先级最高的是（   ）。

    A．*　　　B．-　　　C．%　　　D．()

2. 改写程序 3.1，通过键盘输入一个圆的半径 radius，经过运算后输出这个圆的面积。

3. 判断下列数据的数据类型。

    3.0　　　　　2　　　　　'$'　　　　　0　　　　　0.0F　　　　"ABCDE"

4．判断下列变量名是否合法。

    3ZH   Int   _3CQ   double   分数   Phy Mark

5．指出下列程序的错误之处。

```cpp
#include iostream
using namespace;
int main
{
    int b,c=5;
    const int a;
    a=1;
    b=c+1;
    cout >>b >>endl;
    c=c/2.0;
    cout <<a+b+c <<endl;
    return 0;
}
```

6．阅读以下代码，写出运行结果。

```cpp
#include <iostream>
using namespace std;
int main()
{
    int a=5,b=3,c;
    c=a+b;
    a=a-1;
    b=b-1;
    c=c+1;
    cout <<a+b+c <<endl;
    return 0;
}
```

提示：把变量的初始值和运行每一步语句后的结果写下来，最后就能得到准确无误的答案。

7．猜测以下变量中可能存放的数据类型和内容。

如：iNumOfStudent——整型，可能存放学生的人数

  iMax   fSum   chTemp   bIsEmpty   lResult

扫一扫二维码，获取参考答案

第 4 章　要走哪条路——分支结构

世间万物是变幻莫测的，对于发生的不同状况，会有着许多不同的结果。例如，考试的分数高，对应得到的绩点就较高。考试的结果左右着绩点。那么，在 C++程序设计的过程中，如何来描述这个千变万化，难以预料的世界呢？本章将要学习分支结构。通过分支的方法，使程序更加完善，解决更多的问题。

本章的知识点有：

◆　if…else…语句

◆　关系操作符和逻辑操作符

◆　语句的嵌套

◆　条件操作符

◆　switch 语句

4.1　如果……

对于可能发生的事情，经常使用"如果……那么……"。语文里，叫它条件复句。"如果"之后的内容称为条件。当条件满足时，就会发生"那么"之后的事件。有这样一句话：If mark>90, cout <<"GOOD!" <<endl.。把它翻译成自然语言就是：如果分数大于 90，则输出 GOOD。

其实在程序设计中，也是用"如果"来描述可能发生的情况的。它和刚才的那句英语很相似，具体的语法格式是：

```
if (条件)
{
    语句 1;
    语句 2;
    ……
}
```

若干句语句放在一对大括号中，称为复合语句（Compound Statment）或语句块（Block）。运行到该 if 语句，当条件满足时，就会执行语句块内的内容。此外，if 语句也可以用流程图来表示，如图 4.1 所示。请注意，if 语句本身是没有分号的，分号只属于语句块中的各个语句。因此，在右大括号的后面不应该再添加分号。

当语句块中只有一句语句时，两边的大括号可以省略。此时 if 语句条件满足也就执行它后面的一句语句。因此，在写 if 语句时，特别要注意是否应该给语句加上大括号。不同的写法可能会导致完全不同的运行结果。为保险起见，建议初学者采用语句块的写法。

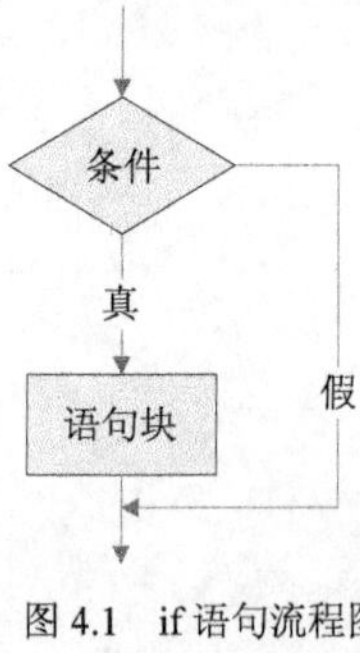

if 语句是典型的分支结构。有些书中也称为选择结构，并把这些分支结构的语句称为选择语句（Selection Statement）。所谓分支结构就是在程序中出现

图 4.1　if 语句流程图

了多条运行的"路径"，程序将根据程序员设定条件的符合情况表现出不同的运行结果。分支结构使计算机具备了判断的能力，从而更进一步接近人类的逻辑思维。

4.1.1　条件——关系操作符

当判断一个条件时，依赖于这个条件是真是假。说到真和假，不难想到布尔型数据，因为它就是分别用 0 和 1 来表示假和真。显然条件的位置上应该放置一个布尔型的数据。然而，光靠死板的 0 和 1 两个数仍然无法描述发生着变化的各种情况。那么，如何让计算机来根据实际情况做出判断呢？

这里要引入关系操作符（Relational Operator）。之前的加减乘除和取余数等操作，结果都是整型或浮点型数据。而关系操作符的运算结果则是布尔型数据，也就是说它们的结果只有两种——真或假。

所谓关系操作符，就是判断操作符两边数据的关系。这些关系一共有 6 种，分别是：等于、大于、小于、大于等于、小于等于、不等于，如表 4.1 所示。

表 4.1　　　　　　　　　　　　　　　　　关系操作符

关系	等于	大于	小于	大于等于	小于等于	不等于
操作符	==	>	<	>=	<=	!=
示例	a==b	a>b	a<b	a>=b	a<=b	a!=b

当操作符两边的数据符合操作符对应的关系时，结果为真，否则为假。例如，5>1 的结果是 1（真），'a'=='a'的结果也是 1（真）；而 3<=2 的结果为 0（假）等。

在上一章的简单表达式中，提到了运算的次序。这种运算的次序称作操作符的优先级（Priority）。上述 6 种关系操作符中，大于、小于、大于等于和小于等于的优先级较高，并且相同；等于和不等于的优先级较低，并且相同。

在遇到浮点型或双精度型的关系运算时，要特别小心。正像 3.2.2 节所说的浮点型精度问题类似，浮点型或双精度型的数据在进行关系运算时可能会出现问题。例如，浮点型数 231649754.0 和 231649757.0 明显是不相等的，但在进行关系运算时，则判断结果则可能是相等的。这是因为，相对于上亿的浮点型数来说，相差的 3 实在是微不足道，计算机已经无法分辨。当然，其本质原因还是浮点型无法精确存储如此大的数字。

> **小提示**
>
> ==和=是两个不同的操作符，前者是判断操作符两边数据的关系，后者是把右面的表达式结果赋值给左边。如果把=当作==使用，会导致 if 语句失效。
>
> 为了避免=和==的混淆，有些书籍中建议把左值写到==操作符的右边，如 2==a。这样的话，万一遗漏了一个等号写成了 2=a 就无法通过编译，问题就容易被发现了。不过，如果==操作符的两边都是左值，这个办法就完全失去效果了。

下面来看一段大小数字排列程序。

程序 4.1　两个整数的排序输出

```cpp
#include <iostream>
using namespace std;
int main()
{
```

```
    int a,b;
    cout <<"请输入两个数: ";
    cin >>a >>b;
    if (a>b)                //如果 a 比 b 大，则将两个数交换
    {
        int temp;           //创建一个临时变量
        temp=a;
        a=b;
        b=temp;
    }
    cout << "这两个数从小到大输出为: ";
    cout <<a <<" " <<b <<endl;     //将两个数从小到大输出
    return 0;
}
```

第一次运行结果：

请输入两个数: 1 5
这两个数从小到大输出为: 1 5

第二次运行结果：

请输入两个数: 3 2
这两个数从小到大输出为: 2 3

算法与思想：交换

交换是程序设计中最基础最常用的一种操作。它的算法在现实生活中也有着形象的操作。交换两个变量里的数据，就好像交换 A 和 B 两个碗中的水，必须再拿来一个碗 C（临时变量）。将 A 碗里面的水先倒到这个临时的碗 C 里，再将 B 碗的水倒到空的 A 碗里，最后把临时碗 C 里的水再倒回 B 碗，那么就完成了这个任务。

功能分析：这个程序完成的工作是将两个无序的整数从小到大地输出。首先输入两个整数。如果第一个数比第二个数大，先交换再输出，否则直接输出。

试试看

1. 如果把程序 4.1 里，if 语句中条件表达式两边的括号去掉，程序是否能够正常运行？

结论：if 之后的条件表达式应该加上括号。

2. 如果把程序 4.1 里，第 9 行和第 14 行的大括号去掉，程序的运行结果如何？

结论：if 之后如果要运行多条语句，必须使用语句块。

3. 修改程序 4.1，要求不使用除了 a 和 b 以外的任何变量，保持程序的运行结果不变。

提示：此时只关注数字的输出顺序。

4. 设法验证>=和!=这两个关系操作符的运算优先级。

提示：设计一个含有这两个关系操作符的表达式。当两个关系操作符优先级的假设相反时，该表达式的结果也不同。通过该表达式结果即可验证两个操作符的优先级。

识记宝典

交换算法的代码非常好记。把临时变量放在首位，然后把任一变量放在等号的右边，下一条赋值语句的开头必然也是这个变量，直到最后一个变量是临时变量。可简单记为首尾相连。（程序 4.1 的代码中用相同类型的下划线表示）

正如图 4.1 所画的那样，if 语句的功能只是在条件满足时"做某事"，条件不满足则什么都不做，继续执行后面的语句。

下面再来看一个用 if 语句编写的猜数字小游戏，巩固 if 语句的用法。

> **程序 4.2　if 语句版猜数字**

```cpp
#include <iostream>
#include <cstdlib>                      //与获取随机数有关，暂不研究
#include <ctime>                        //与获取随机数有关，暂不研究
using namespace std;
int main()
{
    srand((unsigned int)time(NULL));    //与获取随机数有关，暂不研究
    int ans=rand()%5+1,input;           //rand()%5 与获取随机数有关，暂不研究
    cout <<"请猜一个数（1~6）: " <<endl;
    cin >>input;
    if (input == ans)                   //如果输入的数与随机数相同，则输出"猜对啦"
    {
        cout <<"猜对啦! " <<endl;
        return 0;                       //结束程序
    }
    cout <<"猜错啦，还有两次机会! " <<endl;
    cin >>input;
    if (input == ans)                   //如果输入的数与随机数相同，则输出"猜对啦"
    {
        cout <<"猜对啦! " <<endl;
        return 0;                       //结束程序
    }
    cout <<"猜错啦，还有一次机会! " <<endl;
    cin >>input;
    if (input == ans)                   //如果输入的数与随机数相同，则输出"猜对啦"
    {
        cout <<"猜对啦! " <<endl;
        return 0;                       //结束程序
    }
    cout <<"答案是" <<ans <<endl;
    return 0;
}
```

第一次运行结果：

请猜一个数（1~6）:
5
猜错啦，还有两次机会！
1
猜错啦，还有一次机会！
3
猜对啦!

第二次运行结果：

请猜一个数（1~6）:
3
猜错啦，还有两次机会！
5
猜错啦，还有一次机会！
4
答案是1

功能分析：这个程序是拿 3 条 if 语句编写的一个猜数字小游戏。首先，通过某些语句获得一个随机数[①]（Random Number）。程序每次运行时，这个随机数都可能与上一次不同。然后，请用户输入一个整数。如果这个整数与随机数相同，则表示猜中，程序结束。反复 3 次后如果程序仍在运行，则输出答案。

在这个程序中，用户猜对时的 return 0; 语句是必不可少的。如果缺少了它，虽然程序会提示用户已经猜对，但同时还会提示用户继续输入，这与程序原本的意图不符。

4.1.2　条件——逻辑操作符

学校评三好学生，候选人必须要德、智、体全面发展才能够评上；学校开运动会，运动员只要在某一个项目上是全校第一就能够获得冠军。现实生活中，有些条件会很严格，要数项同时满足时才算符合条件；而有些条件又会很松，只要符合其中某一项就算符合条件了。在程序设计中，也会遇到这样的问题。

我们往往用"并且"和"或"两个词来描述这些情况。而在程序设计中，用逻辑运算来描述。它们称为"与"（相当于并且）、"或""非"。"逻辑与"的操作符是&&，"逻辑或"的操作符是||，"逻辑非"的操作符是!。用真值表（Truth Table）可以描述各种逻辑运算的结果，如表 4.2～表 4.4 所示。

表 4.2　　逻辑与

逻辑与	真	假
真	真	假
假	假	假

表 4.3　　逻辑或

逻辑或	真	假
真	真	真
假	真	假

表 4.2 和 4.3 的第一行和第一列分别是逻辑操作符两侧的值，右下角白色的四格是经过运算后的结果。

表 4.4　　　　　　　　　　　　　逻辑非

非	真	假
结果	假	真

如果用集合 A 和集合 B 分别来描述两个不相同的条件 A 和 B，那么 A&&B 表示要满足集合 A 与集合 B 的交集；A||B 表示要满足集合 A 与集合 B 的并集；!A 表示要满足集合 A 的补集，如图 4.2 阴影部分所示。

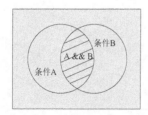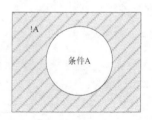

图 4.2　用集合描述逻辑运算

关系操作符和逻辑操作符（Logical Operator）的优先级是怎么样的呢？

---

① 随机数的获得不在本章节的学习范围内。

和简单表达式一样，括号的优先级仍然是最高的。无论什么情况都应该先从左到右地计算括号内的结果。当算术操作符、关系操作符和逻辑操作符处于同一级的括号时，则分别从左向右地依次进行逻辑非运算、算术运算（遵循算术运算的优先级）、关系运算（==和!=的优先级较低）、逻辑与运算和逻辑或运算。

下面来看一段根据得分给出不同提示的程序。

程序 4.3 划分成绩区段

```
#include <iostream>
using namespace std;
int main()
{
    int mark;
    cout <<"请输入成绩（0~100）: ";
    cin >>mark;
    if (mark>=80 && mark <=100) cout <<"优秀" <<endl;
    if (mark>=60 && mark <80) cout <<"及格" <<endl;
    if (mark>=0 && mark <60) cout <<"不及格" <<endl;
    if (mark<0 || mark >100) cout <<"出错" <<endl;
    return 0;
}
```

第一次运行结果：

请输入成绩（0~100）: 100
优秀

第二次运行结果：

请输入成绩（0~100）: 75
及格

第三次运行结果：

请输入成绩（0~100）: 59
不及格

第四次运行结果：

请输入成绩（0~100）: 105
出错

功能分析：将关系运算和逻辑运算配合使用，可以将数值有效地分段。以上这段程序先输入一个数值，然后依次判断该数值是否属于某个区间内，如果是则输出相应的提示信息。如果输入的数值超出正常的取值范围，则输出出错信息。

试试看

1. 试计算下列条件表达式的结果，并上机验证结果。

1 || 0 && 1 && 0

! 1+2>1

0 && !2+5 || 1 && !（2+!0）

2. 在双字符的逻辑操作符（如&&或||）中间加入空格，是否能够通过编译？

在设计这种结构的程序时，务必要确保各条 if 语句的条件范围没有重叠，也没有遗漏。试想如果有某个分数同时满足两个 if 语句的条件，那么输出的信息就会变成两条。相反，如果某个分数不满足任一个 if 语句的条件，那么最终就什么都不会输出。

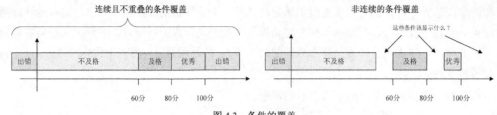

图 4.3　条件的覆盖

算法与思想：纠错

熟悉计算机软件的读者都知道，不少软件有时会有漏洞（Bug），使得软件的安全性或稳定性受到影响。而产生这些漏洞的部分原因就是程序员在设计程序时有所疏漏，没有考虑到可能引起错误的特殊情况。这些可能引起程序异常的情况称为临界情况。如在 a/b 中，b=0 就是一种临界情况。如果不考虑它，则导致除数为零而使程序出错。学习了 if 语句以后就能够避免一些可以预知的错误，把那些临界情况引入相应的处理程序（如输出错误报告，或及时中止程序）。此外，在第 13 章中还会介绍程序发生错误后，如何弥补和缓解。

下面再来看一个关于一元二次方程的程序，它能判断这个方程是否有实数解。

程序 4.4　一元二次方程的判断（1）

```cpp
#include <iostream>
using namespace std;
int main()
{
    int a,b,c;
    cout <<"请输入 ax^2+bx+c=0 的三个系数 a，b 和 c: " <<endl;
    cin >> a >>b >>c;
    if (b*b-4*a*c>=0 && a!=0)        //△≥0 和 a≠0 必须同时满足
    {
        cout <<"有实数解! " <<endl;
    }
    if (b*b-4*a*c<0 && a!=0)
    {
        cout <<"无实数解! " <<endl;
    }
    if (a==0)                        //a=0 时它不是一元二次方程
    {
        cout <<"这不是一元二次方程! " <<endl;
    }
    return 0;
}
```

第一次运行结果：

请输入 ax^2+bx+c=0 的三个系数 a，b 和 c:
1 2 1
有实数解!

第二次运行结果：

请输入 ax^2+bx+c=0 的三个系数 a，b 和 c:
5 2 3
无实数解!

第三次运行结果：

请输入 ax^2+bx+c=0 的三个系数 a，b 和 c:

```
0 1 2
```
这不是一元二次方程！

功能分析：本程序通过判断一元二次方程中 3 个系数的关系（即△是否大于等于 0），确定该一元二次方程是否有实数解，前提是该方程的二次项系数必须不为 0。因此在程序中，判定该方程有实数解的条件有两个，即 b*b-4*a*c>=0 和 a!=0。

与程序 4.3 相似，本程序的各条 if 语句条件也是不重叠、不遗漏的。对于输入的任意整数 a、b、c，程序都能给出唯一的结论。

4.1.3　&&和||的妙用

有时候做数学题目会遇到这样的问题——0*(1+5*8)*6*(5/6+2)，当发现整个式子是乘式，并且第一个乘数为 0 时，则不再做更多的计算，把结果脱口而出。因为无论后面的乘数是什么，都无法改变结果了。

根据上一节的真值表 4.2 和表 4.3，不难发现在“逻辑与”中，只要有一个是假则整个表达式的结果为假；在“逻辑或”中，只要有一个是真则整个表达式的结果为真。“逻辑与”、“逻辑或”和上面所说的例子有着相似之处，那么计算机会不会像人类一样，不再做更多无谓的计算呢？

答案是肯定的。在一个或多个连续的“逻辑与”中，一旦出现一个假，则结果为假（即为 0），处于该位置以后的条件不再做更多判断；在一个或多个连续的“逻辑或”中，一旦出现一个真，则结果为真（即为 1），处于该位置以后的条件也不再做更多判断。例如：

```
if (m!=0 && n/m<1)
{
    cout <<"OK" <<endl;
}
```

当 m=0 时，计算机不会去尝试用 n/m 了，而是直接跳过整句语句。这样，就能够避免除数为零的错误了。

> **小提示**
>
> 虽然&&和||会简化计算过程带来方便，但是这也可能给程序带来副作用。例如 c<0 && i=3 在 c≥0 的时候，程序就会跳过赋值语句 i=3。所以一般情况下，不推荐在条件中使用赋值等可能改变程序运行状态的语句。

> **试试看**
>
> 1. 尝试多个复杂的逻辑运算，思考如何才能够最准确地表达自己所希望的运算次序。
> 2. 修改程序 3.1，使得输入的半径为非正数时能输出出错信息。

4.2　否则……

在说“如果……那么……”时，还经常和“否则……”连用。例如：如果明天天气好，就开运动会，否则就不开。但是根据上一节学的内容，只能这样说：如果明天天气好，就开运动会；如果明天天气不好，就不开运动会。虽然也能够把意思表达清楚，但是语句显得冗长，要是条件再多一些则更是杂乱。尤其需要仔细思考条件的覆盖情况，如果考虑不周，很有可能导致某个条件下没有进入任何分支，或者进入了多个分支。可见，在程序设计中，如果没有"否则……"语句将会多么麻烦。

4.2.1 如果与否则

和说话的习惯一样，"否则"应该与"如果"连用，其语法格式为：

```
if (条件)
{
    语句 1;
    语句 2;
    ……
}
else
{
    语句 1;
    语句 2;
    ……
}
```

运行到该语句时，当条件满足，则运行语句块 1 中的语句；当条件不满足，则运行语句块 2 中的语句。也可以用流程图来直观地表示 if…else…语句，如图 4.4 所示。和 if 语句一样，else 语句的结尾是没有分号的，分号只属于语句块中的各个语句。

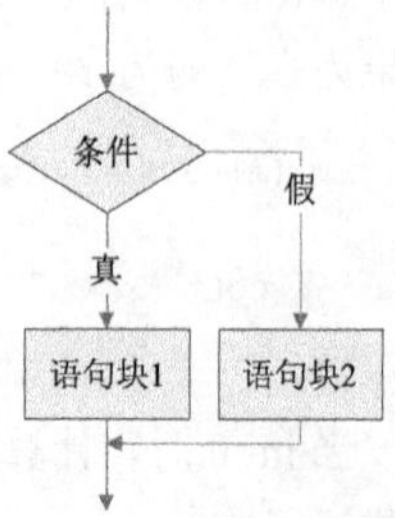

下面来看一段程序。

> 图 4.4 if…else…语句流程图

程序 4.5 输出较大数

```cpp
#include <iostream>
using namespace std;
int main()
{
    int a,b,max;
    cout <<"请输入两个数: "<<endl;
    cin >>a >>b;
    if (a>=b)              //如果 a 大于等于 b
    {
        max=a;             //则把 a 的值放到 max 中
    }
    else                   //否则
    {
        max=b;             //把 b 的值放到 max 中
    }
    cout <<"较大的数是" <<max <<endl;
    return 0;
}
```

第一次运行结果：

请输入两个数:
1 5
较大的数是 5

第二次运行结果：

请输入两个数:
5 8
较大的数是 8

功能分析：这个程序的主要功能是输出较大的数。当使用 if…else…语句时，程序只可能运行两个分支中的其中之一。因此，max 变量只可能被赋值一次。最终，将 max 的值输出。

在书写 if…else…和语句块时，有些程序员会有这样的写法。

```
if (条件) {
    语句₁;
    语句₂;
    ……
}
else {
    语句₁;
    语句₂;
    ……
}
```

在 C++的标准中，并没有给出语句块大括号的规定位置。因此，这样的写法对编译器来说是可以接受的，不同的写法取决于程序员的书写习惯。但是对于尚未养成习惯的初学者，不建议采用这种写法。因为这种写法在面对复杂的程序时不易阅读。建议每个语句块的左右大括号都能独占一行，这样的层次结构将更为清晰。

下面改写程序 4.4，利用 if…else…语句使它更为高效。

程序 4.6 一元二次方程的判断（2）

```
#include <iostream>
using namespace std;
int main()
{
    int a,b,c;
    cout <<"请输入 ax^2+bx+c=0 的三个系数 a，b 和 c: " <<endl;
    cin >> a >>b >>c;
    if (a==0)                    //a=0 时它不是一元二次方程
    {
        cout <<"这不是一元二次方程！" <<endl;
    }
    else
    {
        if (b*b-4*a*c>=0)        //已判断过 a，只需△0 即可
        {
            cout <<"有实数解！" <<endl;
        }
        else
        {
            cout <<"无实数解！" <<endl;
        }
    }
    return 0;
}
```

从程序代码上来看，使用 if…else…语句之后并没有明显缩短它的长度，但是与程序 4.4 相比，程序 4.6 更为高效：先判断 a 是否为 0，再判断△是否大于等于 0。即如果某个方程的系数 a 为 0，就无需再去判断△的情况，直接就给出结果"这不是一元二次方程"。而程序 4.4 没有使用 else 语句，因此它必须按顺序执行完每个 if 语句中的判断。

4.2.2 如果里的如果……

if 语句的主要功能是给程序提供一个分支。然而，有时候程序中仅仅多一个分支是远远不够的，甚至有时候程序的分支会很复杂，要在一个分支里面再有一个分支。根据 if 语句的流程图，不难想象如果要在分支里再形成分支，就应该在 if…else…语句中继续使用 if 语句。其实在上一节程序 4.6 中我们已经看到了这样的用法。这种在语句的内部多次使用同一种语句的现象叫作嵌套。

下面来看一段程序，熟悉 if…else…的嵌套。

程序 4.7　识别简单表达式

```cpp
#include <iostream>
using namespace std;
int main()
{
    float a,b;
    char oper;                      //创建一个字符型变量用于存放操作符
    cout <<"请输入一个表达式（如1+2）: " <<endl;
    cin >>a >>oper >>b;             //输入表达式，操作符处于中间
    if (oper=='+')                  //如果操作符是加号
    {
        cout <<a <<oper <<b <<'=' <<a+b <<endl;     //两数的和
    }
    else                            //否则
    {
        if (oper=='-')              //如果操作符是减号
        {
            cout <<a <<oper <<b <<'=' <<a-b <<endl;     //两数的差
        }
        else                        //否则
        {
            if (oper=='*')          //如果操作符是乘号
            {
                cout <<a <<oper <<b <<'=' <<a*b <<endl;  //两数的积
            }
            else                    //否则
            {
                if (oper=='/' && b!=0)//如果操作符为除号且除数不为零
                {
                    cout <<a <<oper <<b <<'=' <<a/b <<endl;//两数的商
                }
                else                //否则
                {
                    cout <<"出错啦! " <<endl;     //操作符不正确或除数为零
                }
            }
        }
    }
    return 0;
}
```

第一次运行结果：

```
请输入一个表达式（如1+2）:
1.5+3
1.5+3=4.5
```

第二次运行结果：

请输入一个表达式（如 1+2）：
8/0
出错啦！

第三次运行结果：

请输入一个表达式（如 1+2）：
5p3
出错啦！

功能分析：以上这段程序能够识别非常简单的表达式。它所使用的 if…else…嵌套能分辨出用户到底要进行什么运算，并且把引起错误的分支作报错处理。

4.2.3　找朋友

当一个程序中出现多个 if…else…时，也可能会引来麻烦。因为每个 if 都具有和 else 配对的功能。那么在阅读一段程序时，怎么知道哪个 if 和哪个 else 是在一起的呢？

如果你尝试过在 Visual Studio 中输入程序 4.6 或 4.7，那么你一定会发现，每输入一次左大括号"{"并换行，括号内部的语句就会自动向右侧缩进一段。if…else…的配对和缩进是有关的。具体的规则是，else 向上寻找最近一个和它处于相同层次的 if 配对，这种规则理解为"门当户对"。很显然，如果你没有改变过自动产生的缩进位置，else 不会去找一个比它更右边或者更左边的 if，如图 4.5 所示。

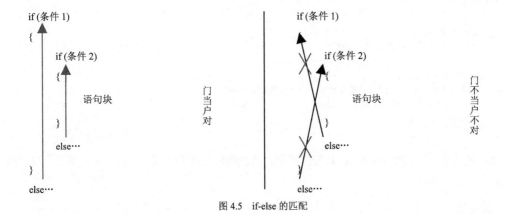

图 4.5　if-else 的匹配

在某些高级语言中，是没有缩进的。缩进不仅是为了美观，也是为了让程序的层次更加分明。通过缩进就能很容易看出一个语句块应该从哪里开始，运行到哪里结束。如果没有缩进，只能去找关键字，这给大型程序的开发带来了麻烦，所以保持正常的缩进是一种好习惯。

在编写代码时，难免会把代码的缩进次序弄乱。如果你使用的是 Visual Studio 2012，则可以通过 Ctrl+E+D 键使整个程序代码自动调整缩进的状态。如果你使用的是 Visual C++ 6.0，则可以通过 Alt+F8 键实现自动缩进。而在其他一些开发环境中，也能够对自动缩进（Auto Indent）功能进行设置。

试试看

1．使用 if…else…语句修改程序 4.1.2，使整个程序只有一条 return 0;语句。

2．当 if…else…的语句块中只有一句语句时，去除大括号以后是否影响运行结果？如果去除大括号，给你阅读程序带来了什么影响？

4.3 爱判断的问号

随着程序越来越复杂，在代码中会出现越来越多的 if 语句。有时候只需要计算机做一个简单的判断，就不得不使用占据多行的 if 语句。这使得程序的可读性受到了一定的影响。例如程序 4.5 中，使用标准格式写一段将较大数放入 max 中的语句占据了 8 行。即使是较简便的写法，也至少要占据两行。C++提供了一种特殊的操作符，可以用问号来判断一个条件，具体的语法格式为：

（条件表达式）？（条件为真时的表达式）：（条件为假时的表达式）

"?:" 称为条件操作符（Conditional Operator），它的运算优先级比 "逻辑或" 还低，是目前为止优先级最低的操作符。含有条件操作符的表达称为条件表达式。既然是表达式，它就应该有一个计算结果。而这个结果就是已经经过判断而得到的结果。可以声明一个变量来存放这个结果，也可以用输出语句把这个结果输出。但是，如果得到结果以后，既没有把它存放起来，也没有把它输出来，那么做这个条件运算就失去意义了。

下面就用条件操作符来改编一下程序 4.5，看看条件表达式是如何使用的：

程序 4.8　输出较大数

```
#include <iostream>
using namespace std;
int main()
{
    int a,b,max;
    cout <<"请输入两个数: "<<endl;
    cin >>a >>b;
    max=(a>=b)?a:b;
    //如 a 大于等于 b，则把 a 的值放到 max 中，否则把 b 的值放到 max 中
    cout <<"较大的数是" <<max <<endl;
    return 0;
}
```

运行的结果就如同程序 4.5，没有任何区别。而我们也达到了缩短代码的目的，增强了程序的可读性。

试试看

1. 仍然使用条件操作符修改程序 4.5。要求不使用除了 a 和 b 以外的任何变量，保持程序的运行结果不变。

2. 当条件为真或假的表达式都是左值（变量）的时候，能否把条件表达式放在等号的左边而被赋值？

4.4 切换的开关

在上一节介绍了 if…else…可以用来描述一个 "二岔路口"，但计算机只能选择其中一条路继续走下去。然而，有时候会遇到 "多岔路口" 的情况，用 if…else…语句来描述这种多岔路口会显得非常麻烦，而且容易把思路搅乱。例如，程序 4.6 就是用 if…else…语句描述的多岔路口（4 种操作符），整个程序占据了将近一页。

如果把这些多岔路看作电路，那么用 if…else…这种"普通开关"来选择某一条支路，就需要设计一套很复杂的选路器。所以最简便的选路方法当然是做一个如图 4.6 所示的开关。

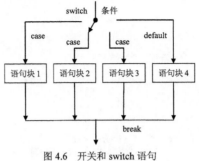

图 4.6　开关和 switch 语句

4.4.1　多路开关——switch

在 C++中，也有这样的开关，那就是 switch 语句。它能够很简捷地描述出多岔路口的情况。具体的语法格式为：

```
switch（表达式）
{
case 常量表达式₁：
    {
        语句；
        ……
        break；
    }
    ……
case 常量表达式ₙ：
    {
        语句；
        ……
        break；
    }
default：
    {
        语句；
        ……
    }
}
```

在 switch 语句中，需要记住 4 个关键字，分别是 switch、case、default 和 break。switch 是语句的特征标志；case 表示当 switch 后的表达式满足某个 case 后的常量时，运行该 case 以后的语句块。default 表示当表达式没有匹配的 case 时，默认（default）地运行它之后的语句块；break 表示分岔路已到尽头，退出 switch 语句。

> **小提示**
>
> 　　任意两个 case 后的常量不能相等，即使它们的表达形式不同，否则 switch 将不知道选择哪条路走。

下面，就来用 switch 语句来改写程序 4.6。箭头表示遇到 break 语句之后，程序的运行情况。

程序 4.9 识别简单表达式

```cpp
#include <iostream>
using namespace std;
int main()
{
    float a,b;
    char oper;
    cout <<"请输入一个表达式（如1+2）: " <<endl;
    cin >>a >>oper >>b;
    switch (oper)
    {
    case '+':
        {
            cout <<a <<oper <<b <<'=' <<a+b <<endl;
            break;                //直接结束switch语句到return 0;
        }
    case '-':
        {
            cout <<a <<oper <<b <<'=' <<a-b <<endl;
            break;                //直接结束switch语句到return 0;
        }
    case '*':
        {
            cout <<a <<oper <<b <<'=' <<a*b <<endl;
            break;                //直接结束switch语句到return 0;
        }
    case '/':
        {
            if (b!=0) cout <<a <<oper <<b <<'=' <<a/b <<endl;
            else cout <<"出错啦! "<<endl;
            break;                //直接结束switch语句到return 0;
        }
    default:
        cout <<"出错啦! "<<endl;
    }
    return 0;
}
```

上述程序的运行结果和程序 4.6 一样。使用了 switch 语句以后，代码的平均缩进程度有所减少，更简洁易懂。所以，使用 switch 语句来描述多分支情况是非常合适的。

需要强调的是，switch 语句中的 case 后面只能是常量，即这些分支的方式在程序执行之前就是规定好的（如加减乘除 4 种符号），无法随着程序的运行而变化。如果在判断条件会随程序的运行不断变化，那还是使用 if 语句更为合适。因为在 if 语句中，条件的设置更为灵活。

试试看

1. 如果去除了 case 对应的 break，则运行出来会是什么结果？

结论：如果去除了 break，会运行到下一个的支路里去。

2. 如果程序 4.6 的 default 没有处在 switch 的结尾部分，那么运行出来会是什么结果？

结论：switch 语句中最后一个分支的 break 可以省略，其他的 break 均不可以。

3. case 后的常量能否是一个浮点型常量或双精度型常量？

结论：并不是所有数据类型的常量都可以出现在 case 之后。

4.4.2　巧用 switch

返回去看一下程序 4.3 划分成绩区段，不难发现那个程序也是多分支结构。可惜 switch 语句只能判断表达式是否等于某个值，而不能判断它是否处于某个范围。如果要把处于某个范围中的每个值都作为一句 case 以后的常量，显然会很麻烦。那么，能不能使用 switch 语句来描述这种范围型的多分支结构呢？

通过分析，发现主要起区分作用的并不是个位上的数，而是十位上的数。如果能把十位上的数提取出来，那么最多也就只有 10 个分支了。下面来看用 switch 语句改编的程序 4.2。

程序 4.10　划分成绩区段

```cpp
#include <iostream>
using namespace std;
int main()
{
    int mark;
    cout <<"请输入成绩（0~100）：";
    cin >>mark;
    switch(mark/20)
    {
    case 5:
        {
            if (mark>100)            //100 到 119 都是 mark/20==5，用 if 语句再次过滤
            {
                cout <<"ERROR!" <<endl;
                break;
            }
        }
    case 4:
        {
            cout <<"Good!" <<endl;
            break;
        }
    case 3:
        {
            cout <<"Soso" <<endl;
            break;
        }
    case 2://如果 case 没有对应的 break，会运行到下一个 case 中
    case 1:
    case 0:
        {
            if (mark>=0)            //同样要用 if 过滤负数
            {
                cout <<"Please work harder!" <<endl;
                break;
            }
        }
    default:                        //其他情况都是出错
        cout <<"ERROR!" <<endl;
    }
    return 0;
}
```

通常多个 if 语句可以用于判断一段范围的条件（如从 60~80 分），而 switch 语句只能判断表达式是

否等于指定几个常量（如 1、2、3、4、5 和其他）。程序 4.4.2 要比原来的程序 4.3 冗长一些。学习这个程序的目的是要教会大家一种使用 switch 的方法，即 "以点概面"。另外，这个程序也证明了如果在 case 后面没有跟上 break 语句，那么程序就会不断地运行下去，直到结束 switch 语句或遇到 break 语句。

算法与思想：数据的转换

在程序设计中，经常会遇到这样的问题：我们希望处理的数据可能和计算机能够处理的数据不符。不符合的情况一般有两种，一种是范围不符合，另一种是类型不符合。对于范围不符合，一般考虑使用代数方法对数据进行处理。比如 C++中的随机函数通常产生一个 0～32767 的整数。如果希望得到一个 0～9 的随机数，那么就用它对 10 取余数，结果就一定在这个范围之内。对于类型不符合，只好尽量用已有的数据类型来描述难以表达的数据类型。就如同计算机中用 1 和 0 表示真和假一样。

4.5 缩略语和术语表

英文全称	英文缩写	中文
Compound Statement	-	复合语句
Block	-	（语句）块
Selection Statement	-	选择语句
Relational Operator	-	关系操作符
Priority	-	优先级
Random Number	-	随机数
Truth Table	-	真值表
Logical Operator	-	逻辑操作符
Bug	-	软件的漏洞、缺陷
Auto Indent	-	自动缩进
Conditional Operator	-	条件操作符
Default	-	默认

4.6 方法指导

本章介绍了分支结构。分支的关键在于条件，即关系运算和逻辑运算的结果。条件不仅仅在分支结构中被使用，在下一章的循环结构中还要继续被使用。所以，一定要能熟练地将自然语言描述的条件和逻辑运算、关系运算描述的条件互相转化。随着语句的增多，初学者在书写程序时的小错误可能也会越来越多。别担心，每个人都是这样过来的。只要熟练了，自然就不会出错。

从本章开始，就会逐渐出现各种小算法或编程思想的介绍。这些并不起眼的小知识在实际应用中能派上大用处。在学习 C++语法知识的同时，也要注重这方面知识的积累。

4.7 习题

1. 选择题

（1）在 if 语句后的括号内，不能放置的是（　　）。

A．布尔型变量　　　B．关系运算表达式　　　C．逻辑运算表达式　　　D．浮点型变量

（2）当一个 if…else…语句内部包含多层 if…else…语句时，称为语句的（　　）。

A．重复　　　　　　B．重叠　　　　　　　C．嵌套　　　　　　D．递归

（3）在 switch 语句中，在每个 case 语句块的结尾处应有（　　）语句。

A．变量初始化　　　B．逻辑运算　　　　　C．else　　　　　　D．break

（4）以下不属于关系操作符的是（　　）。

A．=　　　　　　　B．>=　　　　　　　C．<=　　　　　　D．!=

2．把下列自然语言描述的条件转化为逻辑运算和关系运算描述的条件，每小题至少写出两种。

（1）变量 a 不小于变量 b

（2）变量 a 加上变量 b 之后再乘以变量 c，得到的结果不为零

（3）当变量 a 等于 1 时，变量 b 大于 1；当变量 a 不等于 1 时，变量 c 大于 1

（4）当变量 b 不等于 0 时，变量 a 除以变量 b 大于 3

（5）变量 b 大于等于变量 a 并且变量 b 小于变量 a

3．写出下列程序的运算结果，并写出语句执行的先后次序（故意消除缩进）。

（1）
```
#include <iostream>
using namespace std;
int main()
{
int a=1,b=3,c=5,k=7,m=9,n=6;
cout <<a <<b <<c <<k <<m <<n <<endl;
if (a!=b || m!=a+b)
{
a=2*k!=!m;
a=a+a;
}
if (a+b>=0 && m/3.0>2)
{
m=k+3*!c;
}
else
{
k=k*!m!=c;
}
cout<<a <<m <<k <<endl;
return 0;
}
```

（2）
```
#include <iostream>
using namespace std;
int main()
{
    int a=0,b=1,c=2;
    switch (a)
    {
    case 0:
```

```
            cout <<b+c <<endl;
        case 1:
            {
                a=a+b*c;
                switch (a)
                {
                case 2:
                    cout <<b+c <<endl;
                case 5:
                    cout <<(a=a+b*c) <<endl;
                default:
                    c=c*2;
                    break;
                }
            }
        default:
            cout <<a+b+c <<endl;
            break;
    }
    return 0;
}
```

4. 指出下列程序的错误之处。

（1）

```
#include "iostream"
using namespace std;
int program()
{
    int a,b,c,temp;
    cout <<'请输入三个数' <<endl;
    cin >>a,b,c;
    if b<c;
    {
        b=temp;
        temp=c;
        c=b;
    }
    if a<c;
    {
        temp=a;
        a=c;
        c=temp;
    }
    if a<b;
    {
        temp=b;
        b=a;
        a=temp;
    }
    cout <<'从大到小排列的顺序为： ' <<a,b,c <<endl;
    return 0;
}
```

（2）

```
#include <iostream>
USING namespace std;
```

```
int main()
{
    int a,b,c;
    cin >>a >>b >>c;
    switch a;
    {
        case 0
            cout <<b+c <<endl;
        case b+c
            cout <<a+b+c <<endl;
            break;
        default
            cout <<a+b <<endl;
    }
    return 0;
}
```

5．根据运行结果完善代码。

```
#include <iostream>
using namespace std;
int main()
{
    int a;
    cout <<"请输入一个数：";
    cin >>a;
    if (____) cout <<a <<"是个负数。" <<endl;
    _____ cout <<a <<"是个正数。" <<endl;
    if (____) cout <<a <<"是个奇数。" <<endl;
    _____ cout <<a <<"是个偶数。" <<endl;
    cout <<a <<"个位上的数是" <<(_____) <<endl;
    return 0;
}
```

第一次运行结果：

请输入一个数：52
52 是个正数。
52 是个偶数。
52 个位上的数是 2

第二次运行结果：

请输入一个数：0
0 是个偶数。
0 个位上的数是 0

第三次运行结果：

请输入一个数：-15
-15 是个负数。
-15 是个奇数。
-15 个位上的数是 5

6．根据书中已有的代码改写程序。

（1）使用 if…else…语句和 switch 语句设计一个程序，使其可以识别有两个操作符（加减乘除）的表达式。要注意操作符有优先级。运行时输入和输出情况如下。

请输入一个表达式（如 1+2*3）：
1+2*3

```
1+2*3=7
```

提示：在预处理头文件处写上#include <cstdlib>，可以用 exit(1)；直接退出程序。本题请参考程序 4.9。

（2）现在有一个四位数（0000～9999），请设计一个程序，将其千位、百位、十位、个位的数分别输出。运行时输入输出情况如下。

请输入一个四位数（0000～9999）: 2014
2014 的千位数是 2，2014 的百位数是 0，2014 的十位数是 1，2014 的个位数是 4。

提示：本题请参考程序 4.0。

（3）使用分支语句设计一个程序，要求输入年月日以后，算出这天是这一年的第几天。运行时输出输入情况如下。

请输入日期（如 2005 2 28）: 2005 2 28
2005 年 2 月 28 日是 2005 年的第 59 天。

提示：闰年规律为四年一闰、百年不闰、四百年又一闰。使用 switch 语句的时候要注意 break 的特性，尽量设计出较简洁的代码。本题请参考程序 4.10。

扫一扫二维码，获取参考答案

第5章 有个圈儿的程序——循环结构

计算机之所以能够帮助人类解决各种各样的问题，除了它运算的准确性以外，最重要的就是它非常"勤劳"，可以反复进行类似或相同的运算而不觉得厌烦。本章主要介绍如何利用程序，从复杂却又单调的工作中解脱出来，把那些烦心事都丢给计算机去处理。

本章的知识点有：

- ◆ for 语句
- ◆ 增量操作符与减量操作符
- ◆ break 和 continue 语句
- ◆ 循环的嵌套
- ◆ 域宽和填充字符的设置
- ◆ while 语句
- ◆ do…while 语句

5.1 程序赛车

看过赛车的人都知道，赛车就是围绕着一个固定的跑道跑一定数量的圈数，如果没有发生意外，跑完了指定数量的圈数，比赛才算结束。

如果设想一下赛车的实际情况：当比赛开始，赛车越出起跑线时，车子跑了 0 圈。然后车子开到赛道的某个地方，会看到车迷举着一块标牌。过一会儿，赛车跑完了 1 圈，这时候已跑圈数还没有达到比赛要求的 60 圈，所以比赛还要继续，车子还要继续跑……开到刚才那个地方，又看到一次车迷举的标牌……当赛车跑完第 60 圈，也就是最后一圈时，已跑圈数等于比赛所要求的圈数，比赛就结束了。

那么车手一共看到了几次车迷举的标牌呢？很显然，答案是 60 次。

如果把车迷的标牌换成了语句 cout <<"加油！" <<endl，屏幕上应该会显示 60 次"加油！"。于是这就是重复输出若干个字符串的基本方法。可是，在 C++中，如何制造出像赛车一样的循环（Loop）呢？

5.1.1 循环语句 for

赛车里最有名的是一级方程式赛车（Formular 1），可以记住 Formular 的前 3 个字母 for 作为造赛车的语句，其具体语法格式为：

```
for (循环前的准备; 循环继续的条件; 每循环一次后的操作)
{
    语句₁;
    ……
    语句ₙ;
}
```

for 语句是一种循环语句（Iteration Statement），语句块称为循环体，是一种典型的循环结构。根据上面的语法格式，输出 60 次"加油！"的代码应该是：

```
for (int i=0;i<60;i=i+1)
{
    cout <<"加油! " <<endl;
}
```

在比赛开始前，创建一个整型变量 i 用于存放赛车已跑的圈数，并且为它赋初值为 0，即比赛开始前已跑了 0 圈。比赛继续的条件是赛车还没跑到 60 圈，即当 i>=60 时，比赛应该立即终止（设想如果将此处改成 i<=60，赛车实际要跑几圈？）。每跑完一圈以后，已跑圈数要增加 1，所以 i=i+1。而语句块中的内容相当于赛车在跑道中看到的各种情况，如图 5.1 所示。循环语句也可以用流程图描述，如图 5.2 所示。

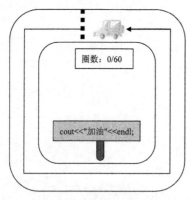

图 5.1 赛车与 for 语句

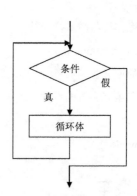

图 5.2 循环语句流程图

下面来看一个完整的程序，它尝试做一个数列求和。

程序 5.1 整数 1 到 100 求和

```
#include <iostream>
using namespace std;
int main()
{
    int sum=0;
    for (int i=1;i<=100;i=i+1)//从 1 循环到 100
    {
        sum=sum+i;              //累加求和
    }
    cout <<"求和的结果是" <<sum <<endl;
    return 0;
}
```

运行结果：

求和的结果是 5050

功能分析：在循环之前，创建了两个变量，分别为 sum 和 i。在循环语句中，习惯用诸如 i、j、k 之类的字母作为变量名，来控制循环的执行次数。这些变量又称为循环控制变量（Loop Control Variable）。而 sum 则表示"求和"的意思，其作用是把一个个数值累加起来。程序 5.1 的前 3 次循环情况是：

（1）创建变量 sum=0→遇到 for 语句，创建变量 i=1→判断 i 是否小于等于 100→满足（i=1<=100），

于是执行循环→sum=sum+i，即 sum=0+i=1→第一次循环完毕，i=i+1，即 i=1+1=2。

（2）判断 i 是否小于等于 100→满足（i=2<=100），于是执行循环→sum=sum+i，即 sum=1+i=3→第二次循环完毕，i=i+1，即 i=2+1=3。

（3）判断 i 是否小于等于 100→满足（i=3<=100），于是执行循环→sum=sum+i，即 sum=3+i=6→第三次循环完毕，i=i+1，即 i=3+1=4。

通过 3 次循环，不难发现 sum 里存放的是 1+2+3 的和。所以，循环 100 次以后输出结果是 5050 也在意料之中了。

算法与思想：累加与循环控制变量

在循环结构中，累加（Accumulate）是一种很常用的功能。累加分两种：常量累加和变量累加。常量累加就是类似 i=i+1，即在自身的数值上每次递增一个常量。这种方法一般用来记数，然后利用这个计数器作为条件帮助循环语句或分支语句作一些判断。变量累加一般是用于保存结果的，不管是 1+2+3+…+100 还是 1*2+2*3+3*4+…+99*100 都需要用到变量累加。变量累加一般是和循环控制变量有关系的，比如程序 5.1 中的累加值就是循环控制变量 i，而 1*2+2*3+…中的累加值就是 i*(i+1) 了。

5.1.2　加加和减减

在 for 语句中，会经常用到 i=i+1 之类的语句。为了方便表示，C++中有了增量表达式和减量表达式，以便于表示循环控制变量的变化。增量操作符（Increment Operator）为++，减量操作符（Decrement Operator）为--。使用这两种操作符之后，整型变量的值会增加 1 或减少 1。增减量运算的优先级和逻辑非运算处在同一级。

小提示

逻辑非和增减量操作符应该依次从左向右计算，没有谁更优先，因为它们优先级相同。

在实际使用中，会遇到两种增（减）量操作。一种是++i，称为前增量操作，另一种是 i++，称为后增量操作。那么这两种操作有什么不同呢？应该如何记忆呢？

刚才说了，增量和减量是表达式，既然是表达式就应该有一个结果。然而，前增量和后增量的结果是不同的。++i 是先去做 i=i+1，然后再把 i 作为表达式的结果；而 i++ 是先把 i 作为表达式的结果，然后再去做 i=i+1。那么，假设 i=1，执行完了 i++ 和 ++i 的结果不都是 i=2 么？怎么叫结果不一样呢？那么来看下面这个程序。

程序 5.2 增量操作符

```cpp
#include <iostream>
using namespace std;
int main()
{
    int a,i=1;
    a=i++;
    int b,j=1;
    b=++j;
    cout <<"a=" <<a <<" b=" <<b <<" i=" <<i <<" j=" <<j <<endl;
    return 0;
}
```

运行结果：

```
a=1 b=2 i=2 j=2
```

功能分析：这个程序明显地体现出前增量操作符和后增量操作符的区别。当 i 和 j 同时为 1，分别执行前后自增以后，i 和 j 的值都由 1 变成了 2。但是 a 和 b 的值却是不同的。不同的原因就是在于赋值与做加法的顺序不同。a=i++是先把没有做过加法的 i 值赋给了 a，所以 a 的值为 1；而 b=++i 是先做加法，即 i=2 了以后，再把 i 的值赋给 b，所以此时 b 的值为 2。

由于增减量操作符有赋值操作，所以操作数必须是左值。例如 3++就是不允许的。

识记宝典

增量操作符和变量的位置可以帮助记忆其操作的顺序。加号在变量前面的称为"先加后赋"，即先做加法再赋值；加号在变量后面的称为"先赋后加"，即先赋值后做加法。

试试看

1. 修改程序 5.1，使之输出以下结果。

①1+2+3+…+50　②1*2*3*…*20　③1-1/2+1/3-1/4+1/5-1/6+…-1/50

2. 分别使用增量操作和减量操作修改程序 5.1，使其运行结果不变。并考察使用前增量和使用后增量是否影响循环程序的运行结果。

3. 当 i=1 时，试试看(i++)+(++i)+(i--)的结果是什么？最终 i 的值为多少？

5.1.3　巧用 for

在 for 括号内的语句一共有 3 条，分别是循环前准备、循环继续的条件和每次循环后的操作（循环控制变量的变化）。那么这 3 个成分是不是必需的呢？如果缺少某一个成分，for 语句还能否正常运行呢？

首先要了解，如果省略了 for 语句中的某个成分，分号仍然是不能省略的。这里的分号起着分隔的作用。如果省略了分号，那么计算机将无法判断到底是省略了哪个成分。

1. 省略循环前准备

以程序 5.1 为例，在保证运行结果不变的情况下，可以做这样的修改。

程序 5.3　省略循环前准备

```cpp
#include <iostream>
using namespace std;
int main()
{
    int sum=0;
    int i=1;         //创建循环控制变量，并赋初值为1
    for (;i<=100;i=i+1)
    {
        sum=sum+i;
    }
    cout <<sum <<endl;
    return 0;
}
```

实际上，程序 5.3 并不是没有做准备工作，而是在 for 语句之前就把准备工作做好了。因此 for

语句括号内的准备工作就可以省略了。

2．省略循环继续的条件

事实上，循环继续的条件也是能够省略的，但是不推荐这样做。因为这将使得程序的可读性变差，程序的运行变得混乱。如果循环继续的条件省略了，那么 for 语句就会认为循环始终继续，直到用其他方式将 for 语句的循环打断。打断 for 循环的方式将在下一节作介绍。

3．省略每次循环后的操作

循环后的参数变化是在每次循环结束以后才发生的。因此，只要把参数变化放在语句块的最后即可。程序 5.4 是省略了参数变化的程序 5.1。

程序 5.4　省略参数的变化

```
#include <iostream>
using namespace std;
int main()
{
    int sum=0;
    for (int i=1;i<=100;)         //省略参数变化
    {
        sum=sum+i;
        i++;                      //在语句块最后补上参数的变化
    }
    cout <<sum <<endl;
    return 0;
}
```

试试看

1．试输出以下图形。

```
********

********

********
```

2．改写程序 5.1，要求只改写 for 语句括号内一处，使其输出 1+3+5+…+99 的结果。

虽然省略 for 语句中的成分是允许的，但是在实际使用中这种方法却没有太大的意义。所以建议不要随意地将 for 语句的成分省略掉，以免给理解程序带来麻烦。

5.2　退出比赛和进维修站

在上一节讲述赛车问题的时候有这样一句话：如果没有发生意外的话，跑完了指定数量的圈数，比赛才算结束。实际上，赛车比赛是会发生各种情况的，例如要进维修站进行维修，或者引擎突然损坏不得不退出比赛。那么 C++ 中的 "赛车" 会不会进维修站或者退出比赛呢？

5.2.1　退出比赛——break

上一节向大家介绍了可以省略 for 循环继续的条件而使其不断循环。但如果放任这种无尽的循环，则可能会导致整个程序永远不会停止，所以必须要能够让循环停下来。我们在第 4 章中遇到过的 break 语句就具有这个功能。下面继续在程序 5.1 的基础上做修改，看 break 在 for 语句中是如何使用的。

程序 5.5　break 的使用方法

```cpp
#include <iostream>
using namespace std;
int main()
{
    int sum=0;
    for (int i=1;;i++)
    {
        if (i>100)
        //若 i 大于 100 则退出循环
        {
            break;
        }
        sum=sum+i;
    }
    cout <<sum <<endl;
    return 0;
}
```

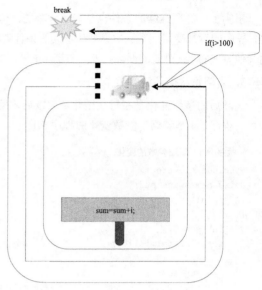

图 5.3　终止循环的 break 语句

这段代码的意思是，当 i<=100 时，一直执行循环；一旦 i>100 了，则会运行到 if 语句里的 break，强行终止了循环。以上这段代码如图 5.3 所示。不难发现，修改后的程序运行结果应该和程序 5.1 的运行结果一样。

5.2.2　进维修站——continue

进维修站并不是退出比赛，而是暂时绕开一段，然后重新进入赛道继续下一圈的比赛。那么绕开的赛道上的标牌是无法看到的。在 C++ 的"赛车比赛"中，进维修站是绕开一些语句，重新开始下一次的循环。进维修站的语句是 continue。下面来看一个程序。

程序 5.6　输出星号和空格

```cpp
#include <iostream>
using namespace std;
int main()
{
    for (int i=0;i<12;i++)
    {
        cout <<'*';       //输出星号
        if (i%2==0)
        {
            continue;
        }
        cout <<' ';       //输出空格
    }
    cout <<endl;
    return 0;
}
```

运行结果：

** ** ** ** ** **

功能分析：在循环的执行过程中，如果 i%2 不等于 0，即 i 为奇数时，则完成一次完整的循环，输出一个星号和一个空格；如果 i 是个偶数，则跳过输出空格的语句，进行下一次循环。这个程序的运行情况如图 5.4 所示。

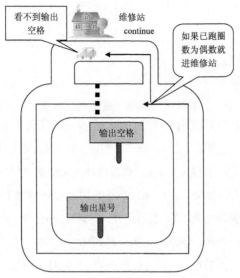

图 5.4　重新循环的 continue 语句

试试看

1. 改写程序 5.1，要求使用 continue 语句，使其输出 1+3+5+…+99 的结果。

2. 思考 break 和 continue 语句是否可能会影响循环的次数？为什么？

5.3　圈圈里的圈圈

在上一章介绍过"如果里的如果"，是利用 if…else…语句的嵌套来描述多分支的情况。那么圈圈里的圈圈——for 语句的嵌套又是怎样的一种情况呢？

5.3.1　循环的嵌套

下面先来看一个程序。

程序 5.7　用循环的嵌套输出整数

```
#include <iostream>
using namespace std;
int main()
{
    int number;
    for (int i=0;i<=3;i++)          //外循环
    {                               //外循环体开始
        for (int j=0;j<=9;j++)      //内循环
        {                           //内循环体开始
            number=i*10+j;
            cout <<number <<' ';
        }                           //内循环体结束
```

```
            cout <<endl;
        }                                    //外循环体结束
    return 0;
}
```

运行结果：

```
0 1 2 3 4 5 6 7 8 9
10 11 12 13 14 15 16 17 18 19
20 21 22 23 24 25 26 27 28 29
30 31 32 33 34 35 36 37 38 39
```

功能分析：根据运行结果，可以看出这段程序能够输出 0~39 这些整数。虽然使用一个 for 语句也能够实现这样的效果，但它们的原理是不同的。下面来分析这两个 for 是如何输出这些数字的。

（1）创建变量 number→遇到第一个 for 语句，创建变量 i=0，进行循环。

（2）遇到第二个 for 语句，创建变量 j=0，进行循环→number=0*10+0=0→输出 0。

（3）继续第二个 for 语句的循环，j++，number=0*10+1=1→输出 1→……直到输出 9。

（4）第二个 for 语句的循环结束，输出换行，i++→i=1，小于 3，第一个 for 语句的循环继续。

（5）再次遇到第二个 for 语句，j=0→number=1*10+0=10→输出 10。

（6）继续第二个 for 语句的循环，j++，number=1*10+1=11→输出 11→……输出 19……

最先遇到的循环语句称为外循环，后遇到的循环语句称为内循环。如果你还对 for 语句嵌套的运行方法不能理解，那么可以找出一个生活中的例子，例如时钟的运行方式：分针走完一圈，时针走一大格，分针走完 12 圈，时针才走完一圈。在 for 语句的嵌套中，内循环就像分针，而外循环就像时针。外循环走得很慢，要等到内循环走完一圈它才走一大格。

算法与思想：什么时候要用循环的嵌套？

循环的嵌套往往是用在由多样东西通过不同搭配组成一样东西的情况下。例如，由一个个位数和一个十位数组成一个两位数就要用到循环的嵌套，输出处在 x 轴和 y 轴不同位置的点组成的二维图形也要用到循环的嵌套。

试试看

1. 改写程序 5.7，使用 for 语句的嵌套输出数字 0~999。

2. 如果有一个双层的 for 语句嵌套，完成一次内循环语句块要执行 n 次，完成外循环语句块需要执行 m 次，那么完成整个嵌套的 for 语句，内循环的语句块一共要执行几次？

5.3.2 怎么让输出的东西更好看

看了程序 5.7 的运行结果，你可能会觉得输出的数字不太整齐。第一行的一位数都挤在了一起，而第二行开始的两位数都是整整齐齐的。那么，有什么办法让它们排排整齐么？大家自然就先想到空格了。不过，如果为了一个这么简单的功能，还要去判断一下这个数是几位的，要加几个空格之类就有点麻烦了。其实 C++中有更方便的方法。这种方法就是设置域宽（Field Width）。

所谓域宽，就是输出的内容（数值或字符等）需要占据多少个字符的位置，如果位置有空余则会自动补足。例如，设置域宽为 2，那么当输出一位数 1 时输出的就是 " 1"，即在 1 前面加了一个空格。空格和数字 1 正好一共占用了两个字符的位置。

设置域宽的具体语法格式为：

cout <<setw(域宽数值$_1$) <<输出内容$_1$ [<<setw(域宽数值$_2$) <<输出内容$_2$ …];

如果不想在 1 前面补上空格，而是希望在 1 前面补上 0，是否可以？当然也是可以的。可以把 0 设置为填充字符，那么 1 前面就补上 0 了。

设置填充字符的具体语法格式为：

cout <<setfill(填充字符$_1$) <<输出内容$_1$ [<<setfill(填充字符$_2$) <<输出内容$_2$ …];

在设置域宽和填充字符时要注意几点。

（1）设置域宽的时候应该填入整数，设置填充字符的时候应该填入字符。

（2）对输出的内容可以同时设置域宽和填充字符，但是设置好的属性仅对下一个输出的内容有效，之后的输出要再次设置。即 cout <<setw(2) <<a <<b；语句中域宽设置仅对 a 有效，对 b 无效。

（3）setw 和 setfill 称为输出控制符，使用时需要在程序开头写上#include <iomanip>，否则无法使用。

下面来看一段有关输出图形的循环嵌套程序。

程序 5.8　设置输出格式

```
#include <iostream>
#include <iomanip>
using namespace std;
int main()
{
    int a,b;
    cout <<"请输入长方形的长和宽: " <<endl;
    cin >>a >>b;
    for (int i=1;i<=b;i++)          //控制长方形的宽度
    {
        for (int j=1;j<=a;j++)      //控制长方形的长度
        {
            cout <<setw(2) <<'*';
        }
        cout <<endl;
    }
    return 0;
}
```

运行结果：

```
请输入长方形的长和宽:
5 3
 * * * * *
 * * * * *
 * * * * *
```

试试看

1. 请尝试输出一个平行四边形。提示：在每行的开头设置域宽，域宽是表达式。

2. 修改程序 5.7，使用输出控制符，使得输出格式如下。

00 01 02 03 04 05 06 07 08 09

10 11 12 13 14 15 16 17 18 19

```
20 21 22 23 24 25 26 27 28 29
30 31 32 33 34 35 36 37 38 39
```

5.4 当……

前几节已经介绍了 for 语句的循环。从 for 语句的应用案例上来看，它可能更适用于已知循环次数的情况下。但是，人不具有先知的能力，有些时候无法预知一个循环要进行几次，那该怎么办呢？

5.4.1 当型循环

一个循环，最不可缺少的就是开始和终止。如果一个程序的循环只有开始没有终止，那么这个程序就不会有结果。所以，必须要让程序知道什么时候让循环终止，即循环继续或循环终止的条件。

于是，一个只包含循环继续条件的循环语句产生了，就是 while 语句，具体语法格式为：

```
while (循环继续的条件)
{
    语句₁;
    语句₂;
    ……
}
```

while 语句要比 for 语句简练很多，它只负责判断循环是否继续。所以，必须人为地在语句块中改变参数，使得循环最终能够被终止。由于 while 在循环体之前判断是否继续循环，所以又称为"当型循环"。

下面来看一段简单的程序。

程序 5.9　密码的猜解

```cpp
#include <iostream>
using namespace std;
int main()
{
    int password;
    cout <<"请设置一个四位数密码（首位不能是 0）: " <<endl;
    cin >>password;
    int i=0;
    while (i!=password)              //如果密码没猜中就继续猜
    {
        i++;
    }
    cout <<"破解成功！密码是" <<i <<endl;
    return 0;
}
```

运行结果:

```
请设置一个四位数密码（首位不能是 0）:
1258
破解成功！密码是 1258
```

功能分析：上面这段程序其实就是暴力破解密码的基本原理。假设某份文件设置了一个 4 位数的密码，就可以通过循环语句让计算机不断地去尝试猜测。由于无法预知这个密码是多少，也就无法知道循环体要执行多少次。此时应该使用 while 循环，而循环继续的条件就是密码没有被猜中。

算法与思想：计算机的猜测

很多人认为，计算机没有思维，怎么能猜测呢？其实这样就大错特错了。计算机自己是无法猜测的，但是可以使用循环语句教它如何猜测，更确切地说是教它如何找到。这种使用循环来查找结果的方法称为穷举法（Exhaustive Method）。即把所有可能的结果都去试试看，如果哪个能对上号了，就是需要的答案。在使用穷举法的时候要注意严密性，如果在考虑时漏掉了可能的结果，那么计算机自然不会猜出完美的答案来。穷举法在程序设计中使用十分广泛，甚至对于很多人脑难以解决的问题，它都能很快地给出答案。

在实际使用中，while 语句就像是只有循环条件的 for 语句。所以，在某些场合下，while 语句和 for 语句是可以互相转化的。while 语句也有和 for 语句类似的嵌套，在这里不再赘述。

5.4.2　导火索——do

在实际编程中会有这样的问题：例如今天是星期一，以一周作为一个循环，那么循环结束的条件还是"今天是星期一"。如果使用 while（今天!=星期一），那么这个循环根本就不会运行。因为"今天是星期一"不符合循环继续的条件，已经直接使循环终止了。

其实只需要让第一次的循环运行起来就行了，然后再写上 while（今天!=星期一），就能达到目的。如果把后面可以发生的循环比作能发生连锁反应的炸药，那么缺少的只是一根导火索。而在 C++ 中，就有这么一根导火索——do。它能够搭配 while 语句，使得第一次的循环一定能运行起来。它的语法格式是：

```
do
{
    语句₁;
    语句₂;
    ……
}
while (循环继续的条件);
```

小提示

do…while 的 while 语句后面有一个分号，如果缺少了这个分号，会导致编译错误。

用流程图描述 do…while 语句如图 5.5 所示。

下面来看一个 do…while 的程序。

程序 5.10　询问输出星号

```
#include <iostream>
using namespace std;
int main()
{
    char inquiry;
    do
    {
        int n;
        cout <<"你要输出几个星号? " <<endl;
        cin >>n;
        for (int i=0;i<n;i++)    //输出 n 个星号
```

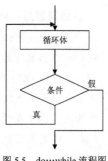

图 5.5　do…while 流程图

```
        {
            cout <<'*';
        }
        cout <<endl;
        cout <<"还要再输出一行吗?（n 表示不要）" <<endl;
        cin >>inquiry;
    }while (inquiry!='n' && inquiry!='N');
    return 0;
}
```

运行结果：

你要输出几个星号？
3
***
还要再输出一行吗?（n 表示不要）
y
你要输出几个星号？
2
**
还要再输出一行吗?（n 表示不要）
y
你要输出几个星号？
1
*
还要再输出一行吗?（n 表示不要）
n

功能分析：在这段程序中，由 for 语句来控制输出星号的个数。而 do…while 语句则提供了一个用户交流的方式，一旦用户回答 n，则退出程序。

试试看

1. 根据程序 5.10，改写程序 4.6（或程序 4.9），要求在完成一个表达式的计算后，询问用户是否要进行下一次运算。

2. 思考什么情况下 while 和 do…while 可以互换，什么情况下不可以互换？

结论：要求第一次循环必须运行起来的使用 do…while 语句；循环可能一次都不运行的只能用 while 语句。

算法与思想：命令行下的人机交流

现在所使用的 Windows 操作系统提供了图形用户界面（GUI, Graphical User Interface），它是一种可以由鼠标控制的直观的操作系统。然而，在图形用户界面的操作系统被开发出来之前，用户只好在 DOS 环境下面对着冷冰冰的计算机，没有好看的图标，也没有方便的鼠标。这种在黑乎乎的屏幕上给计算机下命令的操作模式叫做命令行（Command Line）模式。显然，这种模式给用户很不友好的感觉。所以，在设计一个命令行程序时，不仅要求它在功能上、质量上的完美，还要求它能够提供更好的人机交互。程序 5.10 中 do…while 语句的用法便是一种典型的案例。

至此，已经介绍了所有常用的分支语句和循环语句。这些语句称为过程化语句或流程控制语句（Control Flow Statement）。

> **识记宝典**
>
> 　　除了 do…while 语句以外，所有过程化语句的末尾是没有分号的。那些分号都属于语句块内的语句。

　　过程化语句是一个程序的骨骼。程序的大多数功能都要依赖于过程化语句实现。因此，掌握并且能够灵活运用过程化语句对程序设计来说非常重要。在以后的章节中，还会继续巩固过程化语句的使用方法。

5.5　缩略语和术语表

英文全称	英文缩写	中文
Loop	-	循环
Iteration Statement	-	循环语句
Loop Control Variable	-	循环控制变量
Accumulate	-	累加
Increment Operator	-	增量操作符
Decrement Operator	-	减量操作符
Field Width	-	域宽
Exhaustive Method	-	穷举法
Graphical User Interface	GUI	图形用户界面
Command Line	-	命令行
Control Flow Statement	-	流程控制语句

5.6　方法指导

　　循环是计算机的一项重要技能，也是减轻人脑负担的主要方式。早在 1966 年，就有人证明了任何单入口单出口的程序都能够用顺序、分支、循环这 3 种结构来实现。可见循环结构在程序设计中也有相当重要的地位。在使用循环的时候应当充分注意到 for 语句和 while 语句的各自特点，并且尽量避免使用 break 语句，以提高程序的可读性。

　　当初学者学完了所有的流程控制语句之后，可能会觉得有些手足无措。有时候循环里面有分支，分支里面又有循环，循环里面还有分支……真难以想象这些程序是怎么被写出来的！

　　其实，并不是说学会招式就变成大侠了。在这几章中也只是学到了流程控制语句的一招半式，关键在于能否熟练地运用这些招式。初学者可以多看看别人编写的程序，理解并总结顺序、分支、循环结构的各种用法。同时，自己也要勤于练习，熟能生巧。

5.7　习题

　　1．选择题

　　（1）当一个程序中的循环语句的循环条件始终为 true 时，以下说法正确的是（　　　）。

　　　　A．该程序会自动结束运行　　　　B．该程序会始终运行，直至用户干预

C．该程序会占用很多内存　　　　　　D．该程序将无法输出信息

（2）能够使程序跳过当前一次的循环，进入下一次循环的语句是（　　　）。

A．break　　　　　　B．case　　　　　　C．do　　　　　　D．continue

（3）一个程序有一个三层嵌套的循环结构，外循环的循环条件使之执行 m 次，中循环的循环条件使之执行 n 次，内循环的循环条件使之执行 o 次，则实际该程序的内循环一共会执行（　　　）次。

A．m+n+o　　　　　B．(m+n)×o　　　　C．m×n×o　　　　D．o

（4）while 语句和 do…while 语句的区别在于（　　　）。

A．do…while 语句是分支结构

B．while 语句不会退出循环

C．do…while 语句的循环体至少会被执行一次

D．while 语句可以嵌套

2．计算下列表达式的值（表达式运行前 i=2，j=3）。

（1）(i++)+(++j)

（2）--j*5+(!j==!i)

（3）(++i==j)*++j

（4）!i++*8

3．阅读下列程序，分析程序的运行过程，并写出运行的结果。

（1）

```cpp
#include <iostream>
using namespace std;
int main()
{
    int sum=0;
    for (int i=1;i<=5;i++)
    {
        int tmp=1;
        for (int j=1;j<=i;j++)
        {
            tmp=tmp*j;
        }
        sum=sum+tmp;
    }
    cout <<sum <<endl;
    return 0;
}
```

（2）

```cpp
#include <iostream>
using namespace std;
int main()
{
    int sum=0;
    for (int i=0;i<=9;i++)
    {
```

```
        for (int j=0;j<=9;j++)
        {
            if (i!=j)
            {
                continue;
            }
            cout <<i <<j <<endl;
            sum++;
        }
    }
    cout <<sum <<endl;
    return 0;
}
```

4．指出下列程序的错误之处。

（1）要求输出（1+3）*（2+4）*（3+5）*…*（8+10）

```
#include <iostream>
using namespace std;
int mian()
{
    int sum=0;
    for (int i=1;i<8;++i)
    {
        sum=sum*(2i+2);
    }
    cout <<sum <<endl;
    return 0;
}
```

（2）要求找出"水仙花数"。"水仙花数"是一个各位数字立方和等于该数本身的三位数。例如 $371=3^3+7^3+1^3$，所以它是一个水仙花数。

```
#include <iostream>
using namespace std;
int main()
{
    for (int i=0;i<=9;i++)
    {
        for (int j=0;j<=9;j++)
        {
            for (int k=0;k<=9;k++)
            {
                if (i*i*i+j*j*j+k*k*k!=i*100+j*10+k)
                {
                    break;
                }
                cout <<k <<j <<i <<endl;
            }
        }
    }
    return 0;
}
```

5．根据运行结果完善代码。

```
#include <iostream>
```

```
#include <cstdlib>                          //与获取随机数有关，暂不研究
#include <ctime>                            //与获取随机数有关，暂不研究
using namespace std;
int main()
{
    int a,b,numOfQues=0,numOfRight=0;
    int ans;                                //用于存放答案
    char inquiry;
    srand((unsigned int)time(NULL));        //用于产生随机数，暂不研究
    cout <<"***欢迎你来做两位数的加减法***" <<endl;
      (1)
    {
        int temp=rand()%2;
        //随机产生 1 或者 0 用于产生随机的加法或者减法
        a=rand()%100;                       //产生一个 100 以内的随机数
        b=rand()%100;                       //产生一个 100 以内的随机数
        switch ( (2) )
        {
        case 0:
            {
                cout <<a <<'+' <<b <<'=';
                cin >>ans;
                if (  (3)  )
                {
                      (4)    ++;
                    cout <<"恭喜! 答对了! " <<endl;
                }
                else cout <<"答错了，再接再厉! " <<endl;
                  (5)
            }
        case 1:
            {
                cout <<a <<'-' <<b <<'=';
                cin >>ans;
                if (  (6)  )
                {
                    numOfRight++;
                    cout <<"恭喜! 答对了! " <<endl;
                }
                else cout <<"答错了，再接再厉! " <<endl;
            }
        }
          (7)    ++;
        cout <<"你还要再做一题吗? (N 表示不要)" <<endl;
        cin >>inquiry;
    }while (     (8)     );           //要求大小写的 n 都能退出程序
    cout <<"你的答题正确率为" <<      (9)      <<"%。再见! " <<endl;
    return 0;
}
```

运行结果：

```
***欢迎你来做两位数的加减法***
81+32=113
恭喜! 答对了!
你还要再做一题吗? (N 表示不要)
y
```

```
20-2=18
恭喜！答对了！
你还要再做一题吗？（N表示不要）
y
51+34=99
答错了，再接再厉！
你还要再做一题吗？（N表示不要）
n
你的答题正确率为 66%。再见！
```

6．根据书中已有的代码改写程序。

（1）改写程序 5.7，输出九九乘法口诀表，显示效果如下。

```
1*1= 1
1*2= 2  2*2= 4
1*3= 3  2*3= 6  3*3= 9
1*4= 4  2*4= 8  3*4=12  4*4=16
1*5= 5  2*5=10  3*5=15  4*5=20  5*5=25
1*6= 6  2*6=12  3*6=18  4*6=24  5*6=30  6*6=36
1*7= 7  2*7=14  3*7=21  4*7=28  5*7=35  6*7=42  7*7=49
1*8= 8  2*8=16  3*8=24  4*8=32  5*8=40  6*8=48  7*8=56  8*8=64
1*9= 9  2*9=18  3*9=27  4*9=36  5*9=45  6*9=54  7*9=63  8*9=72  9*9=81
```

（2）改写第 4 题的代码，要求能随机产生一位数的加减乘除法。要注意除法的除数不能为零，且两数除不尽应该重新选题。在退出时给出评分，根据不同的评分显示不同的内容。例如，正确率为 100% 时显示"你真棒！"等。

扫一扫二维码，获取参考答案

第6章　好用的工具——函数

在前几章，已经介绍了过程化语句。使用这些语句能够解决一些简单的问题。但是，它们似乎还不能很方便地做类似于求平方根的计算。这时候，就需要有一些"工具"来帮助解决问题。本章将介绍如何使用这些"工具"以及如何自己动手打造一个"工具"。

本章的知识点有：

◆　函数的概念

◆　函数的调用方法

◆　函数的声明和定义方法

◆　主函数的概念

◆　函数重载

◆　函数的默认参数

◆　变量的引用

◆　函数的递归

6.1　简单的工具

在日常生活中，经常会用到工具。例如，画表格的时候需要用到直尺，它可以测量线段的长度；开瓶子的时候需要用到开瓶器，它可以把瓶子打开；做计算题的时候需要用到计算器，它能够显示计算结果。

使用工具有些什么好处呢？首先，如果这个工具是现成的，就可以不必再亲自去做一个这样的工具，直接拿来就能用（如开瓶器、计算器）。其次，不管是现成的工具，还是自己做的工具（如自己做的直尺），一定是能够多次反复使用的（如直尺不是用完一次就不能再用的），而且是能够在各种合适的情况下使用的（直尺在量程范围内能测量不同线段的长度）。

在程序设计中，也会有各种各样的"工具"。如果向比较大小的"工具"输入两个不相等的数，这个"工具"能够判断出哪个数大；向求正弦值的"工具"输入一个弧度，这个工具能够求出这个弧度对应的正弦值等，这些工具被称为函数（Function）。要注意，程序设计中的函数和数学中的函数有相似的地方，但是它们却完全是两码事，请不要将两者等同起来。

函数和工具的性质是一样的。如果有一个现成的求正弦值函数，就不必自己去"造"一个这样的函数。求正弦值的函数是可以多次使用的，并且可以求出任意实数的正弦值（适用的情况），但是它却无法求出一个虚数的正弦值（不适用的情况）。

6.1.1　工具的说明书

当知道一个工具有什么功能之后，常常因为对其陌生而不会使用。这时除了自己去摸索一下以外，最有效的办法就是去看说明书了。说明书里会告诉用户把什么东西放在什么位置上，使用了以后会产生什么效果等信息。

同工具一样，每个函数也有自己的说明书，告诉用户如何调用（Call，也就是"使用"的意思）这个函数。这份说明书就称为这个函数的原型（Prototype）。它的格式为：

产生结果类型 函数名 a（参数₁，参数₂，……，参数ₙ）；

函数名相当于工具的名字，如直尺、计算器等。产生效果类型相当于使用该工具产生的效果，比如直尺能够读出一个长度，计算器能够显示一个结果等。而参数（Parameter）则是表示合适的使用情况，比如直尺应该用于测量长度而不能用于测量角度，计算器能计算数值而不能去画图等等。

那么，如何来阅读函数的"说明书"呢？先来看两个例子。

1．int max(int a,int b);

这个函数的名称为 max，即求出最大的值。运行该函数以后，产生的结果是一个整数。在数学中，会有一元函数，例如 f(x)=2*x+3，也会有多元函数，例如 g(x,y)=x/4+y 等。在使用 f(x)或 g(x,y)的时候，括号内数的位置必须和自变量的字母对应，例如 g(4,1)=4/4+1=2，此时 x=4 并且 y=1。既不能将其颠倒，也不能写出 g(4)或者 g(4,2,1,5)之类的表达式，否则就是错误的。程序设计中参数的作用和自变量 x，y 的作用是类似的。在函数"说明书"中，也交代了哪个位置应该放置什么类型的参数，在调用函数的时候要注意参数的类型、顺序、个数都要一一对应。

max 函数的具体使用请看以下的程序。

程序 6.1 输出较大数

```
#include <iostream>
using namespace std;
int max(int a,int b);        //函数原型，假设函数已经定义
int main()
{
    int r=3,s=5,t;
    t=max(r,s);              //使用函数，并记录产生的结果
    cout <<"较大的数是"<<t <<endl;
    return 0;
}
```

运行结果：

较大的数是 5

对于上面这段程序，有两点要说明。首先，调用函数时放入括号内的变量名 r 和 s 与函数原型里 a、b 的名字是可以不一样的。就像用直尺可以测量各种各样的纸。但是，它们的数据类型必须相同。如果把一个其他类型的变量放在这个位置上，就如同用直尺去量角度一样，是无法成功的。其次，调用函数后的结果可以认为是一个表达式的值，可以把这个结果赋值给一个变量或者将其输出。当然，也可以不保存不输出这个结果，但是那样的话，就像是用直尺量了长度却没有把结果记录下来。

2．void output(char c);

这个函数的名称为 output，即输出。void 表示空类型，它同整型、浮点型一样，也是一种数据类型。它表示调用该函数后，不会产生任何定量的结果。这是什么意思呢？打个比方，榔头这种工具，它只能产生某种效果，如把钉子砸进木头里。它不会给使用者一个定量的结果。不过即便没有定量的结果，也不必担心它是否完成了所要完成的工作。如果榔头没把钉子砸进木头里，要么是榔

头本身的质量有问题，要么就是使用者没有按照要求去用。若这把榔头不是用户自己造的，那么用户没有任何责任。

下面就来尝试使用 output 这个函数。

程序 6.2　输出字符

```
#include <iostream>
using namespace std;
void output(char c);          //函数原型，假设函数已经定义
int main()
{
    char temp;
    cin >>temp;
    output(temp);
    return 0;
}
```

运行结果：

T
T

虽然 output 函数没有产生定量的结果，但是其在屏幕上输出的功能还是实现了。对于产生 void（空类型）的函数，就不必去保存结果了。

程序 6.1 和程序 6.2 的代码是不完善的，如果仅用这些代码去编译会被告知函数未定义。由于涉及更多的知识，这些代码将在后续章节得到完善。

6.1.2　如何使用系统造好的工具

在之前的程序中，第一行往往是#include 某个头文件。其实在头文件中就有不少系统已经造好的函数，它们叫做标准库（Standard Library）函数。包含一个头文件，就像是到某个工具库里面去找一个工具一样。所以，要使用系统定义好的函数，必须知道这些函数在哪个头文件里。这就好像使用工具，必须知道这个工具放在哪个工具库里面。表 6.1 所示是一些函数和相关头文件信息。

表 6.1　　　　　　　　　　　　　　常用函数

头文件	函数原型	备注
cstdlib[①]	void exit(int a);	异常退出，一般写作 exit(1);
cmath	double sin(double a);	计算正弦值，a 为弧度
	double cos(double a);	计算余弦值，a 为弧度
	double tan(double a);	计算正切值，a 为弧度
	double sqrt(double a);	计算平方根
	double pow(double x,double y);	计算 x 的 y 次方
	int abs(int a);	计算绝对值

系统已经为我们写好了很多函数，只要通过包含头文件就能够使用这些函数。关于更多的函数信息，读者可以通过网络或者 C++的工具书来查找。

下面就来看一段使用系统造好的函数编写的程序。

---

① 在本书第 1 版中，这些头文件被写为 stdlib.h、math.h 等。在使用的标准命名空间以后，这些头文件应写为 cstdlib 和 cmath。这样的写法符合 C++的最新标准。

程序 6.3　标准库函数的使用

```cpp
#include <iostream>
#include <cmath>
#include <cstdlib>
using namespace std;
int main()
{
    const double pi=3.14159265358;
    double a=90;
    cout <<"sin(a)=" <<sin(a/360*2*pi) <<endl;        //角度与弧度的转换
    cout <<"cos(a)=" <<cos(a/360*2*pi) <<endl;
    cout <<"sqrt(a)=" <<sqrt(a) <<endl;
    cout <<"pow(a,2)=" <<pow(a,2) <<endl;
    exit(1);            //程序在这里退出，后面的语句不运行
    cout <<"运行不到这里啦！" <<endl;
    return 0;
}
```

运行结果：

```
sin(a)=1
cos(a)=4.89659e-012
sqrt(a)=9.48683
pow(a,2)=8100
```

小提示

由于计算机的三角函数都是使用弧度作为单位的，所以我们必须用 "a/360*2*pi" 将角度转化为弧度。

功能分析：以上这段程序求出了 90（角度）的正弦值、余弦值、平方根和平方。至于为什么 cos90° 不等于 0，是因为圆周率 π 无法很精确，所以导致算出来的余弦值是一个接近 0 的小数，而不是 0。

试试看

根据本节函数和头文件的信息表，尝试编写一个程序输出一个数（角度）的正切值、余切值和绝对值。

6.2　打造自己的工具

在上一节，已经介绍了如何阅读函数原型和如何调用一个函数。然而，仅靠系统给出的标准库函数是不够用的。有时候要根据实际需求，写出一个合适自己使用的函数。

那么，如何来自己动手编写一个函数呢？

首先，要告诉计算机，自己编写了一个函数，即这个函数是存在的。这叫作函数的声明（Declare）。其次，要告诉计算机这个函数是怎样运作的，这叫作函数的定义（Define）。显然，函数的声明和定义是两个不同的概念。声明表示该函数存在，而定义则表示该函数怎么去运行。

做事都是要有先后顺序的，如果把次序颠倒了可能会惹些麻烦出来，编写函数时也一样。在调用一个函数之前，必须先告诉计算机这个函数已经存在了，否则就成了"马后炮"。所以，一般把函数的声明放在函数被首次调用的那个函数前面（如主函数之前）。

6.2.1　函数的声明

在 C++中，函数原型就是函数的声明。所以，函数原型除了向用户说明如何使用一个函数以外，还告诉计算机存在这样一个可以使用的函数。

之前介绍的函数原型结构，其中"产生结果类型"这个名称是为了方便理解而起的。它应该称为"返回值类型"，可以用一种数据类型来表示，例如 int 或者 char 等，当然还包括空类型 void。多个参数则构成了"参数表"，表示运行这个函数需要哪些数据。于是，函数原型的结构就是：

返回值类型 函数名(参数表);

函数声明同变量的声明一样是一条语句，所以在语句结束要加上分号。函数名、参数名的命名规则同变量名一样，详情请参见第 3 章。

关于"返回"的概念稍后再做介绍，先来说说参数表。在声明函数时，会写一些参数，而在调用函数的时候需要一一对应地填入这些参数。虽然它们都叫参数，但在不同的情况下，它们的含义是不同的。在声明一个函数时，参数是没有实际值的，只是起到一个占位的作用，所以称为形式参数，简称"形参"；在调用一个函数时，参数必须有一个确定的值，是真正能够对结果起作用的因素，所以称为实际参数，简称"实参"。拿数学中的函数作为例子，$g(x,y)=x/4+y$ 中的 x 和 y 就是形式参数，而 $g(4,1)=4/4+1=2$ 中的 4 和 1 就是实际参数；如果令变量 a=4、b=1，那么 $g(a,b)$中的 a 和 b 也是实际参数。

6.2.2　函数的定义

说完了函数的声明，来说函数的定义。其实函数的定义对大家来说是比较熟悉的，因为之前所写的程序都是对主函数的定义。函数定义的格式为：

没有分号结尾的函数原型
{
　　　语句 $_1$;
　　……
　　　语句 $_n$;
}

函数定义中，没有分号结尾的函数原型称为函数头，把之后的语句块称为函数体。任何一个函数的定义不能出现在另一个函数的函数体内（如不能在主函数的定义中定义另一个函数）。但函数体内可以调用任何一个函数，包括其本身。

下面来看一个例子，你就会对函数定义有些了解了。

程序 6.4　输出较大数
```
#include <iostream>
using namespace std;
int max(int a,int b);        //函数原型，也是函数声明
int main()
{                            //① 从这里开始按顺序执行到②
    int r=3,s=5,t;
    t=max(r,s);              //②，调用 max 跳转到③，从④返回后按顺序执行到⑤
    cout<<t <<endl;
    return 0;                //⑤
}
int max(int a,int b)         //函数头
```

```
{                          //③ 函数体,顺序执行到④
    if (a>=b) return a;
    return b;              //④ 返回②
}
```

运行结果:

```
5
```

功能分析:这段程序的功能依旧是输出一个较大的数。程序在运行的时候从 main 函数开始,遇到调用一个用户定义的函数 max,则去查找这个 max 函数的定义,然后运行 max 函数。运行完了以后,回到调用 max 函数的地方,继续后面的语句,直到程序结束。所以整个程序的运行过程如箭头所示。

6.2.3　函数是如何运行的

不难发现,在函数原型的参数表里,就像是多个变量的声明语句。可以认为函数头中创建了若干个变量,并将实参的值一一赋给这些变量。然后再执行函数体内的语句,进行处理和运算。既然是实参把值赋给了形参,那么在函数体内的数据应该改变不会影响实参。关于这个问题将在后续章节再做详细介绍。

6.2.4　返回语句——return

return 称为返回语句。它的语法格式为:

```
return 符合返回值类型的表达式;
```

对于返回,有两层意思。其一是指将表达式的值作为该函数运行的结果反馈给调用函数的地方。例如程序 6.4 中 return b 就是把 b 的值作为 max 函数的运行结果反馈给主函数,即 t=max(r,s)的结果就是 t=s(因为 s=b)。其二是指结束该函数的运行,返回到调用该函数的地方,继续执行后面的语句。所以,如果执行了函数中的某一个 return 语句,那么函数体内处于它之后的语句都不会再被运行。

如果返回值类型不是空类型,必须保证函数一定会返回一个值,否则会导致错误。例如,下列函数定义就是有问题的,因为当 a<b 时,函数没有返回值。

```
int m(int a,int b)
{
    if (a>=b) return a;
}
```

如果返回值类型为空类型,则 return 语句的用法为:

```
return;
```

在返回空类型的函数中可以使用 return 语句,人为地停止函数的运行,也可以不使用 return 语句,使其运行完函数体内所有语句后自然停止。

> **小提示**
>
> 　　返回值和运行结果是两种概念。返回值是函数反馈给调用函数处的信息,运行结果是程序通过屏幕反馈给用户的信息。

6.2.5　关于主函数

主函数是一个特殊的函数,不管把它放在代码的什么位置,程序的运行都是从主函数开始的。

所以，每个程序有且只能有一个主函数，否则计算机将不知道从何处开始运行。既然计算机知道必须有且只能有一个主函数，就没必要去声明主函数的存在了。

主函数也能返回值。根据 C++的标准，主函数应该返回一个整型数值，返回这个值的目的是为了将程序的运行结果告知操作系统，例如程序是否正常结束，或者是否异常终止等。一般的，如果返回 0 表示程序正常结束，返回其他值则表示程序异常终止。

小提示

1. C++有许多不同的编译器，如 Visual C++（Visual Studio）、Borland C++、GCC 等。在 C++的标准诞生之前，由于各种编译器产自不同的公司，在某些细节和实现方面会有一些区别。这些区别就像 C++语法的各种"方言"，让用户掌握起来非常有难度。于是美国国家标准机构（American National Standards Institute）、国际电工委员会（International Electrotechnical Commission）和国际标准化组织（International Organization for Standardization）着手制定了 C++的国际化标准。该标准中规定的 C++语法或规则和编译器无关。同时，标准中也列出了一些可以由编译器决定具体行为的情况。市面上大多数的编译器都在尽量向该标准靠拢。目前最新的标准为 ISO/IEC 14882:2014，也被业界简称为 C++14。

2. 在 C++的标准中，主函数除了可以使用 int main()作为函数头之外，还可以使用 int main(int argc, char* argv[])，即主函数也可以在程序执行时从外部（如命令行中）带入参数。有兴趣的读者可以查阅相关书籍资料。

6.2.6 同名同姓

如果在一个班级里有两个同名同姓的同学，那么老师上课点名将是件麻烦事。因为大家都搞不清到底是在叫谁。可是，在两个不同的班级里有两个同名同姓的同学，就不会发生这种尴尬。因为老师在不同的教室点相同的名字，会有反应的只有一个同学。

把这个问题套用到函数上来：如果在同一个函数里有两个名字相同的变量，那么计算机将无法分清到底要使用哪个变量，导致错误发生。而在不同的函数中，即使有相同名称的变量，由于在某一个函数中该变量的名称是唯一的，计算机也能方便地识别要使用哪个变量。因此，可以得到这样一个结论：

一般情况下[①]，在同一个函数中，不能有名称相同的变量或参数；在两个不同的函数中，可以有名称相同的变量或参数。

下面来看一个实例。

程序 6.5　同名变量和参数

```cpp
#include <iostream>
using namespace std;
int max(int a,int b,int c);        //求 3 个整数的最大者
int min(int a,int b,int c);        //求 3 个整数的最小者
void output(int a);                //输出功能
int main()
{
    int a=3,b=4,c=2;
    output(max(a,b,c));            //把 max 函数的返回值作为 output 函数的实参
```

---

① 在学习第 11 章之前，这个结论是正确的。

```
        output(min(a,b,c));
        return 0;
    }
    int max(int a,int b,int c)      //不在同一个函数中，参数名重复没关系
    {
        if (a>=b && a>=c) return a;
        if (b>=a && b>=c) return b;
        return c;                   //一旦执行了前面的 return，这句就不会被执行到
    }
    int min(int a,int b,int c)
    {
        if (a<=b && a<=c) return a;
        if (b<=a && b<=c) return b;
        return c;
    }
    void output(int a)
    {
        cout <<a <<endl;
        return;                     //返回空类型
    }
```

运行结果：

4

2

功能分析：以上这段程序验证了在不同的函数中，可以有相同名称的变量或参数。需要注意的是，一旦函数运行结束，那么该函数中声明的参数和变量都将消失。就像下课以后，同学们都回家了，老师叫谁都是叫不应的。

6.2.7 函数存在的意义

在本章开始，已经分析了使用工具的好处，即可以重复使用和在各种适用情况下使用。函数和工具一样具有这些好处。但是除此以外，函数的存在还有着其他的意义。

（1）要设计一个"学生信息处理程序"，需要完成 4 项工作，分别是记录学生的基本情况、学生成绩统计、优秀学生情况统计和信息输出。如果把 4 项工作全都写在主函数里面，那么就很难分清哪一段代码在做什么。多层次的缩进和不能重复的变量名给阅读程序带来了困难。

如果为每一个功能编写一个函数，那么根据函数名每个函数的功能就很清晰了。如果要修改某一个函数的功能，其他的函数也丝毫不会受到影响。所以，函数的存在增强了程序的可读性。

（2）需要设计一个规模很大的程序，它有几千项功能。如果把这些功能都编写在一个主函数里就只能由一个人来编写，因为每个人解决问题的思路是不同的，而且在主函数中的变量名是不能重复的，只有编写者自己知道哪些变量名是可以使用的。这样一来，没有一年半载，这个程序是无法完成的。

如果把这几千项功能拆分为一些函数，分给几百个人去编写，那么用不了几天时间这些函数就都能够完成了。最后由主函数把这些完成的函数组织一下，一个程序很快就完工了。所以，函数能够提高团队开发的效率。它就像把各个常用而不相关联的功能做成一块块"积木"。完成了函数的编写，编程就像搭积木一样方便了。

（3）程序会占用一定的内存用来存放数据。如果没有函数，那么在程序的任何一个地方都能够访问或修改这些数据。这种数据的非正常改变对程序的运行是有害的，给调试程序也会带来很多麻烦。

如果把若干项功能分拆为函数，则只要把函数原型提供出来就可以了，不需要将数据提供出来。一般情况下，别的函数无法修改本函数内的数据，而函数的实现方法对外也是保密的。这种特性称为函数的黑盒特性。

在认识到程序中需要有函数存在之后，一个更完整的程序结构出现了。

```
预处理头文件
各函数声明
主函数
{
    主函数体        //注释
}
各函数定义
```

试试看

1. void star(int n)作为函数原型，函数作用是输出 n 个星号，改写程序 5.10。

2. 编写一个函数，使其能够求出 n!，再求出 1!+2!+3!+4!+5!。

6.3 多功能开瓶器——函数重载

当要打开瓶瓶罐罐时，经常会遭遇因各种瓶口规格不同而找不到合适的工具的尴尬。所以有时就为了开个瓶，家里要备多种规格的开瓶器。同样是开个瓶子，何必这么麻烦？于是有人发明了多功能开瓶器，不管是啤酒瓶、汽水瓶，还是软木塞的红酒瓶都能轻松打开。

然而开瓶器的问题也会发生到程序设计中。例如，当要编写一个函数来求一个数的绝对值时，整型数、浮点型数、双精度型数都有绝对值，但为它们编写的函数返回值类型却是各不相同的。例如：

```
int iabs(int a);
float fabs(float a);
double dabs(double a);
```

这样是不是有点备了多种开瓶器的感觉？能不能在程序设计中也做一个多功能的开瓶器，把所有数据类型的求绝对值都交给一个函数呢？

在 C++中，能够把具有相同功能的函数整合到一个函数上，而不必去写多个函数名不同的函数。这叫做函数的重（chóng）载（Overload）。重载的本质是多个函数共用同一个函数名。

下面先来看一个函数重载的实例。

程序 6.6 绝对值函数的重载

```
#include <iostream>
using namespace std;
int myabs(int a);           //当参数为整型数据时的函数原型
float myabs(float a);       //当参数为浮点型数据时的函数原型
double myabs(double a);     //当参数为双精度型数据时的函数原型
int main()
{
    int a=-5,b=3;
    float c=-2.2f,d=3.9f;
    double e=-3e-9,f=3e6;
    //输出函数返回结果
    cout <<"a=" <<myabs(a) <<endl;
```

```
        cout <<"b=" <<myabs(b) <<endl;
        cout <<"c=" <<myabs(c) <<endl;
        cout <<"d=" <<myabs(d) <<endl;
        cout <<"e=" <<myabs(e) <<endl;
        cout <<"f=" <<myabs(f) <<endl;
        return 0;
}
int myabs(int a)                    //函数定义
{
        cout <<"int abs" <<endl;        //显示运行了哪个函数
        return (a>=0?a:-a);             //如果 a 大于等于零则返回 a，否则返回-a
}
float myabs(float a)
{
        cout <<"float abs" <<endl;
        return (a>=0?a:-a);
}
double myabs(double a)
{
        cout <<"double abs" <<endl;
        return (a>=0?a:-a);
}
```

运行结果：

```
int abs
a=5
int abs
b=3
float abs
c=2.2
float abs
d=3.9
double abs
e=3e-009
double abs
f=3e+006
```

　　功能分析：运行结果表明，myabs 函数[1]果然能够处理整型、浮点型和双精度型这 3 种不同类型的数据了。那么我们怎样才能自己造一个"多功能工具"呢？

　　其实要编写一个重载函数并不是很麻烦。首先，要告诉计算机，同一个函数名存在了多种定义，所以，需要给同一个函数名写上多种函数原型（如程序 6.6 的第 2 到第 3 行）；其次，要对应这些函数原型，分别写上这些函数的定义（如程序 6.6 的主函数体之后，对 3 个 myabs 函数的定义）。

　　那么计算机又是如何来识别这些使用在不同环境下的"工具"呢？

　　在日常生活中使用多功能工具，如果不知道具体应该使用哪个工具，通常会把每个工具放上去试一试。如果只有唯一一个工具适合，那么就能够毫无疑问地确定使用它了。但是如果出现了两个或者两个以上工具都能适合，就很难判断到底应该使用哪个工具才是正确的。

　　在 C++中的做法也是类似的。计算机是依靠函数声明时参数表中参数个数、各参数的数据类型和顺序来判断到底要运行哪个函数的。因此，当重载函数参数表完全相同时，计算机便无法判断应该运行哪个函数，于是程序就出错了。

---

[1]　在本书第 1 版中，这个函数名为 abs。但该函数名易与 cmath 中的 abs 函数混淆导致编译错误，故更名为 myabs。

在程序 6.6 中，为何是连续输出两行 int abs，然后才有 a 和 b 的值呢？这是因为在运行 cout 时，需要先将函数的值求出来，然后才能输出结果。因此，在先运行了两次 myabs(int a)函数时，输出了两行 int abs。

在了解了计算机是如何识别重载函数后，发现要编写一个重载函数还是需要注意一点，那就是：在重载函数中，任意两个函数参数表中的参数个数、各参数的数据类型和顺序不能完全一样。例如 int func(int a,char b)和 float func(int c,char d)就不能重载，因为它们的参数个数、各参数的类型和顺序都完全一样，即使形参名不同、返回值类型不同也是无济于事的。

试试看

1. 在程序 6.6 中，若调用重载函数时实参为字符型数据，计算机会运行哪个函数？

2. 编写一个重载函数，返回值类型为 void，函数名为 print。当调用该函数只有一个整型参数时，以实数形式输出该数（即输出该数本身）；当调用时有两个整型参数，则以复数形式输出该数（如 2+3i）。

在调用一个重载函数时，可能会发生找不到一个完全合适的函数，这时就需要进行数据类型的转换。由于这种方法可能导致数据丢失或数据类型不严格符合，且在程序员充分考虑问题后，这种情况是可以尽量避免的，所以不再就这个问题展开论述。有兴趣的读者可以查阅 C++的其他参考资料。

算法与思想：重载函数

从某种意义上说，重载函数是方便了函数的使用者。在前一节已经说到，如果完成了所有函数的编写，那么完成一个程序就像搭积木一样简单了。然而，如果功能相似名字却不同的函数太多，这么多"积木"搭起来也未必简单。当函数的编写者充分考虑了不同情况下应该运行哪个对应的函数，函数的使用者就不必为这些小细节而烦恼了。不过重载函数的函数名还是应该符合其功能，如果把功能完全不同的函数重载，那么就大大影响了程序的可读性。

6.4 自动的"工具"

现在的家用电器都很人性化，例如自动洗衣机，如果想偷个懒就可以直接把衣服扔进去，使用自动功能，它就能全都搞定。如果哪天要洗个什么大件物品，也可以对其进行手动设置，同样用得得心应手。

在调用函数时，可能要填写很多的参数，那么计算机能否像自动洗衣机一样，帮用户把参数都自动填好呢？

6.4.1 默认参数

所谓自动洗衣功能其实就是使用其预置好的程序进行洗涤。如果将函数的参数也预置好，那么同样可以不必填写参数就能让函数运作起来。这些预置的参数称为默认参数。

下面来看一个程序，熟悉如何来定义默认参数。

程序 6.7 默认参数

```
#include <iostream>
```

```
using namespace std;
void create(int n=100);          //在函数声明中定义默认参数
int main()
{
    create();                    //默认实参为 100
    create(5);                   //人工设置实参
    return 0;
}
void create(int n)               //假设该函数的作用是创建空间
{
    cout <<"要创建" <<n <<"个空间" <<endl;
}
```

运行结果：

要创建 100 个空间
要创建 5 个空间

当调用 create 函数，不填写参数时，计算机自动将参数 n 设置为 100 了。而如果填写参数，函数也能够按照我们的意愿正常运行。

小提示

在定义默认参数时，必须定义在函数声明中，且默认参数不能再出现在函数定义中。

6.4.2　定义默认参数的顺序

当一个函数具有多个参数时，定义默认参数的方向是从右向左的，即以最后一个参数定位；而匹配参数的方向是从左向右的，即以第一个参数定位，如图 6.1 所示。

如果要定义默认参数，那么必须从最后一个参数定义起，并且逐渐向前（左）定义，不可以跳过某个参数，直到所有需要定义默认参数的形参都被定义了默认值。

如果要调用一个定义了默认参数的函数，那么填写的第一个参数一定是和最左边的形参匹配，并且逐渐向后（右）匹配，不可以中途省略某一个参数，直到所有未被设置默认值的形参都已经有参数。

所以，在调用函数时，用户向右自定义的实参至少要和向左来的已定义默认参数的形参相邻，函数才能够被成功调用，否则这个函数就是缺少参数的。

void func(int a,char b='c',double m=3.0)

定义默认参数时，方向从右向左

func(3, 'b')=func(3, 'b',3.0)

调用函数时，匹配参数方向从左向右

图 6.1　默认参数的顺序

6.4.3　默认参数和重载函数的混淆

在上一节讲了重载函数这个有用的工具，这一节的默认参数也会给程序设计带来方便，然而把这两样有用的东西放在一起，却会带来不小的麻烦。例如下面这些函数原型：

```
int fn(int a);
int fn(int a,int b=2);
int fn(int a,int b=3,int c=4);
```

这些函数不论是从重载的角度看，还是从默认参数的角度看都是合法的。然而，这样的写法却是不合理的。

当调用函数 fn(1)时，3 个函数都是可以匹配的。因为计算机可以认为后面的参数被省略了；当调用函数 fn(1,1)时，后两个函数也都是可以匹配的……由于计算机无法确认到底应该调用哪个函数，所以导致了错误的发生。

因此，在同时使用重载函数和默认参数时，一定要注意到这个问题。

6.5 给变量和参数起个"绰号"——引用

给别人起绰号是件不好的事情，但是在程序设计中，给变量或参数起个绰号却会带来方便。绰号，就是另一种称呼。绰号和本名都是指同一样东西，绰号也是个名称，所以它的命名规则其他的命名规则一样。另外，"绰号"显然也不能和"本名"相同。

6.5.1 引用的声明

这种给变量起"绰号"的操作称为引用（Reference），"绰号"称为引用名。声明引用的语法格式为：

变量数据类型 &引用名=已声明的变量名;

变量使用了引用以后，对引用的操作就如同对被引用变量的操作。这就好像叫一个人的绰号和叫一个人的本名有着同样的效果。在声明一个引用时，必须告知计算机到底是哪个变量被引用，否则这个"绰号"就显得有些莫名其妙了。

下面我们来看一段简单的程序。

程序 6.8 引用的使用

```
#include <iostream>
using namespace std;
int main()
{
    int a=2;
    int &b=a;              //给变量 a 起了个绰号叫 b
    cout <<"a=" <<a <<endl;
    cout <<"b=" <<b <<endl;
    a++;
    cout <<"a=" <<a <<endl;
    cout <<"b=" <<b <<endl;
    b++;                 //对 b 的操作也就是对 a 的操作，所以 b++就相当于 a++
    cout <<"a=" <<a <<endl;
    cout <<"b=" <<b <<endl;
    return 0;
}
```

运行结果：

```
a=2
b=2
a=3
b=3
a=4
b=4
```

在这个程序中，能够验证对引用的操作相当于对被引用变量的操作。或许你还没看出引用到底派了什么大用处，不过马上你就会恍然大悟了。

6.5.2　用引用传递参数

其实引用最有用的地方还是在函数当中，下面来看一个简单的例子。

```cpp
#include <iostream>
using namespace std;
void swap(int x,int y);
int main()
{
    int a=2,b=3;
    swap(a,b);
    cout <<"a=" <<a <<endl;
    cout <<"b=" <<b <<endl;
    return 0;
}
void swap(int x,int y)
{
    int temp;
    temp=x;
    x=y;
    y=temp;
}
```

运行结果：

```
a=2
b=3
```

在以上这段程序中，swap 函数体中的语句是用于变量交换的语句，可是为什么执行了这个 swap 函数以后，a 和 b 的值并没有交换呢？

在 6.2 节中介绍过，函数是将实参的值赋给了形参。这个程序本来想交换 a 碗和 b 碗里的水。调用了 swap 函数则是拿来了 x 碗和 y 碗，然后把 a 碗里的水分一点到 x 碗里，b 碗里的水分一点到 y 碗里，再把 x 碗和 y 碗里的水交换。可是，这样的操作有没有将 a 碗里的水和 b 碗里的水交换呢？没有。而且，一旦函数运行结束，函数中定义的参数和变量都会消失，所以就连 x 碗和 y 碗都没有了。

问题到底在于哪里呢？在于传给函数的是"水"，而不是"碗"。如果直接把 a 碗和 b 碗交给函数，那么这个任务就能够完成了。下面就来看看如何把"碗"传递给函数。

程序 6.9　变量的交换

```cpp
#include <iostream>
using namespace std;
void swap(int &x,int &y);          //用引用传递参数
int main()
{
    int a=2,b=3;
    swap(a,b);
    cout <<"a=" <<a <<endl;
    cout <<"b=" <<b <<endl;
    return 0;
}
void swap(int &x,int &y)           //函数定义要和函数原型一致
{
    int temp;
    temp=x;
    x=y;
```

```
        y=temp;
    }
```

运行结果：

```
a=3
b=2
```

功能分析：以上这段程序利用传递引用参数实现变量数据的交换。如果把没有使用引用的参数认为是 int x=a 和 int y=b（即把变量 a 和变量 b 的值分别传给参数 x 和参数 y），那么使用了引用的参数就是 int &x=a 和 int &y=b 了。也就是说 x 和 y 成为了变量 a 和变量 b 的"绰号"，对参数 x 和 y 的操作就如同对变量 a 和 b 的操作了。

除了引用变量和通过引用传递参数外，引用还能被函数返回。关于这些内容，有兴趣的读者可以查阅相关书籍资料。

小提示

将引用作为参数传递后，一旦该参数在函数内做过左值，就有可能改变实参变量的值。这就意味着该函数除了返回值之外，还通过参数影响外部的运行结果。

6.6* 函数里的函数——递归

在高中数学里，介绍过数列。数列有两种表示方法，一种称为通项公式，即项 a_n 和项数 n 的关系；还有一种称为递推公式，即后一项 a_n 和前一项 $a_{(n-1)}$ 之间的关系。通项公式能够一下子把 a_n 求解出来，而递推公式则要根据首项的值多次推导才能把第 n 项的值慢慢推导出来。如果有一个较为复杂的数列递推公式，将其转化为通项公式或者将其每一项求出实在非常麻烦，那么能不能直接把这个递推公式交给计算机，让它来求解呢？

之前介绍过，在任何一个函数体内不能出现其他函数的定义。但是，在任一个函数体内可以调用任何函数，包括该函数本身。直接或者间接地在函数体内调用函数本身的现象称为函数的递归（Recursion）。正是函数的递归，能够帮解决递推公式求解的问题。

现有一个数列，已知 $a_n=2*a_{(n-1)}+3$，并且 $a_1=1$，求解 a_1 到 a_8 的各项值。如果把数列问题转化为函数问题，认为 $a_n=f(n)$，$a_{(n-1)}=f(n-1)$……那么 f(n)=2*f(n-1)+3，f(n-1)=2*f(n-1-1)+3……直到 f(1)=1。根据前面的描述，可以写出以下程序。

程序 6.10　用递推公式求解

```cpp
#include <iostream>
using namespace std;
int f(int n);                           //看作数列 an
int main()
{
    for (int i=1;i<=8;i++)
    {
        cout <<"f(" <<i <<")=" <<f(i) <<endl;    //输出 a1 到 a8 的值
    }
    return 0;
}
int f(int n)
{
    if (n==1)
```

```
    {
        return 1;                //告知 a1=1
    }
    else
    {
        return 2*f(n-1)+3;       //告诉计算机 f(n)=2*f(n-1)+3
    }
}
```

运行结果：

```
f(1)=1
f(2)=5
f(3)=13
f(4)=29
f(5)=61
f(6)=125
f(7)=253
f(8)=509
```

在这里，并不要求大家立刻掌握递归函数。主要是给大家介绍这样一个概念，只要大家能够看懂应用于数列的简单递归函数就可以了。至于如何更广泛地应用递归函数，将在后续章节中再做介绍。

试试看

已知数列 $a_n = n*a_{(n-1)}$，且知道 $a_1 = 1$，试用递归函数求解 a_1 到 a_5。

6.7　缩略语和术语表

英文全称	英文缩写	中文
Function	-	函数
Call	-	调用（函数）
Function Prototype	-	函数原型
Parameter	-	参数
Void	-	空（类型）
Standard Library	-	标准库
Define	-	定义
American National Standards Institute	ANSI	美国国家标准机构
International Electrotechnical Commission	IEC	国际电工委员会
International Organization for Standardization	ISO	国际标准化组织
Overload	-	重载
Reference	-	引用
Recursion	-	递归

6.8　方法指导

每一个程序中必然都有函数，C++是由函数驱动的。在面向过程的程序设计中，函数一直是重头戏。绝大多数高级语言中，函数都是被广泛应用的。它们的原理和概念也基本一致。实参、形参和返回等概念是一个程序员必须掌握的。如果初学者不理解，就需要在实践中不断体会它们的含义。

在本章，主要侧重于函数的"模块化"。在以后的章节中，还会详细地介绍函数的调用机制。到时递归的实现就更容易明白了。所以，如果现在你对递归没有什么思路，就暂时先忘了它吧。

重载是 C++的一个特性，在 C 语言中是没有的。所以有必要了解一下重载的含义，并体验它带来的方便。

6.9　习题

1. 选择题

（1）在调用一个函数时，通常不需要知道（　　　）。

    A．该函数的名称　　　　　　　　　　　　B．参数的个数

    C．每个参数的含义　　　　　　　　　　　D．函数被调用的次数

（2）在调用标准库函数之前，通常需要（　　　）。

    A．包含对应的头文件　　　B．定义该函数　　　C．声明变量　　　D．使用引用

（3）以下关于函数的说法，正确的是（　　　）。

    A．一个程序必须有多个主函数。　　　　　B．函数运行结束后会返回到主函数。

    C．函数可以调用其本身。　　　　　　　　D．两个不同的函数内不能有相同名称的变量。

（4）当需要在一个函数内对代入参数的变量本身进行操作时，需要使用（　　　）。

    A．递归　　　　　　　　　B．嵌套　　　　　　　C．交换　　　　　　　D．引用

2. 根据函数原型，判断下列函数调用是否正确（假设 x 是已声明的整型变量）。

（1）int func(char a,int b);

调用：x=func('c')(2);

（2）int func(int a,double b,float c,char d);

调用：x=func(1,2,3);

（3）void func(int a,int &b);

调用：x=func(x,x);

（4）int func(int a,int b=100,char c='d');

调用：x=func(0, , 's');

（5）int func(int a,int b);

调用：x=func(func(3),2);

3. 指出下列函数原型或函数定义的错误。

（1）
```
int min(int a,int b,int c);              //找出最小值
void min(int a,int b)
{
    if (a>b) return a;
    else return b;
}
```

（2）

```
void char(char c);                          //输出功能
void char(char c);
{
    cout <<c;
    return;
}
```

（3）

```
double add(double result,double a,double b);      //做加法
double add(double result,double a,double b)
{
    result=a+b;
}
```

（4）

```
void swap(int a,int b);                      //两数交换
void swap(int a,int b);
{
    int temp;
    temp=a;
    a=b;
    b=temp;
}
int max2(int a,int b,int c);
int max2(int a,int b,int c)                   //求较大的两个数
{
    if (a<=b) swap(a,b);
    if (a<=c) swap(a,c);
    if (b<=c) swap(b,c);
    return a,b;
}
```

（5）

```
void func(int c);                            //求 a_n=a_{(n-1)}+2，且 a_1=3
void func(int c)
{
    if (c==1) return 3;
    return func(c-1)+2;
}
```

4. 判断下列几组重载函数是否能够正常工作。

（1） char ch(double a,int b);

    char ch(double c,int d);

（2） void f(char c='c',int m=2);

    int f();

（3） int func(int a,int b,int c);

    void func(int a,int b);
    float func(float a,int b);
    float func(int &a,int b);

5. 根据要求编写函数，要求写出函数原型和函数定义。

（1）用一个整数作为参数表示年份，判断这年是否是闰年。（提示：布尔型数据）

（2）使用系统给出的正弦函数和平方根函数，自己编写一个余弦函数。（该余弦函数的参数为整型，要求以度（°）为单位）

（3）以一个长整数为参数，求它是否是某个整数的阶乘，如果是则返回这个数，否则返回-1。

6. 阅读下列程序，写出运行结果。

（1）

```cpp
#include <iostream>
using namespace std;
int func1(int a,int b);
int func1(int a);
float func1(float a,int b=3);
void func2(int &x,int y);
int main()
{
    int a=1,b=2,c=3;
    float d=6.0;
    b=func1(func1(a,b));
    d=func1(d);
    func2(a,c);
    cout <<a <<endl <<b <<endl <<c <<endl <<d <<endl;
    return 0;
}
int func1(int a,int b)
{
    return a==b;
}
int func1(int a)
{
    return a;
}
float func1(float a,int b)
{
    return a/b;
}
void func2(int &x,int y)
{
    x=y;
    return;
}
```

（2）

```cpp
#include <iostream>
using namespace std;
int func(int a,int b);
int main()
{
    cout <<func(8,3) <<endl;
    return 0;
}
int func(int a,int b)
{
```

```
    if (b==0) return 1;
    else return func(a-b,a/b);
}
```

7. 根据要求编写程序。

（1）从键盘输入 3 个实数 a、b、c 分别作为一个一元二次方程 $ax^2+bx+c=0$ 的 3 个系数。使用系统给出的平方根函数，编写一段程序，使之求出这个方程的两个根。其中，求 $\triangle=b^2-4*a*c$ 的功能要以函数形式出现。（提示：求根公式，$\triangle<0$ 时方程无解）

（2）已知 $a_1=1$，$a_2=1$，当 n 大于等于 2 时，$a_{(n+1)}=3*a_n-a_{(n-1)}$，要求用递归函数输出 a_1 到 a_8。

扫一扫二维码，获取参考答案

第7章 好大的"仓库"——数组

在第 3 章，介绍了像箱子一样的变量。在前几章的学习中，大家也基本掌握了如何使用变量。可是，单个的变量有一个严重的缺陷，就是它能够存储的数据实在是太少了。只能存一个数或者一个字符。然而，有时要处理很多数据，这些数据应该怎么放呢？本章将要学习存放数据的大仓库——数组。学会了使用数组，就能让计算机处理更多数据了。

本章的知识点有：

◆ 数组的概念

◆ 一维数组的声明与初始化

◆ 字符数组在内存中的存储情况

◆ 向函数传递数组的方法

◆ 二维数组的声明与初始化

◆ 二维数组和一维数组的关系

7.1 让计算机处理更多数据——使用数组

在程序设计中，大多数数据都是存放在变量里的。如果要处理较多的数据，增加存放数据的空间，最简单的方法就是多开设一些变量。然而，变量多了就难以管理了。这就好像一个班级里的学生名字有长有短，即使没有重复的名字，要在一长串名单里找到一个学生的名字也不是件容易的事情。于是，最方便的方法就是给学生们编上学号，把名单按学号排列好以后，查找起来只要找学号就可以了。因为数字的排列是从小到大的、有序的，所以查找起来要比在一堆长短不一的名字中查找方便多了。

受到"学号"的启发，编程时也可以给变量编一个号，把存储着相关内容的变量编在一组内，这就称为数组（Array）。

7.1.1 数组的声明

数组的本质是变量，所以在使用数组之前，必须要声明数组。声明一个数组的语法格式为：

数据类型 数组名[常量表达式]；

和声明变量类似，数据类型仍然是整型、字符型等，数组的命名规则和变量的命名规则也一样。在这里，要说明两个问题：前文说过在语法规则中的中括号表示可有可无的东西，但是在数组名后的中括号有着其独特的含义，不是可有可无的。数组名后的中括号是数组的一个特征，没有这个特征就不是数组了。数组中每个存放数据的变量称为数组元素。中括号内的常量表达式称为数组的大小，即元素的个数。例如 int a[5];就是声明了一个可以存放 5 个整型数据的数组，它所能存储的数据相当于 5 个整型变量。

计算机必须在程序执行之前就知道数组的大小，因此中括号内只能是一个常量表达式，而不能含有变量。

7.1.2 数组的操作

前面说到，数组就像是给变量编了号。那么在访问数组中的某一个元素时自然就要用到这个编号了。给学生编的号称为学号，给数组元素编的号称为下标（Subscript）。数组中表达某一个元素的格式为：数组名[下标]。在 C++ 中，下标是从 0 开始的，所以一个大小为 n 的数组，它的有效下标是 0~n-1。如果下标不在这个范围内，就会发生错误。和声明数组时不同，操作一个数组元素时，它的下标既可以是一个常量表达式，也可以是一个含有变量的表达式。

对数组元素的操作就如同对某一相同数据类型的变量的操作。下面举一个简单的例子。

程序 7.1　数组的使用

```cpp
#include <iostream>
using namespace std;
int main()
{
    int array[5];                   //声明一个可以存放五个整数的数组
    for (int i=0;i<5;i++)           //如果写成 i<=5 就要出问题了
    {
        array[i]=i+1;               //对各数组元素赋值
    }
    for (int j=0;j<5;j++)
    {
        cout <<array[j] <<"  ";     //输出各数组元素
    }
    cout <<endl;
    return 0;
}
```

运行结果：

```
1 2 3 4 5
```

阅读了以上程序，可以发现除了要注意下标是否有效之外，对数组的操作和对变量的操作并无异样。

试试看

输入下列程序，看看在编译时会发生什么错误。

```cpp
#include <iostream>
using namespace std;
int main()
{
    int size;
    int a[size];
    cin >>size;
    return 0;
}
```

实验表明，无法根据程序运行的实际情况来声明一个数组的大小。所以，为了保证程序有足够的存储空间和正常运行，尽量要声明一个足够大的数组。要注意，足够大并不是无穷大。例如要存放一个 50 人左右的班级的学生成绩，只需声明一个大小为 70 的数组就足够了，如果声明一个大小

为 1000 的数组会造成不必要的浪费。

算法与思想：数组的下标和循环控制变量

通过给学生编号可以避免在长短不一的姓名中查找学生。使用一个数组而不使用多个变量的原因也是类似的。由于循环语句和数组下标的存在，再搭配循环控制变量，就能很方便地对多个数据进行类似的反复操作。（一般把循环控制变量作为数组的下标，如程序 7.1 所示。）这种优势是多个变量所没有的，这也是数组存在的重要意义。如果一种高级语言没有数组功能，那么它将很难实现大数据量的复杂程序。

7.1.3 数组的初始化

前文介绍过，变量在声明的同时可以进行初始化。同样地，数组也可以在声明时进行初始化，声明并初始化数组的语法格式为：

数据类型 数组名[常量表达式]={元素 0 初始值，元素 1 初始值，……，元素 n 初始值}；

在初始化数组时，大括号中值的个数不能大于声明数组的大小，也不能通过添加逗号的方式跳过。但是值的个数可以小于声明数组的大小，此时仅对前面一些有初始值的元素依次进行初始化。

例如：

```
int array1[3]={0,1,2};          //正确
int array2[3]={0,1,2,3};        //错误，初始化值个数大于数组大小
int array3[3]={0,,2};           //错误，初始化值被跳过
int array4[3]={0,1,};           //错误，即使是最后一个元素，添加逗号也被认为是跳过
int array5[3]={0,1};            //正确，省略初始化最后一个元素
```

7.1.4 省略数组大小

上两节已经阐述了如何声明和初始化一个数组。然而有时既要赋初值又要数元素个数，既然已经对各元素赋了初值，计算机能否自己算出有多少个元素呢？

答案是肯定的。只要对各元素赋了初值，计算机会自动计算出声明的数组的大小。例如：

```
int array[]={0,3,2,8};
```

这句语句就相当于：

```
int array[4]={0,3,2,8};
```

这样的写法便于在声明数组元素时的插入或修改。只需要直接在花括号中对数据进行修改就可以了，不必去考虑中括号中的数组大小的变化。但这种情况下，怎么才能知道数组的大小呢？这个问题将在下一节讲述。

试试看

1. 声明一个大小为 6 的数组，试试看能否输出下标为 6 的元素的数据？能否修改下标为 6 的元素的数据？

结论：可以输出下标超出有效范围的元素（称为越界访问），但是修改下标超出有效范围的元素将可能导致未知的错误。

2. 改写程序 7.1，通过键盘输入给数组的 5 个元素赋值，再输出这 5 个元素。

7.2　仓库是怎样造成的

前文中说变量像箱子，数组像仓库。本节将要深入研究这些 "箱子" 和 "仓库" 在计算机内部是怎样摆放的。

7.2.1　内存和地址

在计算机里，变量和数组都是放在内存里的，有时会听到内存地址（Address）这个词。那么地址究竟是什么意思呢？

在内存里，就像是有许许多多的街道和房子。每条街道有它的名字，而街道上的每幢房子又按顺序地编了号。于是街道名和房子在街道上的编号就能确定内存中唯一的一幢房子。一般认为所有的数据都是存放在内存的房子里。计算机就是依照这个原理找到所要的访问或修改的数据。街道名和房子在街道上的编号就称为这个房子的地址。通常地址表示为一串十六进制的数，十六进制数已经在第 3 章介绍过。

那么这些内存中的房子和变量、数组是什么关系呢？内存里 "房子" 的大小是有规定的，每幢 "房子" 只能存储一个字节（Byte）的数据。（一个字节相当于一个半角的英文字母，一个汉字至少占用两个字节[①]。）有时某种类型的变量需要比较大的空间，例如一个浮点型的实数，一幢 "房子" 是放不下的，而是需要 4 幢 "房子" 的空间才能放得下。于是计算机就把连起来的 4 幢 "房子" 拼起来，每幢 "房子" 放这个实数的一部分数据。而这连起来的 4 幢 "房子"，构成了一个存放浮点型实数的变量。

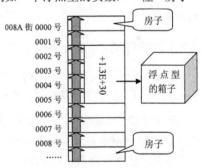

综上所述，内存中的 "房子" 是客观存在的，每幢 "房子" 的大小一样，没有任何区别；而不同类型的变量 "箱子" 由若干幢房子拼接而成，箱子在内存中是不存在的，只是为了方便理解而臆想出来的。如图 7.1 所示就是一个浮点型变量在内存中的情况。

图 7.1　浮点型变量在内存中的情况

7.2.2　数组在内存中的存储情况

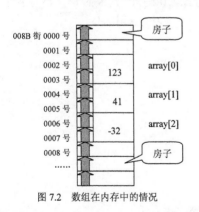

图 7.2　数组在内存中的情况

变量在内存中是由若干个相邻的 "房子" 拼接而成的，而数组在内存中则是由若干个相邻的数组元素按顺序拼接而成的。每个数组元素又相当于一个变量。如图 7.2 所示是一个大小为 3 的短整型数组在内存中的情况。

在上一节的最后说到声明时可以省略数组的大小，但是这样就无法得知数组的大小了，可能造成越界访问。当了解了数组在内存中的存储情况后，就能够知道数组的大小了。在 C++中，有一个名为 sizeof 的操作符，可以求出一个数组或一种数据类型在内存中占了多少 "房子"，它的使用方法是：

[①]具体占用字节数目取决于编码方式，例如，采用 UTF-32 编码，一个汉字就不止占用两个字节了。如果在 C++中使用一般的 char 型数组和默认的编码方式，则一个汉字占两个字节。

```
sizeof(数组名或数据类型);
```

由图 7.2 可知，要求出数组的大小，应该是用整个数组占的"房子"数除以每一个数组元素占的"房子"数，即 6 除以 2 等于 3。下面就来看一个求出数组大小的程序实例。

程序 7.2　求数组的大小

```
#include <iostream>
using namespace std;
int main()
{
    int array[]={3,5,6,8,7,9};
    int size=sizeof(array)/sizeof(int);     //求出数组大小
    cout <<"数组大小为"<<size <<endl;
    for (int i=0;i<size;i++)                 //依次输出数组元素
        cout <<array[i] <<"  ";
    cout <<endl;
    return 0;
}
```

运行结果：

```
数组大小为6
3 5 6 8 7 9
```

功能分析：通过这个程序，可以成功地知道一个数组的大小。并且也不用为可能发生的越界访问而发愁了。

7.2.3　字符的存储情况

计算机是用电来计算和保存信息的。在计算机里，就好像有许许多多的开关，用导通（开）来表示 1，用断开（关）来表示 0。那么这些"0"和"1"是怎么来表示字符的呢？

在第 3 章中已经讲到过二进制。如果你学过排列，就不难理解，当有 8 位二进制的时候，可以表示 2^8=256 种状态，分别是 0～255。在计算机中，就是用 8 位二进制（0 或 1）来表示一个字节。一个字节所能表示的 256 种状态可以和 256 个字符按一定的顺序一一对应起来，一个字节就可以表示 256 种不同的字符。这种用 8 位二进制表示一个字符的编码称为 ASCII（念 aski）码，它的全称是美国信息交换标准码（America Standard Code for Information Interchange）。读者需要记住的 ASCII 码有 3 个，数字 0 的 ASCII 码为十进制的 48，大写字母 A 的 ASCII 码为十进制的 65，小写字母 a 的 ASCII 码为十进制的 97。下面就来编写一段程序，输出 ASCII 码表的常用部分。

程序 7.3　常用 ASCII 码表

```
#include <iostream>
#include <iomanip>
using namespace std;
int main()
{
    char temp;
    for (int i=32;i<=127;i++)
    {
        temp=i;
        cout << setw(2) <<temp;
        if (i%16==15)          //从 0~15 正好 16 个，余数为 15 的时候换行
        {
            cout <<endl;
```

```
            }
        }
        return 0;
}
```

运行结果:

功能分析:以上这段程序输出了 96 个常用的字符,从空格(ASCII 码为十进制的 32)一直到三角(ASCII 码为十进制的 127)。每行 16 个字符,共 6 行。那么上面这段程序中怎么能把整型变量 i 赋值给字符型变量 temp 呢?根据前面所说的字符的存储原理,不难发现字符的实质是一个 0~255 的整数,把一个在 0~255 范围内的整数赋值给字符变量在 C++中是允许的。

7.2.4　字符数组在内存中的存储情况

前文说过,字符和字符串是不同的:字符只能是一个,而字符串是由若干个字符连接而成。可是,'a'和"a"有区别吗?

其实字符和字符串的区别有点像单词和句子的区别。一个句子可能只由一个单词组成,但是句号却是必不可少的,否则就不能称为句子了。字符串在结尾处也会加上一个"句号"来表示字符串的结束,称为结尾符。在 C++中字符串的结尾符是'\0',它也是一个转义字符。所以字符串"a"实际上是两个字符,即字符'a'和结尾符'\0'。

在初始化一个字符数组的时候有两种初始化方式,一种是按字符串初始化,一种是按字符初始化。按字符串初始化就会在最后一个元素出现结尾符,而结尾符也要占用一个字符的空间,所以在声明数组时一定要注意空间是否足够。下面来看这两种初始化方法。

程序 7.4　字符串和字符数组

```cpp
#include <iostream>
using namespace std;
int main()
{
    char a[]={"Hello"};                    //按字符串初始化
    char b[]={'H','e','l','l','o'};        //按字符初始化
    char c[]={'H','e','l','l','o','\0'};   //按字符串初始化
    cout <<"数组 a 的大小为" <<sizeof(a) <<endl;
    cout <<"数组 b 的大小为" <<sizeof(b) <<endl;
    cout <<"数组 c 的大小为" <<sizeof(c) <<endl;
    cout <<a <<endl;
    cout <<b <<endl;
    cout <<c <<endl;
    return 0;
}
```

运行结果:

```
数组 a 的大小为 6
数组 b 的大小为 5
数组 c 的大小为 6
Hello
Hello 烫蘷ello
Hello
```

功能分析：从数组 a、b 和 c 的大小可以看出按字符串和按字符初始化的不同。你可能还会发现，输出的数组 a 和 c 都是正常的，而为什么输出的 b 却夹杂着乱码呢？这是因为 a 和 c 的属性都是字符串的字符数组，而 b 是普通字符数组。b 数组没有结尾符，计算机在输出它的时候就会发生问题了。

数组 a 和 b 在内存中的存储情况如图 7.3 所示。

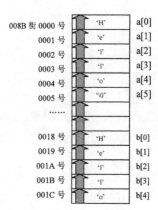

008B 街 0000 号	'H'	a[0]
0001 号	'e'	a[1]
0002 号	'l'	a[2]
0003 号	'l'	a[3]
0004 号	'o'	a[4]
0005 号	'\0'	a[5]
……		
0018 号	'H'	b[0]
0019 号	'e'	b[1]
001A 号	'l'	b[2]
001B 号	'l'	b[3]
001C 号	'o'	b[4]

图 7.3　字符数组在内存中的情况

7.3　向函数传递数组

数组的存储空间很大，如果能够把它作为参数传递给函数，那么就能发挥很大的作用了。例如本来一个选出最大数的 max 函数只能在两个数或三个数里面选出一个最大的数字，如果把数组传递过去，它就能够在很多数字中选出最大的数了，这大大提高了程序的效率。当函数中的某个参数是数组时，在形参名后加上一对中括号，例如 int a[]，表示参数 a 是一个数组。下面就来看在很多正数里面找最大数的一个程序。

程序 7.5　求数组中的最大值

```
#include <iostream>
using namespace std;
int max(int a[],int size);              //size 是数组的大小
int main()
{
    int number[]={2,45,12,6,23,98,13,3};
    cout <<"最大数是" <<max(number,sizeof(number)/sizeof(int)) <<endl;
    return 0;
}
int max(int a[],int size)
{
    int max=0;
    for (int i=0;i<size;i++)
    {
        if (a[i]>max)                   //总是找较大的数
            max=a[i];
    }
    return max;
}
```

运行结果：

最大数是 98

功能分析：以上这段程序能够求出数组中的最大值并返回。使用函数来求最大值能有更好的通用性。

这个例子表明在函数里使用数组也是比较方便的。但为什么不在函数里面用 sizeof 算出数组的大小，而非要先在函数外面算好了，再作为参数传递给函数呢？在这里有必要讲一下数组作为参数传递给函数的原理。

参数的传递是将实参的值赋给形参，然而对于数组来说却是一个例外。因为数组的数据太多了，将其一一赋值既麻烦又浪费空间，所以数组作为参数传递给函数的只是数组首元素的地址，函数在需要用到后面元素时再按照这个地址和数组下标去查找。也就是说后面的元素根本没到函数里来，在函数里求不出数组的大小也就不足为奇了。所以，当一个函数的参数是一个数组时，就必须要想办法让这个函数知道数组的大小。

不过，既然传递给函数的是数组首元素在内存中的地址，而数据又都是存在内存里的，那么在函数中对数组参数的修改会不会影响到实参本身的值呢？下面用一段程序验证这个想法。

程序 7.6 数组排序

```cpp
#include <iostream>
#include <iomanip>
using namespace std;
void sort(int a[],int size);            //将数组中的元素从大到小排列
int main()
{
    int num[]={2,3,8,6,4,1,7,9};
    int i;
    const int size=sizeof(num)/sizeof(int);
    cout <<"原来的数组元素" <<endl;
    for (i=0;i<size;i++)                //输出原来的数组元素
    {
        cout <<setw(2) <<num[i];
    }
    cout <<endl;
    sort(num,size);
    cout <<"排列后的数组元素" <<endl;
    for (i=0;i<size;i++)                //输出排列好以后的数组元素
    {
        cout <<setw(2) <<num[i];
    }
    cout <<endl;
    return 0;
}
void sort(int a[],int size)
{
    for (int j=0;j<size;j++)
    {
        int min=a[j],mink=j;            //先假设未排序的首元素是最小的数
        for (int k=j;k<size;k++)        //找到尚未排序的元素中最小的数
        {
            if (a[k]<min)
            {
                min=a[k];
                mink=k;
            }
        }
```

```
            int temp=a[j];            //交换两个元素
            a[j]=a[mink];
            a[mink]=temp;
        }
    }
```

运行结果：

原来的数组元素：2 3 8 6 4 1 7 9
排列后的数组元素：1 2 3 4 6 7 8 9

算法与思想：排序（Sort）

排序是经常要使用到的一项功能，排序的算法也有多种。程序 7.6 所使用的排序方法称为直接选择排序，即在未排序的元素中选择出最小的一个，与未排序的首元素交换，直到所有的元素都已经排序如图 7.4 所示。以后大家还会在数据结构课程中学习到一些更高效的排序算法，如快速排序法、插入排序法等。

第一次	2	3	8	6	4	**1**	7	9
第二次	1	3	8	6	4	**2**	7	9
第三次	1	2	8	6	4	**3**	7	9
第四次	1	2	3	6	**4**	8	7	9
第五次	1	2	3	4	**6**	8	7	9
第六次	1	2	3	4	6	8	**7**	9
第七次	1	2	3	4	6	7	**8**	9
第八次	1	2	3	4	6	7	8	**9**

（灰：未排序   白：已排序   黑：未排序中最小）

图 7.4　排序过程

功能分析：这个程序实现了数组中元素的排序。在程序中交换了 sort 函数数组参数 a 中元素的顺序，却发现回到主函数以后，num 数组的元素次序也发生了变化。正是因为在函数中对内存中数据的操作，影响到了实参的值。

试试看

改写程序 7.6，将一个字符数组{'c', 'a', 'd', 'e', 'b', 'h'}按字母表顺序排序，并输出排序前和排序后的结果。

7.4　二维数组

一维空间是一条线，数学中用一条数轴来表达；二维空间是一个平面，数学中用平面坐标系来表达。那么二维数组又是什么样的呢？

7.4.1　线与面

前几节用一个下标来描述一维数组中的某个元素，就好像在用数描述一条线上的点。而所有的数据都是存储在这条线上。如果采用两个下标，就能形成一个平面，犹如一张表格，有行（Row）有列（Column），所有的数据就能够存放到表格里，如图 7.5 所示。

a[0]
a[1]
a[2]
a[3]
a[4]

a[0][0]	a[0][1]	a[0][2]	a[0][3]	a[0][4]
a[1][0]	a[1][1]	a[1][2]	a[1][3]	a[1][4]
a[2][0]	a[2][1]	a[2][2]	a[2][3]	a[2][4]
a[3][0]	a[3][1]	a[3][2]	a[3][3]	a[3][4]
a[4][0]	a[4][1]	a[4][2]	a[4][3]	a[4][4]

一维数组　　　　　　　　　　　　　　　　　　二维数组

图 7.5　一维数组和二维数组

通常把二维数组的两个下标分别称为行下标和列下标，在前面的是行下标，在后面的是列下标。

那么什么时候要用二维数组呢？一般有两种情况：一种是描述一个二维的事物，比如用 1 表示墙，用 0 表示通路，可以用二维数组来描述一个迷宫地图；用 1 表示有通路，0 表示没有通路，可以用二维数组来描述几个城市之间的交通情况。还有一种是描述多个具有多项属性的事物，例如有多个学生，每个学生有语文、数学和英语 3 门成绩，这 3 门成绩就可以用二维数组来描述。

对于第二种情况，要注意各项属性应该是同一种数据类型，例如 3 种学科的成绩都是整数。如果出现了姓名（字符串属性），就不能将它们组合到一个二维数组里去。所以不要企图将不同数据类型的属性整合到一个二维数组中去。

7.4.2　二维数组的声明和初始化

二维数组的声明和一维数组是类似的，不同之处在于多了一个下标。

数据类型 数组名[行数][列数];

二维数组的下标也都是从 0 开始的。

二维数组的初始化分为两种，一种是顺序初始化，另一种是按行初始化，下面来看一段程序，就能够对它们有所了解了。

程序 7.7　二维数组的使用

```
#include <iostream>
#include <iomanip>
using namespace std;
int main()
{
    int array1[3][2]={4,2,5,6};                //顺序初始化
    int array2[3][2]={{4,2},{5},{6}};          //按行初始化
    cout <<"数组 1" <<endl;
    for (int i=0;i<3;i++)                      //输出 array1
    {
        for (int j=0;j<2;j++)
        {
            cout <<setw(2) <<array1[i][j];
        }
        cout <<endl;
    }
    cout <<"数组 2" <<endl;
    for (int k=0;k<3;k++)                      //输出 array2
    {
        for (int l=0;l<2;l++)
        {
            cout <<setw(2) <<array2[k][l];
```

```
        }
            cout <<endl;
        }
        return 0;
}
```

运行结果：

```
数组1
 4 2
 5 6
13 4
数组2
 4 2
 5 8
 6 8
```

从以上程序可以看出，所谓按顺序初始化就是先从左向右再由上而下地初始化，即第 1 行所有元素都初始化好以后再对第 2 行初始化。而按行初始化则是用一对大括号来表示每一行，跳过前一行没有初始化的元素，在行内从左向右地进行初始化。对于没有初始化的元素，则是一些不确定的值，例如，array1 中最后一行的元素 13 和 4 和 array 2 中出现的两个 8。

7.4.3　省略第一维的大小

一维数组的大小可以省略，可是二维数组的元素个数是行数和列数的乘积，如果只告诉计算机元素个数，计算机无法知道这个数组是几行几列。所以，C++规定，在声明和初始化一个二维数组时，只有第一维（行数）可以省略。例如：

```
int array[][3]={1,2,3,4,5,6};
```

相当于：

```
int array[2][3]={1,2,3,4,5,6};
```

7.4.4　二维数组在内存中的存储情况

内存是依靠地址来确定内存中的唯一一个存储单元的，即只有一个参数。所以在内存中，所有的数据都是像一维数组的顺序存储的。那么具有两个下标的二维数组是怎样存放到内存中的呢？

在内存中，先将二维数组的第 1 行数据按顺序存储，接着就是第 2 行的数据，然后是第 3 行的数据……图 7.6 所示就是一个二维数组在内存中的存储情况。

7.4.5　向函数传递二维数组

数组作为参数传递给函数的是数组首元素的地址。对于二维数组来说亦是如此。不过有两个问题，一个是需要通过参数方式让函数知道行数和列数，这就像要让函数知道一维数组的大小一样，防止发生越界访问。另一个是必须让编译器知道这个二维数组是怎样的一个表格，即必须告知编译器数组的列数，以便于它能够正常访问。这和声明时只能省略二维数组的行数道理是一样的。下面来看一个向函数传递二维数组的程序。

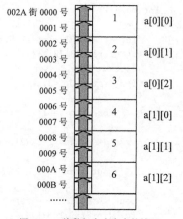

图 7.6　二维数组在内存中的情况

程序 7.8　传递二维数组

```cpp
#include <iostream>
#include <iomanip>
using namespace std;
void disp(int a[][2],int r,int c);      //a[][2]告知编译器数组的列数
int main()
{
    int array[3][2]={4,2,5,6,3,1};
    cout <<"数组的数据为: " <<endl;
    disp(array,3,2);
    return 0;
}
void disp(int a[][2],int r,int c)       //参数 r 和 c 告知函数数组的行数和列数
{
    for (int i=0;i<r;i++)
    {
        for (int j=0;j<c;j++)
        {
            cout <<setw(2) <<a[i][j];
        }
        cout <<endl;
    }
}
```

运行结果:

数组的数据为:
 4 2
 5 6
 3 1

功能分析:以上这段程序给大家演示了向函数中传递二维数组。其中函数原型中的 a[][2]告知了编译器要以两列的方式访问该二维数组,参数 r 表示二维数组的行数,参数 c 表示二维数组的列数。

7.4.6　二维数组转化成一维数组

有些时候用二维数组来描述某种事物很方便。例如用二维数组来画一个迷宫地图,行下标和列下标就如同平面直角坐标系一样。可是在某些情况下,不能使用二维数组,或者难以制造一个二维数组。由于二维数组在内存中的存储情况和一维数组是相同的,所以可以用一个一维数组来代替它,如图 7.7 所示。

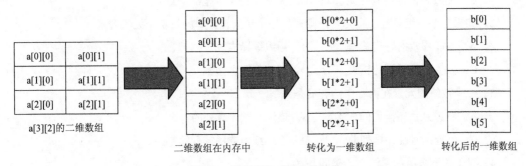

图 7.7　二维数组和一维数组的转化

根据图 7.7 的转化原理,不难总结出一个二维数组元素 a[x][y]在一维数组 b 中的转化关系为:

```
a[x][y]=b[x*列数+y]
```

7.5　缩略语和术语表

英文全称	英文缩写	中文
Array	-	数组
Subscript	-	下标
Address	-	内存地址
Byte	-	字节
America Standard Code for Information Interchange	ASCII	美国信息交换标准码
Sort	-	排序
Row	-	行
Column	-	列

7.6　方法指导

数组是一系列变量的集合，它提供了简单高效的存储方案。在编写稍大型的程序时，经常要用到数组，以增强数据处理能力，初学者可能在学习数组之后还不习惯使用它，特别是在那些能够使用普通变量的情况下，但是以后慢慢地就会发现，其实用数组会方便很多。在细节方面，省略数组大小和数组作为函数参数都是比较重要的内容。如果一时难以记住，还需多加实践。

了解数组的存储原理也很重要，这样有助于理解一维数组和二维数组的转换。在下一章，也会少许涉及存储原理的知识。

7.7　习题

1．选择题

（1）一个数组内可以存储（　　）。

　　A．若干个特定类型的变量　　B．若干个任意类型的变量

　　C．无数个特定类型的变量　　D．无数个任意类型的变量

（2）如果一个数组只有 5 个元素，则在程序中访问该数组的第 7 个元素会（　　）。

　　A．对程序没有任何影响　　B．导致编译失败

　　C．发生访问越界的错误　　D．直接返回主函数

（3）一个数组的元素在内存中的存储是（　　）。

　　A．连续且乱序排列的　　B．连续且顺序排列的

　　C．不连续且乱序排列的　　D．不连续但顺序排列的

（4）以下关于数组的说法，正确的是（　　）。

　　A．数组的大小可以在程序运行时决定

　　B．数组在声明时必须进行初始化

C. 当把数组传递给一个函数之后，在该函数内对数组的操作会影响原数组

D. 二维数组无法传递给函数

2．判断下列数组的声明及初始化是否正确，如有错误，请指出。

（1）int array[5]={1,2,,4,5};

（2）double array[]={1.0,4,5/3.3,};

（3）char str[]={'H', 'e', 'l', 'l', 'o'};

（4）char str1[5]={"Hello"};

（5）int a[3][]={1,2,3,4,5};

（6）int a[][2]={1,{3,4},5};

3．根据下列实际情况，判断最好应该用什么方法存储数据。

（1）一句英语句子

（2）一个 6×6 的矩阵

（3）3 种水果每个月的销量的年表

（4）乒乓球双循环赛的结果

4．指出下列程序的错误之处。

（1）矩阵的加法

```
#include <iostream>
using namespace std;
void plus(int a[],int b[],int r,int c);
int main()
{
    int matrix1[][3]={3,2,4,-1,5,6,-5,-2,-1};
    int matrix2[][3]={2,1,3,8,-3,1,-1,-2,0};
    plus(matrix1,matrix2,3,3);
    return 0;
}
void plus(int a[],int b[],int r,int c)
{
    int temp[][3];
    for (int i=0;i<r;i++)
    {
        for (int j=0;j<c;j++)
        {
            temp[i][j]=a[i][j]+b[i][j];
        }
    }
    for (int k=0;k<r;k++)                //以矩阵形式输出
    {
        for (int l=0;l<c;l++)
        {
            cout <<setw(3) <<temp[k][l];
        }
    }
}
```

（2）将数组内的元素倒置

```cpp
#include <iostream>
using namespace std;
int main()
{
    int array[]={1,2,3,4,5,6,7,8,9};
    for (int i=0;i<sizeof(array)/2;i++)
    {
        temp=array[i];
        array[i]=array[sizeof(array)-i];
        array[sizeof(array) -i]=temp;
    }
    for (int j=0;j<sizeof(array);j++)
    {
        cout <<' ' <<array[j];
    }
    cout <<endl;
    return 0;
}
```

5. 根据运行结果完成代码。

```cpp
#include <iostream>
using namespace std;
int squeeze(int a[],int size,int num);
int main()
{
    int temp;
    int number[]={3,16,18,2,4,19,5,15};
    const int size=___(1)_____
    for (int i=0;i<3;i++)
    {
        cout <<"请输入一个数" <<endl;
        cin >>temp;
        cout <<"被挤出来的是" <<squeeze(___(2)___) <<endl;
    }
    return 0;
}
int squeeze(int a[],int size,int num)
{
    int min__(3)__,temp,mini;
    cout <<"原来的数组为" <<endl;
    for (int i=0;i<size;i++)
    {
        cout <<' ' <<a[i];
        if ( _(4)_ )
        {
            min=a[i];
            ___(5)____
        }
    }
    cout <<endl;
    if ( _(6)_ )
    {
        temp=a[mini];
```

```
        a[mini]=num;
        return temp;
    }
    else
    {
            (7)
    }
}
```

运行结果：

请输入一个数
17
原来的数组为
 3 16 18 2 4 19 5 15
被挤出来的是 2
请输入一个数
1
原来的数组为
 3 16 18 17 4 19 5 15
被挤出来的是 1
请输入一个数
8
原来的数组为
 3 16 18 17 4 19 5 15
被挤出来的是 3

6．根据要求编写程序。

（1）A 国和 B 国之间爆发了战争，由于需要大量的前线战况，要使用计算机传送信息。但是 A 国怕某些敏感信息被 B 国盗取，所以想了一个办法给信息加密：把每个字符向后顺移一个，例如 I am Tomato 变成了 J bn Upnbup。请利用这个原理和字符的存储原理，对 I am Tomato 加密，并能够将其还原。

（2）A、B、C、D 四个学校举行足球赛，比赛采用单循环制，即一共 6 场比赛，比分如下。

A 对 B 为 2∶1，A 对 C 为 1∶4，A 对 D 为 2∶2，B 对 C 为 3∶1，B 对 D 为 4∶2，C 对 D 为 1∶1。请使用二维数组，统计出的胜利最多的球队、攻入球数最多的球队和净胜球最多的球队。

扫一扫二维码，获取参考答案

第 8 章 内存里的快捷方式——指针

上一章学习了数组，了解了地址的概念。本章将继续深入学习地址，并引入指针这个概念。C++
具有获取地址和操作地址的功能，这种功能是强大又危险的。于是，指针成为了 C++中最难学好的
部分。

本章的知识点有：

◆ 指针的概念和用途

◆ 指针变量的类型和使用

◆ 指针变量的操作

◆ 指针常量和常量指针

◆ 指针与数组的关系

◆ 指针在函数中的应用

◆ 堆内存的分配和回收

8.1 什么是指针

在桌面上，往往有这样一些图标：在它们的左下角有个小箭头，双击它之后可以调出本机内的
程序或文件。然而这些图标所占的存储空间很小，一般也就
几百到几千字节。那么小的文件怎么会让上百兆的程序执行
起来的呢？

那些有小箭头的图标文件称为快捷方式。它所存储的内
容并不是所要调用的程序本身，而是所要调用的程序在本机
磁盘上的位置，例如 E:\Tencent\QQ\QQ.exe，如图 8.1 所示。
使用快捷方式的目的就是为了快捷方便，不用查找程序就能

图 8.1　快捷方式

去执行它。不过如果所要调用的程序不存在或位置不正确，那么双击了这个快捷方式就会导致错误
发生。

在内存中，可能会有一些数据，程序员不知道它的变量名，却知道它在内存中的存储位置，即
地址。那么能否利用快捷方式的原理对这些数据进行访问和操作呢？

很幸运，在 C++中，也可以给内存中的数据创建"快捷方式"，称为指针（Pointer）。它和整型、
字符型、浮点型一样，是一种数据类型。指针中存储的并不是所要使用的数据本身，而是所要使用
的数据在内存中的地址。用户可以通过对指针所指向内存区域的操作来实现对数据的访问和操作。

8.2 指针变量的声明和使用

本节将介绍如何在 C++中声明和使用指针变量。

8.2.1 指针的类型

同变量的数据类型相似，指针也有类型。之所以指针会有类型，是为了符合对应的变量或常量数据类型。同时，指针本身也是一种数据类型。

不同指针类型的本质在于不同的操作，这点和快捷方式是类似的。例如双击一个可执行文件（.EXE）快捷方式的操作是运行这个可执行文件，而双击一个 Word 文档文件（.DOC）快捷方式的操作则是使用 Word 程序打开这个文档。类似地，一个字符型数据在内存中占用一个字节，那么读取数据就应以字符型数据读出一个字节；一个长整型数据在内存中占用 4 个字节，那么读取数据时应以长整型数据读出 4 个字节。如果指针类型与它所指向的数据类型不匹配，就可能对数据作出错误的操作。

8.2.2 指针变量的声明

指针变量也是一种变量。所以在使用之前，必须先声明。声明指针变量的语句格式为：

指针的类型 *指针变量名;

其中，指针类型应该是与指针所指向的数据相符合的数据类型。比如 int、char、float 等。*表示所要声明的是一个指针变量，而不是普通变量。指针变量名则应该遵循变量名的命名规则。

例如：

```
char *cptr;        //指向字符型变量的指针变量
int *iptr;         //指向整型变量的指针变量
```

> **小提示**
>
> 当要声明多个指针变量时，必须在每个指针变量名前加上*，例如：
> int *iptr1,*iptr2,iptr3;   //前两个是整型指针变量，而 iptr3 是整型变量

8.2.3 获取地址和指针变量初始化

声明了指针变量后，如何获得数据在内存中的地址呢？

在 C++中，用&操作符可以获取变量或自定义常量在内存中的地址，称为取地址操作符。它的使用格式是：

&变量名或常量名

既然能够获取到数据所在的地址，就能把这个地址交给指针了。例如：

```
int c=9;
int *iptr=&c;        //声明指向整型变量的指针变量，并作初始化
```

这时，称指针 iptr 指向了变量 c。在第 3 章说过，声明一个未经初始化的变量后，它的值是无法确定的。所以如果声明了一个指针却不对它做初始化，那么它所指向的内容也是无法确定的，这种情况是十分危险的。

> **小提示**
>
> 取地址操作符与引用（6.5 节）都是用&来表示。通常引用的&出现在函数声明和变量声明中，而取地址操作符的&出现在已声明的变量名或常量名前。

8.2.4　特殊的值——NULL

没有初始化的指针变量是危险的。可是如果在声明指针变量之后，找不到合适的地址进行初始化，该怎么办呢？显然，随便找个地址对指针变量做初始化是不负责任的。

在这里，引入一个特殊的地址——NULL。它的意思是"空"，即指针没有指向任何东西。例如：

```
int *iptr=NULL;
```

> **小提示**
>
> C++是大小写敏感的，NULL 与 null 是不同的。所以，在使用的时候必须要大写。

8.2.5　指针的使用——间接引用

双击一个有效的快捷方式，就能够调用对应的文件，那么通过什么方法才能操作指针所指向的变量呢？

在这里，*又出现了，这时候它不是乘号，而称为间接引用（Indirect Reference）操作符。其作用是获取指针所指向的变量或存储空间。间接引用的指针可以作为左值。具体的使用格式为：

*指针变量名

下面来看一段程序说明如何使用指针变量。

程序 8.1　指针变量的使用

```
#include <iostream >
using namespace std;
int main()
{
    int i=3;
    int *iptr=&i;
    int **iptrptr=&iptr;                    //iptr 也是变量，也能够获取它的地址
    cout <<"变量 i 的地址是" <<iptr <<endl;      //输出 iptr 存储的内容
    cout <<"变量 i 的值是" <<*iptr <<endl;       //输出 iptr 所指向的变量
    cout <<"指针 iptr 的地址是" <<iptrptr <<endl;  //输出 iptr 的地址
    cout <<"指针 iptr 指向" <<*iptrptr <<endl;     //输出 iptrptr 所指向的变量
    *iptr=2+*iptr;                          //*iptr 可以作左值
    cout <<"变量 i 的值变为" <<*iptr <<endl;
    return 0;
}
```

运行结果：

```
变量 i 的地址是 0x0022F930
变量 i 的值是 3
指针 iptr 的地址是 0x0022F924
指针 iptr 指向 0x0022F930
变量 i 的值变为 5
```

功能分析：通过运行结果，可以知道变量 i 在内存中的地址是 0022FF930（前面的 0x 表示这是一个十六进制的数）；指针也是一种变量，在内存中也有地址；间接引用指针以后就和使用指针指向的变量一样方便。

1. 如果将程序 8.1 中的所有整型变量换成字符型变量（把对应的变量数据也换成字符），执行后会有什么奇怪的现象？请根据第 7 章的知识，猜想产生这个奇怪现象的原因。

2. 如果声明一个指针变量后不对其进行初始化，而是将其间接引用，作为左值修改它所指向的内存中的数据，会有什么结果产生？

结论：在没有保护措施的操作系统中，这样的操作可能会导致系统错误甚至崩溃。

3. 能否将一个常量的地址赋值给一个对应类型的指针变量？

结论：将一个常量的地址赋给指针变量可能导致通过指针更改常量，所以是不合法的。

小提示

该程序每次运行的结果可能会不同，这是由于每次分配的内存地址不同引起的。

8.3　指针的操作

既然指针是一种数据类型，那么它也应该有对应的操作或运算，正如整数能做加减乘除一样。但是每一种操作或运算都应该对这种数据类型有意义，例如，两个实数可以用关系运算得知哪个大哪个小，而两个虚数却不能使用关系运算，因为比较虚数的大小是没有意义的。

对于指针类型来说，可以使用的运算有：和整数做加法运算、和整数做减法运算、两指针做关系运算。由于指针存储的是一个地址信息，因此指针类型的乘除法都是没有意义的，也是不允许的。

8.3.1　指针的加减运算

指针的加减法和数的加减法是不同的。指针只能够和整数做加减法运算（包括和整型常量、变量做加减法与自增自减）。其实这也不难理解，内存的存储空间是按"个"计算的，不会出现半个存储空间的情况。那么，指针的加减法是否在地址值上做加减呢？先写一段程序来验证指针加减法的运算结果。

程序 8.2　指针的加法

```
#include <iostream>
using namespace std;
int main()
{
    int a[5]={1,2,3,4,5};
    int *aptr=&a[0];            //把数组首元素的地址给指针
    int i=1;
    for (int j=0;j<5;j++)
    {
        cout <<'(' <<aptr <<")=" <<*aptr <<endl;
        //输出指针指向的地址和该地址的数据
        aptr=aptr+i;            //指针和整型变量做加法
    }
    return 0;
}
```

运行结果：

```
(0x0012FF6C)=1
(0x0012FF70)=2
(0x0012FF74)=3
```

```
(0x0012FF78)=4
(0x0012FF7C)=5
```

不难发现，指针每次做了加法以后，地址值并不是相差1，而是相差了 4。所以指针和整数做加法并不是简单地将地址值和整数相加。此外，每次做了加法以后，能够输出原指针所指的下一个元素。根据数组在内存中的存储情况，不难得出这样一个结论，指针和整数 C 的加减法是指针向前或向后移动 C 个对应类型的存储区域，即可以得到以下公式：

新地址=旧地址±C*每个对应数据类型在内存中所占字节数

因为每个 int 变量在内存中所占字节数为 4，所以在程序 8.2 中每做完一次加法，新地址=旧地址+1*4=旧地址+4，如图 8.2 所示。

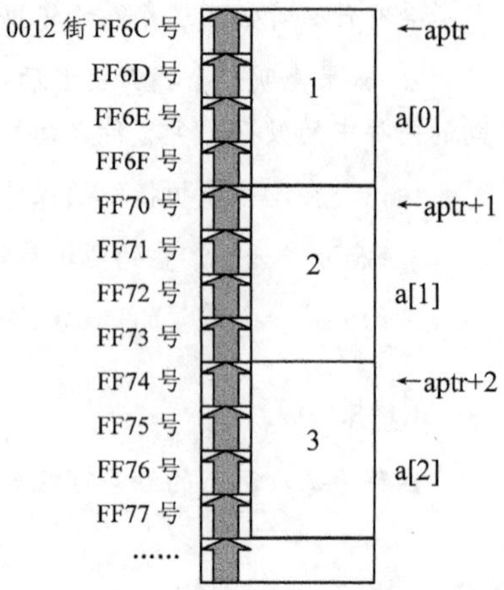

图 8.2　指针与整数的加法运算

8.3.2　指针的关系运算

在第 4 章中介绍了关系运算有等于、大于、小于、大于等于、小于等于和不等于 6 种。对于指针来说，等于和不等于就是判断两个指针的值是否相同或不同，即两个指针是否指向了相同或不同的地方。而大于和小于是判断指针的值哪个大哪个小。一般来说，值较小的在存储器中的位置比较靠前，值较大的在存储器中的位置比较靠后。

指针的关系运算在数据结构中会经常用到。在下一章介绍链表时，会着重介绍它的用法。

8.4　指针与保护

如果没有对指针进行初始化就改变它所指向的内存里的数据是非常危险的。因为不确定的指针有可能正指向一个系统需要的关键数据，数据一旦被更改或破坏，系统就会崩溃。在使用计算机磁盘时，都知道有一种措施叫做"写保护"（或者称为"只读"（Read-Only），即只可以读，不可以写）。那么，能否给指针加上写保护呢？

8.4.1　对内存只读的指针

为了解决指针可能误修改或破坏内存中的数据，可以对内存中的数据加上写保护。即具有这种属性的指针只能够读出内存中的数据，却不能修改内存中的数据。具有这种属性的指针称为指向常量的指针，简称常量指针。

给内存中的数据加写保护的方法是在声明指针时，在指针类型（即各种数据类型）前加上 const，表示这些数据是常量，只能读不能写。例如，const int *iptr;，只能够通过指针 iptr 读出内存里的数据，但是不能对其写入、修改。

当然，这样的保护措施只是防止通过间接引用 iptr 修改内存中的数据，并不保护 iptr 本身和 iptr 所指向的变量。

试试看

能否将一个常量的地址赋值给一个对应类型的常量指针？

结论：因为常量指针不能通过指针修改内存里的数据，所以将常量的地址赋值给常量指针是合法的。

小提示

在代码中直接用双引号表示的字符串是字符串文字常量，其实质也是指向字符变量的常量指针。不难理解，这些字符串是直接书写在代码中的，不可能随意被修改。因此，如果想让一个函数能够接受字符串文字常量的参数，则这个参数类型应写作 const char *。

8.4.2　指针型常量

指针同整型、字符型一样，是一种数据类型。整型可以有整型常量和整型变量，字符型可以有字符型常量和字符型变量。那么，指针也应该有指针常量。指针常量和常量指针不同，指针常量是指针所指向的位置不能改变，即指针本身是一个常量，但是指针常量可以通过间接引用修改内存中的数据。声明指针常量的语句格式为：

指针类型 * const 指针常量名=&变量名;

下面通过一段程序来实践指针常量和常量指针。

程序 8.3　指针和常量

```
#include <iostream>
using namespace std;
int main()
{
    int a=11;
    const int b=22;
    const int *captr=&a;          //常量指针
    int * const acptr=&a;         //指针常量
    int *bptr=&b;                 //错误，不能把常量的地址给指针变量
    const int *cbprt=&b;          //把常量的地址给常量指针是允许的
    *captr=68;                    //错误，间接引用常量指针不可修改数据
    *acptr=68;                    //间接引用指针常量可以修改内存中的数据
    captr=&b;                     //常量指针可以指向其他变量
    acptr=&b;                     //错误，指针常量不能指向别的变量
    const int * const ccaptr=&a;
    //常量指针常量，不能间接引用修改数据，也不能指向别的变量或常量
    *ccaptr=68;                   //错误，不能间接引用修改数据
    ccaptr=&b;                    //错误，不能指向别的常量或变量
    return 0;
}
```

以上程序存在错误，无法通过编译。通过本节的学习，可以知道常量指针和指针常量的区别：常量指针能保护指针所指向的内存数据，而指针常量能保证指针本身不被修改。

8.5　指针与数组

在上一章说到，向函数传递数组参数时，实质上是传递数组首元素的地址。那么数组和指针有着什么样的关系呢？

8.5.1 数组名的实质

数组名并不是一个普通的变量，而是一个指向数组首元素的指针。也就是说，可以用数组名来初始化一个对应类型的指针。既然如此，经过初始化的指针能否代替原来的数组名呢？答案是肯定的。

下面来看一段程序，了解数组名和指针的用法。

程序 8.4　数组名和指针

```
#include <iostream>
using namespace std;
int main()
{
    int a[6]={5,3,4,1,2,6};
    int *aptr=a;
    for (int i=0;i<6;i++)
    {
        cout <<a[i] <<aptr[i] <<*(aptr+i) <<*(a+i) <<endl;
    }
    return 0;
}
```

运行结果：

```
5555
3333
4444
1111
2222
6666
```

根据上面的这段程序，可以知道 a[i]、aptr[i]、*(aptr+i)、*(a+i)都能够访问到数组的元素。所以说上述 4 者在访问数据时是等价的。

试试看

如果将程序 8.4 中一维数组 a[6]修改为二维数组 a[3][2]，那么*(aptr+i)和 a[i]是否还都能访问到数组中的元素呢？

小提示

虽然数组名是指针，但它是一个指针常量。也就是说，数组名不能作为左值。

8.5.2 指针数组

指针是一种数据类型，所以可以创建一个指针类型的数组。声明一个指针数组的语句格式为：

指针类型 * 数组名[常量表达式];

对指针数组的操作和对指针变量的操作并无不同，在此不作赘述。

试试看

如果有两个大小相同的数组 a 和 b,要把数组 b 的元素都一一复制到数组 a 中,通过一句 a=b;语句是否可以实现？试用本节的知识解释这一现象。

8.6 指针与函数

指针在函数中的使用也是十分广泛的。某些情况下，将指针作为函数的参数或函数的返回值会带来方便。而某些情况下，又不得不将指针作为函数的参数或函数的返回值。

8.6.1 指针作为参数

在上一章，已经了解向函数传递数组的实质是向函数传递数组首元素的地址。而数组名是一个指向数组首元素的指针常量。所以，向函数传递数组是将指针作为参数的特殊形式。

由于指针可以直接操作内存中的数据，所以它可以用来修改实参。这个功能和引用是类似的。

下面来看一段程序，了解指针作为参数时的两个特点。

程序 8.5 数组的复制

```cpp
#include <iostream>
using namespace std;
void arrayCopy(int *src,int *dest,int size);        //复制数组元素
void display(const int *array,int size);            //输出数组元素
int main()
{
    int a[]={3,4,5,6,3,1,6};
    int b[7];
    arrayCopy(a,b,sizeof(a)/sizeof(int));
    //把数组 a 的元素依次复制到数组 b 中
    cout <<"数组 a 的数据元素是: ";
    display(a,sizeof(a)/sizeof(int));
    cout <<"数组 b 的数据元素是: ";
    display(b,sizeof(b)/sizeof(int));
    return 0;
}
void arrayCopy(int *src,int *dest,int size)
{
    for (int i=0;i<size;i++)
    {
        dest[i]=src[i];                             //修改了实参数组元素
    }
    cout <<"复制了" <<size <<"个数据。" <<endl;
}
void display(const int *array,int size)             //const 用来保护指针指向的数据
{
    for (int i=0;i<size;i++)
    {
        cout <<array[i] <<"  ";
    }
    cout <<endl;
}
```

运行结果：

复制了 7 个数据。
数组 a 的数据元素是: 3 4 5 6 3 1 6
数组 b 的数据元素是: 3 4 5 6 3 1 6

功能分析：根据 arrayCopy 函数，不难看出传递数组和传递指针是完全相同的。而通过指针的

间接引用或数组操作，可以在函数内实现对实参的修改。这就是 arrayCopy 函数能够实现复制功能的原因。

不过，将指针作为函数参数的副作用仍然不容忽视。指针和引用虽然都能够修改实参，但是指针却更加危险。因为引用仅限于修改某一个确定的实参，而指针却可以指向内存中的任何一个数据，通过间接引用就能够在一个函数内修改函数外甚至系统中的数据了。这样一来，函数的黑盒特性就被破坏了，系统也因此变得不再安全。对于程序员来说，将指针作为函数参数可能把函数内的问题引到函数外面去，使得调试程序变得非常困难。所以，要认识到使用指针的两面性，谨慎对待指针作为函数参数。

为了避免指针作为函数参数导致数据被意外修改，可以使用 const 来保护指针指向的数据，如程序 8.5 中的 display 函数。

8.6.2 指针作为返回值

和其他数据类型一样，指针也能够作为函数的一种返回值类型。返回指针的函数称为指针函数。在某些情况下，函数返回指针可以为设计程序带来方便。而且此时通过间接引用，函数的返回值还可以作为左值。

下面来看一段程序，了解函数如何返回指针。

> **程序 8.6 求数组中的最大值**

```cpp
#include <iostream>
using namespace std;
int * max(int *array,int size);      //返回值类型是 int *，即整型指针
int main()
{
    int array[]={5,3,6,7,2,1,9,10};
    cout <<"最大的数是" <<*max(array,sizeof(array)/sizeof(int)) <<endl;
    //间接引用返回的指针
    return 0;
}
int * max(int *array,int size)       //寻找最大值
{
    int *max=array;
    for (int i=0;i<size;i++)
    {
        if (array[i]>*max)
            max=&array[i];           //记录最大值的地址
    }
    return max;
}
```

运行结果：

最大的数是 10

功能分析：上面这段程序和程序 7.5 是相似的，都是求数组中的最大值。唯一的区别就是，程序 8.6 返回的是一个指针而不是一个数值。

> **小提示**
>
> 返回的指针所指向的数据不能够是函数内声明的变量。在第 6 章已经说明，一个函数一旦运行结束，在函数内声明的变量就会消失。就好像下课同学们都走了，教室里的某一个座位到底有没有坐着人是无法确定的。所以指针函数必须返回一个函数结束运行后仍然有效的地址值。

8.7　更灵活的存储

家里要来客人了，要给客人们泡茶。如果规定只能在确定来几位客人之前就把茶泡好，这就会显得很尴尬：茶泡多了会造成浪费，泡少了怕怠慢了客人。所以，最好的方法就是等知道了来几位客人再泡茶，来几位客人就泡几杯茶。

然而，在使用数组时也会面临这种尴尬：数组的存储空间必须在程序运行前申请，即数组的大小在程序编译前必须是已知的常量表达式。空间申请得太大会造成浪费，空间申请得太小会造成数据溢出而使得程序异常。所以，为了解决这个问题，需要能够在程序运行时根据实际情况申请内存空间。

在 C++中，允许用户在程序运行时根据自己的需要申请一定的内存空间，称为堆内存（Heap）空间。

8.7.1　如何获得堆内存空间

申请堆内存空间需要使用操作符 new，其语法格式为：

```
new 数据类型[表达式];
```

其中，表达式可以是一个整型正常量，也可以是一个有确定值的整型正变量，其作用类似声明数组时的元素个数，所以两旁的中括号不可省略。如果只申请一个变量的空间，则该表达式可以被省略，即写为：

```
new 数据类型;
```

使用 new 操作符后，会得到一个对应数据类型的指针，该指针指向了空间的首元素。所以，在使用 new 操作符之前需要声明一个对应类型的指针，来接受它的反馈值。如下程序段。

```
int *iptr;              //声明一个指针
int size;               //声明整型变量，用于输入申请空间的大小
cin >>size;             //输入一个正整数
iptr=new int[size];     //申请堆内存空间，接受 new 的返回值
```

数组名和指向数组首元素的指针是等价的。所以，对于 iptr 可以认为是一个整型数组。这样就实现了在程序运行时，根据实际情况来申请内存空间。

> **小提示**
>
> 如果申请失败了，会得到一个空指针 NULL。

8.7.2　有借有还，再借不难

当一个程序运行完毕之后，它所使用的数据就不再需要。由于内存是有限的，所以它原来占据的内存空间也应该释放给别的程序使用。对于普通变量和数组，在程序结束运行以后，系统会自动将它们的空间回收。然而，对于用户申请的堆内存空间，有些系统不会将它们回收。如果不人为地对它们进行回收，只"借"不"还"，那么系统资源就会枯竭，计算机的运行速度就会越来越慢，直至整个系统崩溃。这种只申请空间不释放空间的情况称为内存泄漏（Memory Leak）。

确认申请的堆内存空间不再使用后，可以用 delete 操作符来释放堆内存空间，其语法格式为：

```
delete [] 指向堆内存首元素的指针;
```

如果申请的是一个堆内存变量，则 delete 后的[]可以省略；如果申请的是一个堆内存数组，则该[]不能省略，否则还是会出现内存泄漏。另外，delete 后的指针就是通过 new 获得的指针，如果该指

针的数据被修改或丢失，也可能造成内存泄漏。

下面来看一段程序，实践堆内存的申请和回收。

程序 8.7　求平均数

```cpp
#include <iostream>
using namespace std;
int main()
{
    int size;
    float sum=0;
    int *heapArray;
    cout <<"请输入元素个数: ";
    cin >>size;
    heapArray=new int[size];            //根据输入的 size 申请空间
    cout <<"请输入各元素: " <<endl;
    for (int i=0;i<size;i++)
    {
        cin >>heapArray[i];
        sum=sum+heapArray[i];
    }
    cout <<"这些数的平均值为" <<sum/size <<endl;
    delete [] heapArray;                //释放空间
    return 0;
}
```

运行结果:

请输入元素个数: 5
请输入各元素:
1 3 4 6 8
这些数的平均值为 4.4

功能分析：上面这段程序求出了若干个整数的平均数。如果使用一般的数组来实现，则可能因为数据太多而发生越界。

申请的堆内存数组在使用上和一般的数组并无差异。需要记住的是，申请的资源用完就一定要释放，这是程序员的好习惯，也是一种责任。

那么，能不能申请一个二维的堆内存数组呢？事实上，new 数据类型[表达式][表达式]的写法是不允许的。所以，如果有需要，最简单的方法就是用一个一维数组来代替一个二维数组。这就是上一章最后一小段文字的意义所在。

试试看

1. 如果输入的元素个数为 0 会有什么情况？如果输入一个负数呢？

2. 如果申请了堆内存，却没有释放，对小型程序的运行是否有影响呢？

3. 如果输入的元素个数是一个很大的数，会发生什么情况？例如 1000000000。

8.8　缩略语和术语表

英文全称	英文缩写	中文
Pointer	-	指针
Indirect Reference	-	间接引用

续表

英文全称	英文缩写	中文
Read-Only	-	只读
Heap	-	堆内存
Memory Leak	-	内存泄露

8.9　方法指导

指针使得 C++具有直接操纵内存的能力。它既有高效的一面，也有危险的一面。初学者在学习指针的时候会有很多困难。一方面可能是难以接受这个概念，另一方面可能是不知道何时该使用指针。在编写与硬件相关的程序时，指针将经常被用到。在某些使用数组的情况下，利用指针可以提高程序的效率。当需要动态申请内存空间时，也不得不用到指针。

如果你现在还不习惯使用指针，那也没什么关系。你需要理解指针的概念，并且知道有哪些措施可以让指针变得更安全。在下一章中，会有不少指针的操作，到时候再慢慢掌握也不迟。

8.10　习题

1．选择题

（1）指针的实质是（　　）。

　　A．变量　　　　B．函数　　　　C．数组　　　　D．特定数据类型的内存地址

（2）对指针无法进行（　　）操作。

　　A．初始化　　　B．加法运算　　C．乘法运算　　D．关系运算

（3）将指针作为参数传递给函数后，则对该指针指向的变量进行操作时与使用（　）的效果相同。

　　A．变量　　　　B．递归　　　　C．返回值　　　D．引用

（4）下列关于堆内存的说法，正确的是（　　）。

　　A．堆内存的申请空间没有上限

　　B．堆内存的大小必须在编译程序之前确定

　　C．堆内存在程序结束运行之后自动被释放

　　D．与数组相似，对堆内存的访问也不应该越界

2．说出下列语句中包含的指针类型。

（1）char *cptr;

（2）const int *iptr;

（3）float array[4];

（4）int **ipptr;

3．分析下列函数原型中的参数和返回值情况。

（1）int max(int *array,int size);

（2）char * str(const char *string1,const char *string2);

（3）int main(char * argv[]);

4. 指出下列程序的错误之处。

（1）

```cpp
#include <iostream>
using namespace std;
int main()
{
    int *iptr;
    for (int i=0;i<6;i++)
    {
        cin >>iptr[i];
    }
    for (int j=5;j>=0;j--)
    {
        cout <<iptr[j];
    }
    return 0;
}
```

（2）

```cpp
#include<iostream>
using namespace std;
void func1(int *array);
void func2(int *array);          //功能为输出数组元素
int main()
{
    int array[8];
    func1(array);
    func2(array);
    return 0;
}
void func1(int *array)
{
    int size=sizeof(array)/sizeof(int);
    for (int i=0;i<size;i++)
    {
        array[i]=i;
    }
}
void func2(int *array)
{
    int size=sizeof(array)/sizeof(int);
    for (int i=0;i<size;i++)
    {
        cout <<array++;
    }
}
```

（3）

```cpp
#include <iostream>
using namespace std;
int main()
{
    int *iptr=NULL;
    int size;
```

```
    cin >>size;                //输入的 size 是一个不太大的正整数
    iptr=new int [size];
    for (int i=0;i<size;i++)
    {
        cin >>(*iptr++);
    }
    delete iptr;
    return 0;
}
```

5. 根据运行结果完成代码。

```
#include <iostream>
using namespace std;
void strcopy(char *string1,char *string2);
int main()
{
    char str1[]={"Tomato Studio"};
    char *str2;
    int size=   (1)  ;
    str2=   (2)  ;
    cout <<"STR1 的内容是" <<str1 <<endl;
    strcopy(str1,str2);
    cout <<"String Copied..." <<endl;
    cout <<"STR2 的内容是" <<str2 <<endl;
        (3)  ;
    return 0;
}
void strcopy(char *string1,char *string2)
{
    for (char *temp=   (4)  ;*temp!='\0';   (5)  )
    {
            (6)  ;
        string2++;
    }
        (7)  ;
}
```

运行结果:

```
STR1 的内容是 Tomato Studio
String Copied...
STR2 的内容是 Tomato Studio
```

6. 根据要求编写程序。

（1）字符串常量的实质也是指针，例如"Tomato"是一个指向首字母"T"的字符常量指针，并且字符串常量最后以结尾符'\0'结尾。试编写一段程序，分别比较出两组字符串常量"Tomato"和"Studio""SHU"和"Shanghai Univesity"中的较长者，并将其输出。如果两个字符串一样长，则都输出。

运行结果示例:

```
Tomato Studio
Shanghai University
```

（2）由于无法直接通过 new 来申请一个二维的堆内存数组，有人想出了这样一个办法：创建一个一维堆内存指针数组，即每个数组元素是一个指针，然后用 new 给各个指针分配一个一维的堆内存数组，那么最后表示出来就像是一个二维的堆内存数组了。试编写一段程序，依照以上方法实现一个大小为 8×8 的二维堆内存数组，数据类型为整型，并将数组元素依次赋值、输出。

运行结果示例：

0	1	2	3	4	5	6	7
8	9	10	11	12	13	14	15
16	17	18	19	20	21	22	23
24	25	26	27	28	29	30	31
32	33	34	35	36	37	38	39
40	41	42	43	44	45	46	47
48	49	50	51	52	53	54	55
56	57	58	59	60	61	62	63

扫一扫二维码，获取参考答案

第 9 章　自己设计的箱子——枚举和结构

在第 3 章已经介绍了 C++中常用的数据类型。然而，多彩的世界仅靠这些数据来描述显然是不够的。C++允许用户自己来设计一些数据类型。本章将要介绍枚举型数据、结构型数据和链表实例，为以后学习数据结构打好基础。

本章的知识点有：

◆ 枚举类型的定义及用法

◆ 结构类型的定义及用法

◆ 结构在函数中的应用

◆ 结构数组与结构指针的概念

◆ 链表的定义及实现

9.1　我的类型我做主——枚举类型

在基本的数据类型中，无外乎就是些数字和字符。但是某些事物是较难用数字和字符来准确表示的。例如一周有 7 天，分别是 Sunday、Monday、Tuesday、Wednesday、Thursday、Friday 和 Saturday。如果用整数 0、1、2、3、4、5、6 来表示这 7 天，那么多下来的那些整数该怎么办？而且这样的设置很容易让数据出错，即取值超出范围。能否自创一个数据类型，而数据的取值范围就是这 7 天呢？

C++中有一种数据类型称为枚举类型（Enumeration），它允许用户自己来定义一种数据类型，并且列出该数据类型的取值范围。

变量就好像是一个箱子，而数据类型就好像是箱子的类型，所以在创建某个枚举类型的变量的时候，必须先把这个枚举类型设计好，即把箱子的类型设计好。定义枚举类型的语法格式为：

```
enum-类型名{常量1,常量2,……, 常量n};
```

定义枚举类型的位置应该在程序首次使用该类型名之前，否则程序无法识别该类型。枚举类型中列出的常量称为枚举常量。它并不是字符串也不是数值，而只是一些符号。

如果要定义一周 7 天的日期类型，可以这样写。

```
enum day{Sunday,Monday,Tuesday,Wednesday,Thursday,Friday,Saturday};
```

这时候，程序中就有了一种新的数据类型——day，它的取值范围就是 Sunday 到 Saturday 的那 7 天。只要把类型设计好，就能来创建一个 day 类型的变量了。

```
day today;
today=Sunday;
```

这样，day 类型的变量 today 的值就是 Sunday 了。

下面写一段程序说明运用枚举类型的数据。

程序 9.1　枚举型的日期

```cpp
#include <iostream>
using namespace std;
enum day{Sunday,Monday,Tuesday,Wednesday,Thursday,Friday,Saturday};
void nextday(day &D);      //向后一天是星期几，参数为 day 类型
void display(day D);       //显示某一天是星期几
int main()
{
    day today=Sunday;
    for (int i=0;i<7;i++)
    {
        cout<<"在 today 变量里的数据为" <<today <<endl;
        display(today);
        nextday(today);
    }
    return 0;
}
void nextday(day &D)
{
    switch(D)
    {
    case Sunday:
        D=Monday;
        break;
    case Monday:
        D=Tuesday;
        break;
    case Tuesday:
        D=Wednesday;
        break;
    case Wednesday:
        D=Thursday;
        break;
    case Thursday:
        D=Friday;
        break;
    case Friday:
        D=Saturday;
        break;
    case Saturday:
        D=Sunday;
        break;
    }
}
void display(day D)
{
    switch(D)
    {
    case Sunday:
        cout<<"星期天" <<endl;
        break;
    case Monday:
        cout<<"星期一" <<endl;
        break;
```

```
        case Tuesday:
            cout<<"星期二" <<endl;
            break;
        case Wednesday:
            cout<<"星期三" <<endl;
            break;
        case Thursday:
            cout<<"星期四" <<endl;
            break;
        case Friday:
            cout<<"星期五" <<endl;
            break;
        case Saturday:
            cout<<"星期六" <<endl;
            break;
    }
}
```

运行结果：

```
在 today 变量里的数据为 0
星期天
在 today 变量里的数据为 1
星期一
在 today 变量里的数据为 2
星期二
在 today 变量里的数据为 3
星期三
在 today 变量里的数据为 4
星期四
在 today 变量里的数据为 5
星期五
在 today 变量里的数据为 6
星期六
```

运行结果显示在 day 型变量 today 中保存的竟然是整数。也就是说，一个整数和一个枚举常量一一对应了起来。要注意是一一对应，而不是相等。如果把整数直接赋值给 today 变量，则会发生错误。虽然枚举类型的实质是整数，但是计算机还是会仔细检查数据类型，禁止不同数据类型的数据互相赋值。另外，在一般情况下，枚举类型是不能进行算术运算的。

试试看

1. 在定义一个枚举类型时，能否有两个相同的枚举常量？

结论：不能，否则会出现重复定义的错误。

2. 在定义两个不同的枚举类型时，能否有两个相同的枚举常量？

结论：不能，否则会出现重复定义的错误。

3. 定义的枚举类型名能否和某一个变量名或者函数名相同？

9.2　设计一个收纳箱——结构类型

学校要统计学生情况，于是 Tomato 同学给出了一张自己的信息表，如表 9.1 所示。

表 9.1	Tomato 同学的信息
学号	3039
姓名	Tomato
年龄	20
院系	ComputerScience
平均成绩	92.5

从上表来看，需要两个字符串来存储姓名和院系，需要两个整型变量分别来存储学号和年龄，还需要一个浮点型变量来存储平均成绩。一个学生已经需要至少 5 个变量，更何况一个学校有几千个学生，那将需要近万个存储空间。如果有这么多的变量，显然是很难管理的。

之前曾把变量比作为箱子。在现实生活中，如果小箱子太多太杂乱了，可以准备一个大收纳箱，然后把小箱子一个个有序地放到收纳箱里面。这样一来，在视线里的箱子就变少了，整理起来也会比较方便。那么，能否把这么多凌乱的变量整理到一个变量当中呢？

C++中有一种数据类型称为结构类型（Structure），它允许用户自己定义一种数据类型，并且把描述该类型的各种数据类型一一整合到其中。

表 9.2	学生结构
学生	学号——整型
	姓名——字符串
	年龄——整型
	院系——字符串
	平均成绩——浮点型

如表 9.2 所示，每个学生的信息成为了一个整体。一个学生拥有学号、姓名、年龄、院系和平均成绩 5 项属性，这些属性称为这个结构类型的成员数据（Data Member）。每项属性的数据类型也在旁边做了说明。这样一来，杂乱的数据和每个学生一一对应了起来，方便管理。

定义一种结构类型的语法格式为：

```
struct 结构类型名
{
    数据类型 成员数据₁;
    数据类型 成员数据₂;
    ......
    数据类型 成员数据ₙ;
};
```

> **小提示**
>
> 和定义枚举类型相似，定义结构类型的位置必须在首次使用该类型名之前，否则程序将无法正确识别该类型。定义完结构类型后的分号是必不可少的，否则将会引起错误。

如果需要创建学生类型，可以这样写。

```
struct student
{
    int idNumber;
    char name[15];
    int age;
```

```
        char department[20];
        float gpa;
};
```

这时就有了一种新的数据类型，称为 student。这种 student 类型可以用来创建一个变量，并依次对它的成员数据进行初始化。

```
student s1={3039,"Tomato",20,"ComputerScience",92.5};
```

这样就有了一个 student 类型的变量 s1。s1 有 5 项属性，它们应该怎么表达呢？如果用自然语言描述，则可表述为 s1 的 idNumber、s1 的 name 等。在 C++中，用一个点 "." 来表示 "的"，这个 "." 称为成员操作符。

下面来看一段程序，了解结构类型的基本使用。

程序 9.2 结构类型的使用

```cpp
#include <iostream>
using namespace std;
struct student
{
        int idNumber;
        char name[15];
        int age;
        char department[20];
        float gpa;
};
int main()
{
        student s1,s2;               //首次使用 student 类型名，定义必须在这之前。
        cout<<"输入学号: ";
        cin>>s1.idNumber;            //成员数据可以被写入
        cout<<"输入姓名: ";
        cin>>s1.name;
        cout<<"输入年龄: ";
        cin>>s1.age;
        cout<<"输入院系: ";
        cin>>s1.department;
        cout<<"输入成绩: ";
        cin>>s1.gpa;
        cout<<"学生 s1 信息: " <<endl <<"学号: " <<s1.idNumber <<"姓名: " <<s1.name <<"年龄: " <<s1.age
        <<endl<<"院系: " <<s1.department <<"成绩: " <<s1.gpa <<endl;        //成员数据也能够被读出
        s2=s1;                       //把 s1 的给各个成员数据值分别复制到 s2 中
        cout<<"学生 s2 信息: " <<endl<<"学号: " <<s2.idNumber <<"姓名: " <<s2.name <<"年龄: " <<s2.age
        <<endl<<"院系: " <<s2.department <<"成绩: " <<s2.gpa <<endl;
        return 0;
}
```

运行结果:

```
输入学号: 3039
输入姓名: Tomato
输入年龄: 20
输入院系: ComputerScience
输入成绩: 92.5
学生 s1 信息:
学号: 3039 姓名: Tomato 年龄: 20
院系: ComputerScience 成绩: 92.5
学生 s2 信息:
```

学号：3039 姓名：Tomato 年龄：20
院系：ComputerScience 成绩：92.5

以上结果表明结构的成员数据是既可以被读出，也可以被写入的。而且，相同类型的结构变量还能够用赋值操作符"="相互赋值。

> **试试看**
>
> 下列情况中的两个结构变量是否能够通过赋值操作符来进行互相赋值？
>
> （1）两者类型名不同，成员数据的个数和名称不同，部分成员数据的数据类型相同。
>
> （2）两者类型名不同，成员数据的个数相同，所有成员数据的数据类型相同。
>
> （3）两者类型名不同，成员数据的个数和名称都相同，所有成员数据的数据类型相同。

9.3　结构与函数

既然结构是一种数据类型，它也可以用作函数参数或返回值。

9.3.1　结构作为参数

如果变量作为函数的参数，了解它是值传递还是地址传递非常重要。因为这意味着参数在函数体内的修改是否会影响到该变量本身。

不同于数组，结构是按值传递的。也就是说整个结构的内容都复制给了形参，即使某些成员数据是一个数组。

下面以一个实例来证明这一点。

程序 9.3　结构作为参数

```cpp
#include <iostream>
using namespace std;
struct student
{
    int idNumber;
    char name[15];
    int age;
    char department[20];
    float gpa;
};
void display(student arg);                    //结构作为参数
int main()
{
    student s1={3039,"Tomato",20,"ComputerScience",92.5};
    //声明 s1，并对 s1 初始化
    cout<<"s1.name 的地址" <<&s1.name <<endl;
    display(s1);
    cout<<"形参被修改后……" <<endl;
    display(s1);
    return 0;
}
void display(student arg)
{
    cout<<"学号：" <<arg.idNumber <<"姓名：" <<arg.name <<"年龄：" <<arg.age <<endl <<"院系："
    <<arg.department <<"成绩：" <<arg.gpa<<endl;
```

```
cout<<"arg.name 的地址" <<&arg.name <<endl;
for (int i=0;i<6;i++)                  //企图修改参数的成员数据
{
    arg.name[i]='A';
}
arg.age++;
arg.gpa=99.9f;
}
```

运行结果：

s1.name 的地址 0x0012FF54
学号：3039 姓名：Tomato 年龄：20
院系：ComputerScience 成绩：92.5
arg.name 的地址 0x002EFC3C
形参被修改后……
学号：3039 姓名：Tomato 年龄：20
院系：ComputerScience 成绩：92.5
arg.name 的地址 0x002EFC3C

通过上面这个程序发现在函数中修改形参的值对实参是没有影响的。并且通过输出变量 s1 和参数 arg 的成员数据 name 所在地址，可以知道两者是不相同的，即整个 name 数组也复制给了参数 arg。

如果希望能在函数中修改实参，可以使用引用的方法。由于结构往往整合了许多成员数据，它的数据量也绝对不可小觑。使用值传递虽然能够保护实参不被修改，但是却或多或少地影响到程序的运行效率。所以，一般情况下可以选择引用的方法。

关于引用传递，请参见第 6 章的相关内容，在此不作赘述。

9.3.2　结构作为返回值

一般情况下，函数只能返回一个值。如果要尝试返回多个值，那么就要通过在参数中使用引用，再把实参当作"返回值"。然而，这种方法会产生一大堆参数，程序的可读性也较差。

当结构出现以后，可以把所有需要返回的变量整合到一个结构中来，问题就解决了。下面通过一段程序来了解如何让函数返回一个结构。

程序 9.4　结构作为返回值

```
#include <iostream>
using namespace std;
struct student
{
    int idNumber;
    char name[15];
    int age;
    char department[20];
    float gpa;
};
student initial();                      //初始化并返回一个结构
void display(student arg);
int main()
{
    display(initial());                 //输出返回的结构
    return 0;
}
void display(student arg)
```

```
{
    cout<<"学号: " <<arg.idNumber<<"姓名: " <<arg.name <<"年龄: " <<arg.age <<endl <<"院系: "
        <<arg.department <<"成绩: " <<arg.gpa<<endl;
}
student initial()
{
    student s1={3039,"Tomato",20,"ComputerScience",92.5};//初始化
    return s1;                                //返回结构
}
```

运行结果：

学号: 3039 姓名: Tomato 年龄: 20
院系: ComputerScience 成绩: 92.5

9.4 结构数组与结构指针

结构是一种数据类型，因此它也有对应的结构数组和指向结构的指针。

9.4.1 结构数组

声明结构数组和声明其他类型的数组在语法上并无差别。需要注意的是，在声明结构数组之前，必须先定义好这个结构。例如：

```
struct student
{
    int idNumber;
    char name[15];
    int age;
    char department[20];
    float gpa;
};
……
    student S[3]={ {3039,"Tomato",20,"ComputerScience",92.5},
                   {3999,"Mike",20,"ComputerScience",85.0},
                   {4999,"Jon",20,"ComputerScience",89.8}};
……
```

使用结构数组只要遵循结构和数组使用时的各项规则即可，在此不作赘述。

9.4.2 结构指针

在上一章告诉各位指针的一个重要作用就是实现内存的动态分配（堆内存）。学完了本章，你会发现结构指针也是一个非常有用的工具。

所谓结构指针就是指向结构的指针。定义好一个结构之后，声明一个结构指针变量的语法格式为：

结构类型名 *指针变量名；

一般的指针是通过间接引用操作符"*"来访问它指向的变量。那么如何访问结构指针所指向变量的成员数据呢？这里要介绍箭头操作符"->"，用它可以访问到指针指向变量的成员数据。它的格式为：

指针变量名->成员数据

> **小提示**
>
> 箭头操作符的左边一定是一个结构指针，而成员操作符的左边一定是一个结构变量，两者不能混淆使用，否则会引起编译错误。

下面来看一段程序，掌握如何使用结构指针。

程序 9.5　结构指针的使用

```cpp
#include <iostream>
using namespace std;
struct student
{
    int idNumber;
    char name[15];
    int age;
    char department[20];
    float gpa;
};
void display(student *arg);                    //结构指针作为函数参数
int main()
{
    student s1={3039,"Tomato",20,"ComputerScience",92.5};//初始化
    student *s1ptr=&s1;      //定义结构指针变量，并把 s1 的地址赋值给 s1ptr
    display(s1ptr);
    return 0;
}
void display(student *arg)
{
    cout<<"学号: " <<arg->idNumber <<"姓名: " <<arg->name <<"年龄: " <<arg->age <<endl <<"院系: "
    <<arg->department <<"成绩: " <<arg->gpa <<endl;
//用箭头操作符访问成员数据
}
```

运行结果：

学号: 3039 姓名: Tomato 年龄: 20
院系: ComputerScience 成绩: 92.5

功能分析：以上这个程序是结构指针的试验。结构是比较笨重的，而指针是非常轻巧的，所以在有些情况下，不得不使用结构指针来帮忙。

试试看

1. 间接引用指针得到的是一个变量，比如：int b=&a，那么*b 就是变量 a。根据这个思路，我们能否不使用箭头操作符，而使用成员操作符来访问一个结构指针所指向变量的成员数据呢？（提示：在必要的地方加上括号）

2. 能否有这样一种类型的结构：结构的成员数据之一指向这种结构的结构指针，想想看这种结构能造成一种什么现象。

9.5　自行车的链条——链表

大家都知道自行车，可是你有没有仔细观察过自行车的链条①呢？如图 9.1 就是一段自行车链条的样子。

经过研究发现，自行车的链条虽然很长，却是由一个个相同的小环节连接而成的，如图 9.2 所示。每个环节又可以分成两部分：一部分是一个铁圈，让别的环节能够连接它；另一部分则是一个铁拴，

① 图 9.1 和图 9.2 来自网络。

可以去连接别的环节。于是，将这些环节一一连接起来，就形成了长长的链条。

图 9.1　自行车链条

一个完整环节

图 9.2　自行车链条的环节

这时便得到了这样一种结构：

```
struct node
{
    int data;
    node *next;
};
```

这个结构有两个成员数据，一个是整数 data，另一个是指向这种结构的指针 next。如果有若干个这样的结构变量，就能像自行车链条一样，把这些变量连接成一条链子，如图 9.3 所示。

这些利用结构指针连接起来的结构变量一般称为链表（Link List），每一个结构变量（相当于链条中的每个环节）称为链表的结点（Node），如图 9.4 所示。

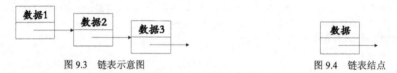

图 9.3　链表示意图

图 9.4　链表结点

和数组一样，链表可以用来存储一系列的数据。它也是计算机中存储数据的基本的结构之一。既然已经有了数组，也了解了数组的动态分配（堆内存），为什么还需要链表呢？

相信很多人都玩过即时战略游戏（RTS），例如魔兽争霸、红色警戒等。可是大家有没有考虑过，每个战斗单位都有它们各自的属性，计算机是如何为造出来的部队分配内存呢？

显然，部队的数量在程序执行之前是未知的。如果用数组来存储这些数据，那么就会造成游戏前期浪费内存（没有那么多的部队），游戏后期存储空间不够（战斗单位数大大增加）的情况。

那么使用数组的动态分配行不行呢？还是不行。因为部队的数量在程序执行的时候仍然是未知的。甚至连玩家自己也不知道要造多少战斗单位，只是根据游戏的实际情况来发展自己的势力。所以，这时最合理的内存分配方式就是每造一个战斗单位分配一个内存空间。

然而，新问题又出现了：建造各单位的时间一般不可能是完全连续的。根据不同时刻程序运行的情况，每个单位分配到的内存空间也不是连续的了。空间不连续就意味着没有了方便的数组下标。这样就很难把这些零散的内存空间集中起来管理。

链表的出现改变了这个情况。它可以在程序运行时根据需要一个个分配堆内存空间，并且用它的指针把一系列的空间串联起来，就像一条链子一样。这样一来，就能够利用指针对整个链表进行管理了。

> **小提示**
>
> 　　学习好链表将为今后学习数据结构（Data Structure）打好基础。数据结构是计算机中存储、组织数据的方式。设计良好的数据结构可以给程序带来更高的执行效率。

9.6　链表的实现

上一节，介绍了链表的概念。本节将介绍如何用程序来实现一个链表。在具体实现之前，先要明确一下任务。

（1）能够创建一个具有若干个结点的链表。

（2）能够访问到链表中的每一个结点，即输出每个结点的数据，这种操作称为遍历。

（3）能够根据数据查找到结点所在的位置。

（4）能够在链表的任意位置插入一个结点。

（5）能够在链表的任意位置删除一个结点。

（6）能够在程序结束前清除整个链表，释放内存空间。

9.6.1　链表的创建和遍历

众所周知，链表也是动态分配的，虽然每次只分配一个结构变量（结点），但却少不了指向这个结构变量的指针。如果任何一个分配给程序的结构变量失去了指向它的指针，那么这个内存空间将无法回收，就造成了内存泄漏。由于指针还维系着各结点之间的关系，指针的丢失造成了结点之间断开，整个链表就此被破坏。

所以，要保证每个结点都在控制之内，即能够通过各种手段，利用指针访问到链表的任一个结点。这也是在对链表的所有操作过程中始终要注意的一点。

接下来将具体分析链表的创建和遍历。

（1）由于第一个结点也是动态分配的，因此一个链表始终要有一个指针指向它的表头，否则将无法找到这个链表。这个表头指针称为 head。

（2）在创建一个多结点的链表时，新的结点总是连接在原链表的尾部的，所以必须要有一个指针始终指向链表的尾结点，方便操作。这个表尾指针称为 pEnd。

（3）每个结点都是动态分配的，每分配好一个结点会返回一个指针。由于 head 和 pEnd 已经有了各自的岗位，所以还需要一个指针来接受刚分配好的新结点。这个创建结点的指针称为 pS。

（4）在遍历的过程中，需要有一个指针能够灵活动作，指向链表中的任何一个结点，以读取各结点的数据。这个访问指针称为 pRead。

（5）把创建和遍历链表各自写为一个函数，方便修改和维护。

做完了这些分析，就可以开始着手写这个程序了。

程序 9.6　链表的创建

```
#include <iostream>
using namespace std;
struct node                   //定义结点结构类型
{
    char data;                //用于存放字符数据
    node *next;               //用于指向下一个结点（后继结点）
};
node * Create();              //创建链表的函数，返回表头
void Showlist(node *head);    //遍历链表的函数，参数为表头
int main()
```

```
{
    node *head;
    head=Create();            //以 head 为表头创建一个链表
    Showlist(head);           //遍历以 head 为表头的链表
    return 0;
}
node * Create()
{
    node *head=NULL;          //表头指针，一开始没有任何结点，所以为 NULL
    node *pEnd=head;          //表为指针，一开始没有任何结点，所以指向表头
    node *pS;                 //创建新结点时使用的指针
    char temp  ;              //用于存放从键盘输入的字符
    cout<<"请输入字符串，以#结尾: " <<endl;
    do                        //循环至少运行一次
    {
        cin>>temp;
        if (temp!='#')        //如果输入的字符不是#，则建立新结点
        {
            pS=new node;      //创建新结点
            pS->data=temp;    //新结点的数据为 temp
            pS->next=NULL;    //新结点将成为表尾，所以 next 为 NULL
            if (head==NULL)   //如果链表还没有任何结点存在
            {
                head=pS;      //则表头指针指向这个新结点
            }
            else              //否则
            {
                pEnd->next=pS; //把这个新结点连接在表尾
            }
            pEnd=pS;          //这个新结点成为了新的表尾
        }
    }while (temp!='#');       //一旦输入了#，则跳出循环
    return head;             //返回表头指针
}
void Showlist(node *head)
{
    node *pRead=head;         //访问指针一开始指向表头
    cout<<"链表中的数据为: " <<endl;
    while (pRead!=NULL)       //当访问指针存在时（即没有达到表尾之后）
    {
        cout<<pRead->data;    //输出当前访问结点的数据
        pRead=pRead->next;    //访问指针向后移动
    }
    cout<<endl;
}
```

运行结果：

请输入字符串，以#结尾:
Tomato#
链表中的数据为:
Tomato

功能分析：这个程序的功能是把输入的字符串保存到链表中，然后把它输出。从程序中可以知道，Create 函数的主要工作如下。

（1）做好表头表尾等指针的初始化。

（2）反复测试输入的数据是否有效，如果有效则新建结点，并做好该结点的赋值工作。将新建结点与原来的链表连接，如果原链表没有结点，则与表头连接。

（3）返回表头指针。

图 9.5 给出了 Create 函数创建链表的过程，大箭头表示该步骤的关键操作。

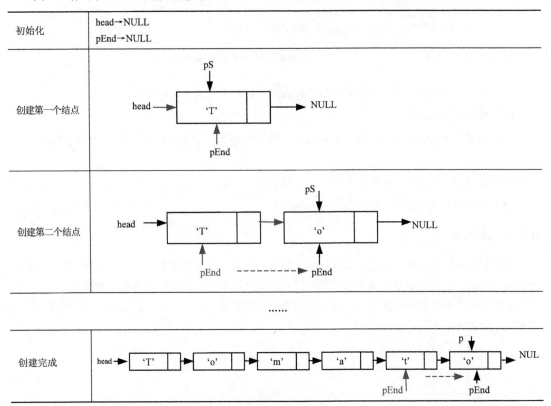

图 9.5　创建链表的过程

程序中 Showlist 函数的主要工作如下。

（1）初始化访问指针。

（2）如果访问指针不为空，则输出当前结点的数据，否则函数结束。

（3）访问指针向后移动，并重复第二项工作。

> **小提示**
>
> 虽然上述程序可以运行，但是它没有将内存释放。严格意义上来说，它是一个不完整的程序。

9.6.2　链表的查询

在对链表进行各种操作时，需要先对某一个结点进行查询定位。假设链表中没有数据相同的结点，可以通过编写这样一个函数，查找到链表中符合条件的结点。

程序 9.7　链表的查询

```
node * Search(node *head,char keyWord)     //返回结点的指针
{
    node *pRead=head;
```

```
    while (pRead!=NULL)//采用与遍历类似的方法，当访问指针没有到达表尾之后
    {
        if (pRead->data==keyWord)      //如果当前结点的数据和查找的数据相符
        {
            return pRead;              //则返回当前结点的指针
        }
        pRead=pRead->next;
        //数据不匹配，pRead 指针向后移动，准备查找下一个结点
    }
    return NULL;                       //所有的结点都不匹配，返回 NULL
}
```

上面这个函数的主要功能是查找符合条件的结点，它的主要工作如下。

（1）初始化访问指针。

（2）如果访问指针不为空，则判断访问结点的数据是否与给出的数据相同，如相同就返回当前结点。

（3）访问指针向后移动，并重复第二项工作。

（4）如所有的结点都不匹配，则应返回 NULL。

9.6.3 插入结点

数组在内存中是顺序存储的，要在数组中插入一个数据就变得颇为麻烦。这就像是在一排麻将中插入一个牌，必须把后面的牌全部依次顺移。然而，链表中各结点的关系是由指针决定的，所以在链表中插入结点要显得方便一些。这就像是先把一条链子一分为二，然后用一个环节再把它们连接起来。如图 9.6 所示。

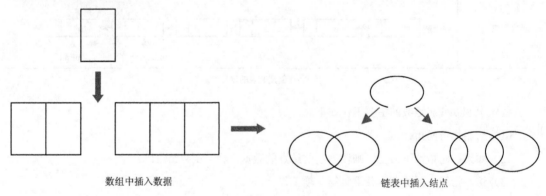

数组中插入数据   链表中插入结点

图 9.6 数组与链表的插入操作

下面对插入结点功能作具体分析。

（1）必须知道对哪个链表进行操作，所以必须知道表头指针 head。

（2）为了确定插入位置，必须知道插入位置前的结点指针 pGuard。

（3）用一个 newnode 指针来接受新建的结点。

（4）如果要插入的位置是表头，由于操作的是表头指针而不是一个结点，所以要特殊处理。

（5）在插入结点的过程中，始终要保持所有的结点都在控制范围内，保证链表的完整性。为了达到这一点，可以采用先连后断的方式：先把新结点和它的后继结点连接，再把插入位置之前的结点与后继结点断开，并与新结点连接，如图 9.7 所示。

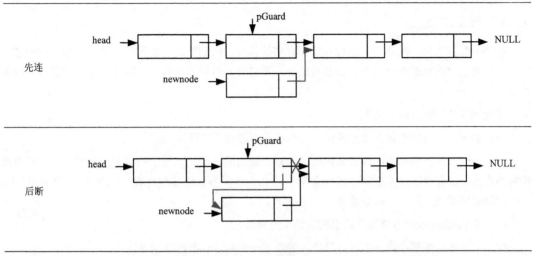

图 9.7　插入结点

做完了分析，可以开始编写插入函数了。为了简单起见，规定新结点插入位置在数据是关键字的结点之后，这样就可以使用刚才编写好的 Search 函数了。如果该结点不存在，则插入在表头。插入函数如下。

程序 9.8　插入结点

```
void Insert(node * &head,char keyWord,char newdata)
//keyWord 是查找的字符
{
    node *newnode=new node;              //新建结点
    newnode->data=newdata;               //newdata 是新结点的数据
    node *pGuard=Search(head,keyWord);   //pGuard 是插入位置前的结点指针
    if (head==NULL || pGuard==NULL)      //如果链表没有结点或找不到关键字结点
    {                                    //则插入表头位置
        newnode->next=head;              //先连
        head=newnode;                    //后断
    }
    else                                 //否则
    {                                    //插入在 pGuard 之后
        newnode->next=pGuard->next;      //先连
        pGuard->next=newnode;            //后断
    }
}
```

以上函数的主要功能是向链表中插入一个结点，它的主要工作如下。

（1）创建新结点并放入数据。

（2）查找插入位置，如果找不到则插入到表头的位置。

（3）如插入表头位置，则把新结点连接到原表头上，然后将新结点作为新表头。

（4）如插入其他位置，则先将新结点连接到插入位置之后的结点上，再将插入位置之前的结点和新结点相连。

试试看

　　如果把 Insert 函数的第一个参数 node * &head 改为 node *head 是否可行？为什么？如果修改，会发生什么问题？

9.6.4　删除结点

与插入数据类似，数组为了保持其顺序存储的特性，在删除某个数据时，其后的数据都要依次前移。而链表中结点的删除仍然只需要对结点周围进行小范围的操作就可以了，不必去修改其他的结点。

首先具体分析删除结点功能。

（1）必须知道对哪个链表进行操作，所以必须知道表头指针 head。

（2）一般来说，待删除的结点是由结点的数据确定的。但是，为了连接前后两段链表，还要操作待删除结点之前的结点（或指针）。之前所写的 Search 函数只能找到待删除的结点，却无法找到这个结点的前趋结点。所以，只好放弃 Search 函数。

（3）令 pGuard 指针为待删除结点的前趋结点指针。

（4）由于要对待删除结点作内存释放，需要有一个指针 p 指向待删除结点。

（5）如果待删除结点为头结点，则要操作表头 head，作为特殊情况处理。

（6）在删除结点的过程中，要始终保持所有的结点都在控制范围内，保证链表的完整性。为了达到这一点，还是采用先连后断的方式：先把待删除结点的前趋结点和它的后继结点连接，再把待删除结点与它的后继结点断开，并释放其空间，如图 9.8 所示。

（7）如果链表没有结点或找不到待删除结点，则给出提示信息。

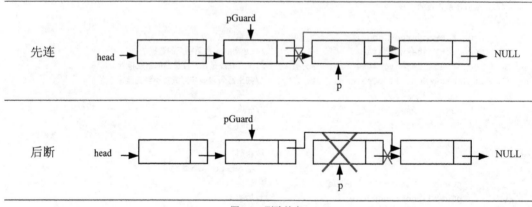

图 9.8　删除结点

由于 delete 是 C++中的关键字，所以只能用 Delete，而不能使用 delete 作为函数名（C++是大小写敏感的，Delete 和 delete 是不同的）。Delete 函数的实现如下。

程序 9.9　删除结点

```
void Delete(node * &head,char keyWord)      //可能要操作表头指针,所以 head 是引用
{
    if (head!=NULL)                         //如果链表没有结点,就直接输出提示
    {
        node *p;
        node *pGuard=head;                  //初始化 pGuard 指针
        if (head->data==keyWord)            //如果头结点数据符合关键字
        {
            p=head;                         //头结点是待删除结点
            head=head->next;                //先连
```

```
        delete p;                               //后断
        cout<<"被删除的结点是" <<keyWord<<endl;
        return;                                 //结束函数运行
    }
    else                                        //否则
    {
        while (pGuard->next!=NULL)               //当 pGuard 没有达到表尾
        {
            if (pGuard->next->data==keyWord)
            //如果 pGuard 后继结点数据符合关键字
            {
                p=pGuard->next;                 //pGuard 后继结点是待删除结点
                pGuard->next=p->next;           //先连
                delete p;                       //后断
                cout<<"被删除的结点是" <<keyWord<<endl;
                return;                         //结束函数运行
            }
            pGuard=pGuard->next;                //pGuard 指针向后移动
        }
    }
}
cout<<"The keyword node is not found or the link list is empty!" <<endl;
}
```

以上函数的功能是删除一个指定内容的结点，其主要工作如下。

（1）判断链表是否为空，待删除结点是否是头结点。

（2）如果要删除头结点，则将表头指针向后移动，再删除原头结点。

（3）如果要删除其他位置的结点，则将待删结点之前的结点和待删结点之后的结点相连，再删除待删结点。

（4）如无法删除结点则报告问题。

9.6.5　清除链表

链表的结点是动态分配的，如果在程序结束之前不释放内存，就会造成内存泄漏。因此，编写一个清除链表的函数就显得相当有必要。下面来分析清除功能。

（1）必须知道对哪个链表进行操作，所以必须知道表头指针 head，并且清除整个链表后要将其改为 NULL。

（2）类似于删除结点，需要一个指针 p 来指向待删除结点。

（3）类似于删除表头结点的操作，仍然要先连后断：先把表头指向头结点的后继，再删除头结点。

下面写出这个函数。

程序 9.10　清除链表
```
void Destroy(node * &head)
{
    node *p;
    while (head!=NULL)                          //当还有头结点存在时
    {
        p=head;                                 //头结点是待删除结点
        head=head->next;                        //先连
        delete p;                               //后断
```

```
    }
    cout<<"The link list has been deleted!" <<endl;
}
```

该函数在链表不再使用时负责释放资源，其主要工作如下。

（1）判断表头结点是否为空。

（2）如还存在表头结点，则将表头指针向后移动，并将原表头删除。

（3）重复第一和第二项工作。

试试看

把上面的这些程序段都拼接起来，实践一下链表的各种操作。你也可以按照自己的想法改写这些函数，看看运行出来的结果是否正确。

至此，本章已经介绍了链表的所有基本操作。下面介绍数组存储和链表存储各自的优缺点，如表 9.3 所示。

表 9.3　　数组存储与链表存储的优缺点

存储方式	优点	缺点
数组存储	不需要指针，存储空间中只存数据 能使用下标访问数据，无需担心内存泄漏	需在程序中确定数组大小，会造成浪费，插入删除元素时比较麻烦
堆内存存储	可以在程序中申请空间 能使用下标访问数据， 存储空间中只存数据	存储空间无法扩容或缩减，仍会浪费 插入删除元素时比较麻烦， 必须要通过代码释放空间
链表存储	存储空间可以灵活调整， 插入删除结点不影响前后结点	整个链表实现比较复杂， 各结点需要指针来连接前后结点， 无法利用下标访问， 必须要通过代码释放空间

识记宝典

很多初学者都认为链表难以理解，但是只要掌握了插入删除结点时"先连后断"的原则和如何遍历整个链表，所有的问题就迎刃而解了。

9.7　缩略语和术语表

英文全称	英文缩写	中文
Enumeration	-	枚举类型
Structure	-	结构类型
Data Member	-	成员数据
Link List	-	链表
Node	-	节点

9.8　方法指导

本章介绍了两种常用的自定义数据类型——枚举和结构，其中结构型对实现各种数据结构有着重要的意义，因此本章介绍了由结构型实现的链表。链表作为一种基本的数据结构，在程序设计和数据结构考试中几乎每次都会出现。要学好链表，就要掌握它的思想和精髓，"先连后断"是链表操作的重要口诀。如果能独自写出一个正常运行的链表程序，就说明你已经掌握了结构和指针这两种数据类型。

学到这里，面向过程的程序设计告一段落。数据类型、流程控制、函数、数组、指针等内容一一罗列出来。数据类型是基础，流程控制是关键，函数、数组、指针为程序锦上添花。请不要把例程全都背下来，而应该去了解语句的操作含义。

9.9 习题

1．选择题

（1）枚举类型的取值范围由（　　）确定。

  A．编译器　　 B．类型名称　　 C．调用方式　　 D．类型定义

（2）在结构类型的定义中，无法包含（　　）。

  A．指针　　 B．数组　　 C．枚举　　 D．主函数

（3）当一个结构指针指向一个结构变量时，则需要使用（　　）操作符访问其成员数据。

  A．成员操作符.　　B．取地址操作符&　C．箭头操作符->　　D．方括号[ ]

（4）插入或删除链表结点的核心思想在于（　　）。

  A．先断后连　　 B．先连后断　　 C．同时连断　　 D．只连不断

2．指出下列各枚举类型的变量取值范围。

（1）enum integer{1,2,3,4,5};

（2）enum color{red,yellow,blue};

（3）enum grade{good,pass,failed};

3．指出下列各结构类型的成员数据。

（1）
```
struct a1
{
    int b1;
    char c1;
};
```
（2）
```
struct a2
{
    float b2;
    a2 *c2;
};
```
（3）
```
struct a3
{
    int b3;
    bool c3;
};
```

```
struct d3
{
    a3 e3;
    d3 *f3;
};
```

4．与第 3 题的各小题对应声明了一些结构变量，请写出这些结构变量各自的成员数据。

（1）a1 i;   （2）a2 *j=new a2;   （3）d3 k;

5．指出下列程序段的错误之处。

（1）

```
#include <iostream>
using namespace std;
void display(color a);
int main()
{
    enum color{red,yellow,blue};
    color a=1;
    display(a);
    return 0;
}
void display(color a)                    //希望能够输出枚举变量的符号
{
    cout<<a <<endl;
}
```

（2）

```
#include <iostream>
using namespace std;
struct employee
{
    int id;
    float salary;
}
void display(employee *p);
int main()
{
    intnum;
    employee *emptr;
    cin>>num;
    emptr=new employee[num];
    cout<<"id:";
    cin>>emptr[0]->id;
    cout<<"salary:";
    cin>>emptr[0]->salary;
    display(emptr[0]);
    return 0;
}
void display(employee *p)
{
    cout<<"id:" <<p.id <<endl;
    cout<<"salary:" <<p.salary<<endl;
}
```

6. 根据运行结果完成代码。

假设 9.6 节的函数都已经写好，现在要求编写一个函数 Reverse，把一个已经存在的链表倒置。

```
#include <iostream>
using namespace std;
struct node
{
    char data;
    node *next;
};
node * Create();                                    //创建链表
void Showlist(node *head);                          //遍历链表
node * Search(node *head,char keyWord);             //查找结点
void Insert(node * &head,char keyWord,char newdata); //插入结点
void Delete(node * &head,char keyWord);             //删除结点
void Destroy(node * &head);                         //清除链表
void Reverse(___(1)___);                            //实现链表倒置
int main()
{
    node *head=NULL;
    head=Create();
    Showlist(head);
    cout<<"翻转之后…" <<endl;
    Reverse(head);
    Showlist(head);
    ___(2)___
    return 0;
}
void Reverse(___(3)___)
{
    node *newhead___(4)___;
    node *p;
    while ( _____(5)_____ )
    {
        p=head;
        head=head->next;
        ___(6)___
        newhead=p;
    }
    ___(7)___
}
```

运行结果：

请输入字符串，以#结尾：
Tomato#
链表中的数据为：
Tomato
翻转之后…
链表中的数据为：
otamoT

7. 根据要求编写程序。

（1）某公司有一个大型员工数据库，里面存储着很多员工的信息。现要求我们编写一个函数，根据员工们的工资高低作降序排列，并且输出这些数据。然而，每个员工的信息很多，如果经常改

变它们的存储位置，代价会很大。以结构数组作为这个数据库的模型，要求在不改变各数组元素存储位置的情况下（即不能作移动、交换），对他们的工资作降序排列并输出。数据库中的部分数据如下。

name	salary
Jimmy	$1250.04
Tim	$1280.07
Rose	$1390.08
Tommy	$1490.35
Jon	$1320.54

运行结果示例：

```
name Tommy salary $1490.35
name Rose salary $1390.08
name Jon salary $1320.54
name Tim salary $1280.07
name Jimmy salary $1250.04
```

（2）很多软件都具有撤销的功能。实际上，软件是把用户的每一步操作压栈，每撤销一次就退一次栈。那么，什么是压栈和退栈呢？可以认为，压栈就是在链表的表尾插入一个新结点，退栈就是删除一个尾结点。我们用英文字符表示各种操作，用$表示一次撤销，用#表示操作结束。请根据这串指令，输出用户最终实际做了哪些操作。为简单起见，撤销的次数始终少于有效的操作次数。

运行结果示例：

```
请输入指令：
ABC$DEFG$$$HIJ$KLM$#
用户的实际操作是：
ABDHIKL
```

扫一扫二维码，获取参考答案

中篇 实战程序设计

第 10 章 如何阅读程序代码

阅读代码是程序员必须掌握的技能之一，也是考试经常会出现的题型。然而，对于没有程序设计基础的读者来说，看代码就犹如在看天书，不知从何处下手。本章主要向初学者介绍一些阅读代码的常用方法，帮助大家克服对代码的恐惧。

本章的知识点有：

◆ 用整体把握法阅读程序代码

◆ 用经验法阅读程序代码

◆ 用模拟法了解程序代码

10.1 整体把握法

很多初学者问，代码应该怎样读？以怎样的顺序读？

其实阅读代码和读一篇文章是有着相通之处的。阅读一篇文章时，要看懂它的大意，就需要对每一段快速地扫视。如果出现了难以理解的地方，再根据上下文仔细琢磨它的意思。阅读文章，并不是在阅读它的文字，而是在理解它文字中所表达的含义，即语意。

类似地，在读一段代码时，要尝试看懂它的大意。如果出现自己不熟悉的语句，就应该先去查阅相关的工具书，了解语句的意思。这就如同读文章遇到了看不懂的字词，需要去借助词典一样。如果出现了难以理解的地方，可以暂时先放一放（尽管可能看不懂的地方有很多），坚持把整个代码读完，然后再来各个击破。

要注意，阅读代码也不是在阅读它的语句，而是在理解代码的语意。就好像把交换操作的 3 个赋值语句拆开，就没有任何含义了。只有把它们 3 句看成一个整体才能明白那是交换。

10.1.1 阅读代码的顺序

大家现在应该对一个程序的结构很了解了，即：

```
预处理头文件
各函数声明
主函数
{
    主函数体
```

```
}
```
各函数定义

阅读代码时不能直接从上到下依次阅读。刚才已经解释了，读代码是要理解代码的语意，而不是阅读语句本身。从上到下依次阅读可能会破坏了这种语义，或者让你觉得更加头昏脑胀。这是因为函数的语意在于调用函数之处的前后，而不是完全在于函数原型或者函数定义中。特别是那些比较长的代码，即使你先看了函数原型，到了调用的地方，早就忘了这个函数是什么了。

所以，比较正确的读法是从主函数开始，遇到调用函数，则到前面查阅该函数原型，了解返回值类型和参数的含义。如果有必要，再去查看函数定义，了解这个函数是如何运作的。

10.1.2　整体把握语意

所谓整体把握，就是不要太在意细节的部分，只要能够了解语意即可。例如一个求正弦值的 sin 函数，只需要知道它的功能是求正弦值。对于它是如何求出一个正弦值的却不感兴趣。所以，如果已经知道一个函数或语句块是派什么的用处，在不影响语意理解的情况下，没必要对它的实现过程去深究。

那么，如何去了解一个函数或语句块的作用呢？主要有两个方法。

1. 猜测

这里的猜测不是漫无目的地乱猜，而是要有根据的。一个优秀的程序员在给变量、函数以及参数起名字时，会考虑到它们的实际含义。一般情况下不会出现诸如 a1、a2 之类不知所云的名称。所以，只需要根据函数原型中的函数名以及函数参数名，就能对这个函数的作用略知一二了。如果有必要，则可以到函数的定义中，找到某些具有特征的操作（比如对数组的操作，一般会用 size 参数控制循环次数），以证实自己的猜测。

2. 看注释

一个优秀的程序员会有做注释的好习惯。所以，在那些难以理解的代码旁边，往往都会有一些注释，以方便阅读者理解。在阅读代码的时候，要充分利用好这些注释，这样对理解语意有方向性的指导。

下面用整体把握法来阅读一段代码，由于函数未定义，以下代码无法通过编译。

程序 10.1

```cpp
#include <iostream>
using namespace std;
int size(int array[]);
void insert(int array[],int position,int size,int data);
//position 为下标，该函数在 position 位置插入 data，其他数据向后顺移
int del(int array[],int position);
//删除 position 位置的数据，其他数据向前顺移，返回被删除的元素
int find(int data);                    //返回数据为 data 的下标
void display();                        //显示所有元素
int main()
{
    int array[]={1,3,2,4,5,6,8};
    cout<<"数组大小为" <<size(array) <<endl;
    insert(array,0,size(array),10);
    insert(array,3,size(array),7);
    cout <<"被删除的数字是" <<del(array,find(3)) <<endl;
    cout <<"数组大小为" <<size(array) <<endl;
```

```
    display();
    return 0;
}
```

分析：

首先创建一个数组 array，大小为 7，故在屏幕上显示的第一句话应该是 "数组大小为 7"。至于这个 size 函数如何求得 array 的大小，阅读者不必关心。然后调用了 insert 函数，查阅函数原型得到一系列信息：其中参数 array 是操作的数组，position 是插入值所在的下标，size 是数组大小，data 是插入的值。所以，第一次调用 insert 函数后，数组内的元素为 10，1，3，2，4，5，6，8。第二次调用 insert 函数后，数组内的元素为 10，1，3，7，2，4，5，6，8。接着调用 del 函数和 find 函数，根据注释可以知道这个调用的意思是删除元素 "3"，所以屏幕上显示 "被删除的数字是 3"，这时数组的大小变为 8，所以再输出 "数组大小为 8"，最后将这些元素一一输出，即：10，1，7，2，4，5，6，8。

10.2　经验法

在上一节，已经学会通过函数名和注释来了解代码的信息。然而，当面对很多语句块的时候，应该怎么办？这时就要靠经验了。

这里的经验是指阅读者所了解的各种算法和语句的关键点。对于前者，在本书的每章节中都有穿插讲述。如果大家对于简单的算法都烂熟于胸，对付公式化的语句块（例如交换）就很轻松了。而语句的关键点是本节要着重讲述的。

在代码中，最容易让人思路混乱的，就是分支结构和循环结构。如果再来一些嵌套，则更让人觉得没有信心了。所以，对于语句块，最先要攻克的，就是分支结构和循环结构。

在攻克它们之前，要做好充分的准备工作。那就是理清语句之间的层次关系，即在第 4 章中所介绍的 "门当户对"。根据语句的缩进和大括号来判断语句间的层次，这里不作赘述。接下来，就要寻找分支结构和循环结构的关键点了，即条件。之所以说它关键是因为程序到底运行到哪个分支，循环究竟执行几次，终止以后变量的状态，都是由条件来决定的。

下面使用经验法阅读一段代码。

程序 10.2　字符串比较

```cpp
#include <iostream>
using namespace std;
int cmp(char srt1[],char str2[],int length);
void result(int num);
int main()
{
    char str1[]={"Hello World!"};
    char str2[]={"Hello World!"};
    char str3[]={"Hello world!"};        //w 是小写
    result(cmp(str1,str2,sizeof(str1)));
    result(cmp(str2,str3,sizeof(str2)));
    return 0;
}
int cmp(char str1[],char str2[],int length)
{
    int i;
    for (i=0;i<length && str1[i]==str2[i];i++);
```

```
    if (i==length)
        return -1;
    else
        return i+1;
}
void result(int num)
{
    if (num==-1)
        cout <<"两个字符串相同。" <<endl;
    else
        cout <<"第" <<num <<"个字符不同。" <<endl;
}
```

分析：

在这段代码中，先不考虑对函数名的猜想。创建了 3 个字符数组以后，主函数中就只有调用函数了。先来看 cmp 函数：里面只有一个循环，循环继续的条件是 i<length 并且 str1[i]==str2[i]，用自然语言描述就是"没有到达字符串末尾并且两个字符串的字符分别相同"。所以，当循环中止时，有两种可能：一是到达字符串末尾，二是有两个字符不相同。如果到达了字符串末尾，那么 i 的值应该是多少呢？很容易发现，i 的值应该是 length。（因为当 i=length-1 的时候，还要执行循环，即 i++）而如果是两个字符不同时，i 的值应该是不同的字符所在的下标。所以，这个函数的功能是，当两个字符串相同时，返回-1；当两个字符串不同时，返回不同的字符所在的位置（位置和下标相差 1，所以要 i+1）。接着来看 result 函数，它主要判断由 cmp 函数得出的结果，并在屏幕上显示，即如果 cmp 函数返回-1，就要在屏幕上显示两个字符串相同，否则显示第几个字符不相同。

运行结果：
两个字符串相同。
第 7 个字符不同。

10.3 模拟法

虽然说阅读代码应该去理解语意，但是对初学者来说，做到这一点并不容易。可能这个单词不认识，那个算法不熟悉，难道就不能去阅读了么？这时，就要使用模拟法了。

所谓模拟法，是指抛开语意的影响，原原本本地按照语句要求模拟计算机的各种操作。不管是输入、输出还是变量的改变，都要把它想象出来。只要阅读者对语句的了解是正确的，并且在模拟过程中是仔细的，那么最后模拟出的结果应该和计算机上的运行结果是一样的。

不过，一般而言，使用模拟法是需要工具的，就是纸和笔。俗话说"好记性不如烂笔头"，人脑毕竟不是内存，让我们记上十几个变量的变化情况就很难了，更别说数组了。所以要用纸笔将程序每一步的执行情况和变量的变化情况一一记录下来，就能够大大降低出错的概率了。

下面用模拟法来阅读一段代码。

程序 10.3 求最大公约数
```cpp
#include <iostream>
using namespace std;
int fun(int a,int b);
int main()
{
    cout <<fun(4,6) <<endl;
    cout <<fun(5,6) <<endl;
```

```
        cout <<fun(6,9) <<endl;
        return 0;
}
int fun(int a,int b)
{
        int c;
        while (b!=0)
        {
            c=a%b;
            a=b;
            b=c;
        }
        return a;
}
```

分析：

主函数里调用了 3 次函数。但是这个函数写得实在不好，不管是函数名还是参数名，都看不出这是在做什么，所以只好模拟运行一下。

这里以 fun(4,6) 为例稍作讲述。首先调用函数以后，a=4、b=6、c 的值不确定。这时候 b 不等于 0，执行循环体，c=a%b=4%6=4，a=b=6，b=c=4。这时 b 还不等于 0，继续执行循环体，c=a%b=2，a=b=4，b=c=2。然后 b 不等于 0，执行循环体，c=a%b=0，a=b=2，b=c=0，这时不满足循环条件，跳出循环，返回 a=2。表 10.1 为 3 次调用函数过程中，各参数值的变化情况。

表 10.1　　　　　　　　　　　**函数调用过程中的变量**

fun(4,6)			fun(5,6)			fun(6,9)		
c	a	b	c	a	b	c	a	b
?	4	6	?	5	6	?	6	9
4	6	4	5	6	5	6	9	6
2	4	2	1	5	1	3	6	3
0	2	0	0	1	0	0	3	0

运行结果：

2

1

3

可以看到，模拟的结果和程序在计算机上的运行结果一样。根据多次模拟的结果，也可以揣测出这个函数的作用是求两个整数的最大公约数。

至此，阅读代码的 3 种主要方法已经介绍完了。大家只要能够将三者融合运用，再加上一点征服代码的信心和耐心，那么即使更长一点的代码，也并不可怕。

10.4　方法指导

很多初学者认为读懂别人的程序很困难。的确，能否读懂一个程序除了与阅读者的个人能力有关外，还和编写者的书写水平有关。如果程序本身写得晦涩、莫名，那么大多数人都会读不懂的。所以建议大家一开始不要去读太长或太精巧的程序，而应该去读一些大众化的程序代码。

读程序代码最好的辅助工具是计算机。程序的运行结果就是重要线索。在下一章中介绍的调试工具，也对理解代码的工作原理有很大的帮助。如果没有计算机，那就需要纸和笔了。因为模拟法也是非常有效的。

很多高手读代码时，靠的是直觉和果敢。相信自己的直觉，大胆地猜测，细心地验证，最终就会"柳暗花明又一村"了。

10.5 习题

阅读下列程序，分析运行过程，并写出运行结果。

（1）
```cpp
#include <iostream>
using namespace std;
int sta(char c);
int main()
{
    int number=0,letter=0,other=0;
    char str[]={'a','e','4','%','8','!','F','1',':','/'};
    for (int i=0;i<sizeof(str);i++)
    {
        cout <<str[i];
        switch(sta(str[i]))
        {
        case 0:
            number++;
            break;
        case 1:
            letter++;
            break;
        case 2:
            other++;
            break;
        }
    }
    cout <<endl<<number <<endl;
    cout <<letter <<endl;
    cout <<other <<endl;
    return 0;
}
int sta(char c)
{
    if (c>=48 && c<=57) return 0;
    if ((c>=65 && c<=90) || (c>=97 && c<=122)) return 1;
    return 2;
}
```
（2）
```cpp
#include <iostream>
using namespace std;
int fun(char str1[],char str2[]);
int main()
{
    char str1[]={"Hello World!"};
    char str2[]={"hello world!"};
```

```
    char str3[]={"hello world"};
    char str4[]={"hello"};
    cout <<fun(str1,str2) <<endl;
    cout <<fun(str2,str3) <<endl;
    cout <<fun(str4,str3) <<endl;
}
int fun(char str1[],char str2[])
{
    int i;
    for (i=0;(str1[i]!='\0' && str2[i]!='\0');i++);
    if (str1[i]=='\0')
    {
        if (str2[i]!='\0')
            return -1;
        else
            return 0;
    }
    return 1;
}
```

（3）

```
#include <iostream>
using namespace std;
void calculate(double a1,double b1,double c1,double a2,double b2,double c2);
int main()
{
    calculate(1,2,3,1,1,2);
    calculate(2,4,8,1,3,5);
    calculate(1,1,2,3,3,6);
    return 0;
}
void calculate(double a1,double b1,double c1,double a2,double b2,double c2)
{
    double d=a1*b2-a2*b1;
    double e=a1*c2-a2*c1;
    double f=c1*b2-c2*b1;
    if (d==0)
    {
        cout <<"ERROR!" <<endl;
        return;
    }
    cout <<e/d <<endl;
    cout <<f/d <<endl;
}
```

（4）

```
#include <iostream>
#include <iomanip>
using namespace std;
int main()
{
    for (int i=0;i<8;i++)
    {
        for (int j=0;j<i+1;j++)
        {
            if (j==0) cout <<setw(8-i) <<i;
```

```
        else cout <<setw(2) <<i;
    }
    cout <<endl;
    }
    return 0;
}
```

（5）

```cpp
#include <iostream>
using namespace std;
void sort(int array[],int size);
int main()
{
    int a[]={1,4,5,2,3};
    sort(a,sizeof(a)/sizeof(int));
    for (int i=0;i<sizeof(a)/sizeof(int);i++)
    {
        cout <<' ' <<a[i];
    }
    cout <<endl;
}
void sort(int array[],int size)
{
    int insert,index;
    for (int i=1;i<size;i++)
    {
        insert=array[i];
        index=i-1;
        while (index>=0 && insert<array[index])
        {
            array[index+1]=array[index];
            index--;
        }
        array[index+1]=insert;
    }
}
```

扫一扫二维码，获取参考答案

第 11 章　如何调试程序代码

上一章介绍了如何阅读别人的代码。本章将深入介绍变量、头文件和一些调试程序的技巧。学好本章，实际编程能力将大大提高。

本章的知识点有：

◆　标识符的概念

◆　全局变量、局部变量和静态局部变量

◆　变量的作用域和可见性

◆　头文件的创建和使用方法

◆　外部依赖项

◆　语法错误和逻辑错误

◆　如何调试程序

11.1　再谈变量

尽管在前篇的开头就学习了变量，而且大家也能够熟练地使用变量。可是，仅仅靠这些知识，有些问题仍然无法得到解决。

11.1.1　标识符

如果你看过一些其他的程序设计书籍，可能会看到"标识（zhì）符"这个称呼。虽然它的名称有点深奥，但事实上我们早就已经在使用它了。在程序设计的过程中，经常要给变量、函数甚至是一些数据类型起名字（还包括以后的类名，对象名等）。这些由用户根据规定，自己定义的各种名字统称为标识符（Identifier）。所以，标识符只是一个名称，用于指代一个变量、函数或者数据类型。显然，标识符不允许和任何关键字相同。

11.1.2　全局变量和局部变量

在函数章节中，提到过函数体内声明的变量仅在该函数体内有效，别的函数无法使用。并且在函数运行结束后，这些变量也将消失。这些在函数体内声明的变量称为局部变量（Local Variable）。

然而，可能会遇到这样的问题：如果要创建一个变量作为数据缓冲区（Buffer），分别供数据生成、数据处理和数据输出 3 个函数使用，那么 3 个函数都要能够读取或修改这个变量的值。显然通过传递参数或返回值来解决这个问题非常麻烦。

能否建立一个变量让这 3 个函数共同使用呢？在 C++ 中，可以在函数体外声明一个变量，它称为全局变量（Global Variable）。所谓全局，是指对于所有函数都能够使用。当然，在该变量声明之前出现的函数不知道该变量的存在，也就无法使用它了。

小提示

如果声明了一个全局变量之后没有对它进行初始化操作，则编译器会自动将它的值初始化为 0。

下面，尝试用全局变量来实现上述问题。

> **程序 11.1 用全局变量实现函数间通信**

```cpp
#include <iostream>
#include <cstdlib>               //用于产生随机数，暂不研究
#include <ctime>                 //用于产生随机数，暂不研究
#include <iomanip>               //用于设置域宽
using namespace std;
void makenum();
void output();
void cal();
int main()
{
    srand((unsigned int)time(NULL));  //用于产生随机数
    for (int i=0;i<4;i++)
    {
        makenum();               //产生随机数放入缓冲区
        cal();                   //对缓冲区的数进行处理
        output();                //输出缓冲区的数值
    }
    return 0;
}
int buffer;                      //定义全局变量，以下函数都能使用它
void makenum()
{
    cout <<"执行数据生成..." <<endl;
    buffer=rand();               //把产生的随机数放入缓冲区
}
void cal()
{
    cout <<"执行计算..." <<endl;
    buffer=buffer%100;
}
void output()
{
    cout <<"执行数据输出..." <<endl;
    cout <<setw(2) <<buffer <<endl;
}
```

运行结果：

```
执行数据生成...
执行计算...
执行数据输出...
31
执行数据生成...
执行计算...
执行数据输出...
47
执行数据生成...
执行计算...
```

执行数据输出...
22
执行数据生成...
执行计算...
执行数据输出...
90

以上为某次运行得到的结果，程序中的数据是随机产生的，所以每一次运行结果可能并不一样。程序中定义了一个全局变量 buffer，并且 makenum、cal 和 output 3 个函数都能够使用它。可见，使用全局变量使得多个函数之间可以共享一个数据，实现了函数之间的通信。

试试看

1. 程序 11.1 中能否在主函数里使用变量 buffer 呢？为什么？

2. 字符型、浮点型、双精度型和布尔型的全局变量如果没有被初始化，它们的值分别是多少？

小提示

由于全局变量可以被多个函数访问，在程序比较复杂时需要格外注意其读取和赋值的顺序。如果处理不当，它常常会给程序带来麻烦。

11.1.3　静态局部变量

全局变量实现了函数之间数据的共享，也使得变量不会因为某个函数的结束而消亡。现在考虑编写一个程序，用一个密码检测函数根据调用（用户输错密码）的次数来限制用户进入系统。如果把调用次数存放在一个局部变量里，函数调用结束之后局部变量就会消失，显然不能用来记录函数的调用次数。如果使用全局变量，虽然可以记录一个函数的运行次数，但是这个变量是被多个函数共享的。除了密码检测函数，其他函数也可以修改它，实在很危险。现在需要一个函数运行结束后不会消失，并且其他函数无法访问的变量。

C++中，可以在函数体内声明一个静态局部变量（Static Local Variable）。它在函数运行结束后不会消失，并且只有声明它的函数能够使用它。声明一个静态局部变量的方法是在声明局部变量前加上 static，例如：

```
static int a;
```

小提示

如果没有对一个静态局部变量做初始化，则编译器会自动将它初始化为 0。

接下来，就看看如何用静态局部变量模拟密码检测函数的功能。

程序 11.2　密码检测

```
#include <iostream>
#include <cstdlib>
using namespace std;
bool password();                //密码检测函数
int main()
{
    do
    {
    }
```

```
        while (password()!=true);        //反复检测密码直到密码正确
        cout <<"欢迎您进入系统！" <<endl;
        return 0;
    }
    bool password()
    {
        static int numOfRun=0;           //声明静态局部变量存放函数调用次数
        if (numOfRun<3)
        {
            int psw;
            cout <<"第" <<++numOfRun <<"次输入密码" <<endl;
            cin >>psw;
            if (psw==123456)
            {
                return true;
            }
            else
            {
                cout <<"密码错误！" <<endl;
                return false;
            }
        }
        else
        {
            cout <<"您已经输错密码三次！异常退出！" <<endl;
            exit(0);                      //退出程序运行
        }
    }
```

第一次运行结果：

第 1 次输入密码
111111
密码错误！
第 2 次输入密码
222222
密码错误！
第 3 次输入密码
0
密码错误！
您已经输错密码三次！异常退出！

第二次运行结果：

第 1 次输入密码
000000
密码错误！
第 2 次输入密码
123456
欢迎您进入系统！

功能分析：这个程序能够记录函数的运行次数，因此可以在密码输错 3 次之后自动退出。对程序起关键作用的就是静态局部变量 numOfRun。第一次调用 password 函数时生成了静态局部变量 numOfRun，用于记录 password 函数调用的次数，它不会随着调用函数的结束而消失，之后每一次调用 password 函数所使用的都是第一次声明的 numOfRun 变量。

使用静态局部变量可以让函数产生的数据更长期更安全地存储。如果一个函数的运行和它以前运行状态有关，那么就可以使用静态局部变量。

11.1.4 变量的作用域

在程序的不同位置，可能会声明各种不同类型（这里指静态或非静态）的变量。然而，声明的位置不同、类型不同，导致每个变量在程序中可以被使用的范围也不同。变量在程序中可以使用的有效范围称为变量的作用域。

任何变量都必须在声明之后才能被使用，所以一切变量的作用域都始于变量的声明之处。那么，它到什么地方终止呢？我们知道 C++的程序是一个嵌套的层次结构，即语句块里面还能有语句块。最终语句块由各条语句组成，而语句就是程序中的最内层，是组成程序的一个最小语法单位。在某一层次或语句中声明的变量，其作用域终止于该变量所在层次或语句的末尾。

举个例子来说明。

程序 11.3　变量的作用域

```
#include <iostream>
using namespace std;
int main()
{
    int a=3,b=4;                //变量a和b的作用域开始
    for (int i=0;i<5;i++)       //在for语句内声明的变量i的作用域开始
    {
        int result=i;           //变量result的作用域开始
        if (int j=3)            //在if语句内声明的变量j的作用域开始
        {
            int temp=8;         //变量temp的作用域开始
            result=temp+(a++)-(b--);
        }                       //变量temp的作用域结束
        else
            result=2;           //ifult=2;语句结束，变量j的作用域结束
            cout <<result <<endl;
    }                           //for语句结束，变量i和result的作用域结束
    return 0;
}                               //变量a和b的作用域结束
```

运行结果：

```
7
9
11
13
15
```

根据上面这段程序，每当一个语句块或语句结束，那么在该语句块或语句层次内声明变量的作用域也就结束了。所以，下面的这段程序就存在错误，无法通过编译。[①]

程序 11.4　错误使用变量的程序

```
#include <iostream>
using namespace std;
int main()
{
    int a=3,b=4;
    for (int i=0;i<5;i++)
```

---

① 程序 11.4 在 Visual C++ 6.0 中是可以通过编译的，这是因为该编译器没有严格遵守 C++的标准所致。

```
    {
        int result=i;
        if (int j=3)
        {
            int temp=8;
            result=temp+(a++)-(b--);
        }
        else
            result=2;
        cout <<j <<result <<endl;        //j 的作用域结束，变量未定义
    }
    cout <<result <<endl;                //result 的作用域结束，变量未定义
    cout <<i <<endl;                     //i 的作用域结束，变量未定义
    return 0;
}
```

试试看

1. 阅读程序 11.1，思考全局变量 buffer 的作用域在哪里？
2. 阅读程序 11.2，思考静态局部变量 numOfRun 的作用域在哪里？

11.1.5　变量的可见性

之前介绍过，在某一个函数中，不应该有两个名字相同的变量。可是，如果测试下面这段程序代码（如程序 11.5 所示），发现居然在同一个函数中可以有两个名字相同的变量。这是为什么呢？编译器又是如何辨别这两个名字相同的变量的呢？

程序 11.5　观察变量的可见性

```
#include <iostream>
using namespace std;
int main()
{
    int a=3,b=4;
    {
        int a=5,b=6;
        {
            char a='a',b='b';
            cout <<a <<b <<endl;
        }
        cout <<a <<b <<endl;
    }
    cout <<a <<b <<endl;
    return 0;
}
```

运行结果：

```
ab
56
34
```

变量可以使用的范围由变量的作用域决定。不同层次的变量的作用域，就好像大小不一的纸片。把它们堆叠起来，就会发生部分纸片被遮盖的情况。这种变量作用域的遮盖情况称为变量的可见性（Visibility）。如图 11.1 所示，3 张矩形纸片①②和③分别代表 3 组变量 a 和 b 的不同作用域。当把这三者堆叠起来之后，③遮盖住了②的一部分，此时可见的变量是字符型的 a 和 b。同理，当②遮盖住

了①且不被③遮盖时，可见的变量是值分别为 5 和 6 的整型变量。

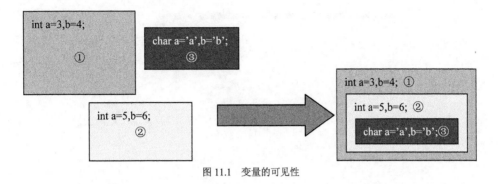

图 11.1　变量的可见性

编译器正是根据变量的可见性，来判断到底使用哪个变量的。具体在程序中是：

```cpp
#include <iostream>
using namespace std;
int main()
{
    int a=3,b=4;
    //整型变量 a=3、b=4 的作用域开始
    {
        int a=5,b=6;
        //整型变量 a=5、b=6 的作用域开始，整型变量 a=3、b=4 不可见
        {
            char a='a',b='b';
            //字符型变量 a='a'、b='b'作用域开始，整型变量 a、b 不可见
            cout <<a <<b <<endl;
            //输出字符型变量，整型变量 a、b 不可见
        }//字符型变量 a='a'、b='b'作用域结束
        cout <<a <<b <<endl;
        //输出整型变量 a=5、b=6，整型变量 a=3、b=4 不可见
    }//整型变量 a=5、b=6 的作用域结束
    cout <<a <<b <<endl;          //输出整型变量 a=3、b=4
    return 0;
}//整型变量 a=3、b=4 的作用域结束
```

不过，当两张纸完全处于同一个层次，显然两者就不可能发生遮盖了。如果在同一个层次中声明两个名字相同的变量，那么它们的作用域就不是遮盖，而是冲突了。

因此，在同一语法层次内不能声明多个相同名字的变量。

11.2　头文件的奥秘

第 6 章介绍了通过使用某些头文件来调用标准库函数。在本节将更深入地介绍头文件的概念。

11.2.1　如何创建一个头文件

在第 2 章中，可以看到一个 C++的项目里面除了源文件还有头文件。根据以下步骤便能创建一个头文件。

首先要创建或打开一个项目，然后在右上侧的"解决方案资源管理器"中，右击"头文件"，选

择添加，单击"新建项"，会出现添加新项的对话框，如图 11.2 所示。

图 11.2　新建头文件

在右侧的文件类型中，选择"头文件（.h）"，并填写文件名 shape.h。单击添加之后，就能发现在解决方案资源管理器中多了一个文件，并且该文件已经打开，可以在左侧的文本编辑区域输入头文件代码。

> **小提示**
>
> 　　在进行编译时，记得要切换回对应的 cpp 文件，如果在编辑头文件时编译，"生成"菜单里的编译将不可用，使用快捷键 Ctrl+F7 同样无法进行编译。

11.2.2　头文件里有什么

头文件的使用主要体现在两个方面，一个是重（chóng）用（即多次使用），另一个是共用。

头文件的重用主要体现在时间跨度和不同的项目中。例如，在某个项目中开发了一个求加权平均值的函数，下一次在别的项目中也可能还会用到。把它写在头文件里面，以后需要使用的时候只需要包含已经完成的头文件就可以了。

头文件的共用主要体现在 C++的多文件结构中，即一个项目下有多个头文件和源文件。例如，头文件 cmath 中包含了求平方根、三角函数等一些函数，如果需要在同一个项目的不同源文件中多次进行求平方根运算，只要包含 cmath 头文件，该函数就可以在不同的源文件中使用。

那么，如果要自己编写一个可以重用的头文件，里面应该写些什么呢？

类似于标准库函数，在头文件里面应该模块化地给出一些函数或功能。另外还应该包括独立实现这些函数或功能的常量、变量和类型的声明。

下面来看一个头文件的应用实例。

程序 11.6　自编头文件和使用

```
shape.h 文件
#include <cmath>                    //在计算三角形面积时要用到正弦函数
const double pi=3.14159265358;      //常量定义
struct circle                       //类型声明
{
    double r;
```

```
};
struct square
{
    double a;
};
struct rectangle
{
    double a,b;
};
struct triangle
{
    double a,b,c,alpha,beta,gamma;
};
double perimeter_of_circle(double r)      //函数定义
{
    return 2*pi*r;
}
double area_of_circle(double r)
{
    return pi*r*r;
}
double perimeter_of_square(double a)
{
    return 4*a;
}
double area_of_square(double a)
{
    return a*a;
}
double perimeter_of_rectangle(double a,double b)
{
    return 2*(a+b);
}
double area_of_rectangle(double a,double b)
{
    return a*b;
}
double perimeter_of_triangle(double a,double b,double c)
{
    return a+b+c;
}
double area_of_triangle(double a,double b,double gamma)
{
    return sin(gamma/180*pi)*a*b/2;
}
```

main.cpp 文件

```
#include <iostream>
#include "shape.h"                        //包含编写好的 shape.h
using namespace std;
int main()
{
    circle c={2};
    square s={1};
    rectangle r={2,3};
    triangle t={3,4,5,36.86989,53.13011,90};
```

```
cout <<"这个圆的周长为" <<perimeter_of_circle(c.r) <<"厘米" <<endl;
cout <<"这个正方形的面积为" <<area_of_square(s.a) <<"平方厘米" <<endl;
cout <<"这个长方形的周长为" <<perimeter_of_rectangle(r.a,r.b) <<"厘米" <<endl;
cout <<"这个三角形的面积为" <<area_of_triangle(t.b,t.c,t.alpha) <<"平方厘米" <<endl;
return 0;
}
```

运行结果：

这个圆的周长为 12.5664 厘米
这个正方形的面积为 1 平方厘米
这个长方形的周长为 10 厘米
这个三角形的面积为 6 平方厘米

功能分析：编写好了 shape.h 头文件，以后再计算图形周长或面积时，就不需要重新编写函数了，只需要包含这个头文件就行了。

11.2.3　头文件和源文件

由于头文件是为了共用，所以在一个复杂的程序中，头文件可能会被间接地重复包含。如果头文件里面都是函数声明，那问题还不大。如果头文件里面有函数定义（如程序 11.6 所示），那么就会出现函数被重复定义的错误，程序将无法通过编译。为此，可以采用函数声明和定义分离的方式：把所有的声明都放在 shape.h 中，把所有的定义放在 shape.cpp 中。注意必须在 shape.cpp 中包含 shape.h，否则在编译连接时会发生错误。在使用时仍然包含 shape.h，但由于函数的定义并不在该头文件中，所以即使被间接地多次包含，函数也不会被重复定义。

11.2.4　细说#include

几乎每次编写程序的时候都要用到#include 命令，那么这条命令到底是什么意思呢？

#include 是一条编译预处理命令。什么叫编译预处理命令呢？我们知道，程序中的每一句语句会在运行的时候得到体现。例如变量或函数的声明会创建一个变量或者函数，输出语句会在屏幕上输出字符。然而编译预处理命令却不会在运行时体现出来，因为它是写给编译器的信息，而不是程序需要执行的语句。编译预处理命令不仅仅只有#include 一条，在 C++中，以#开头的命令都是编译预处理命令，例如#if、#else、#endif、#ifdef、#ifndef、#undef 和#define 等。

当编译器遇到了#include 命令后，就把该命令中的文件插入到当前的文件中。不难想象，程序 11.6 中的 main.cpp 文件实质上包含了 shape.h 文件中的所有语句。所以它能够顺利调用 shape.h 文件中的各个函数。

> **试试看**
>
> 1. 把程序 11.6 中的 main.cpp 文件中#include <iostream>移动到 shape.h 里，是否会影响程序的运行？为什么？
>
> 2. 如果有两个头文件 a.h 和 b.h，在 a.h 中有#include "b.h"，在 b.h 中有#include "a.h"，那么在编译包含它们的源文件时，会发生什么错误？

11.2.5　尖括号和双引号的区别

如果你还看别的 C++教程，那么你可能很早就发现了，有些书上的#include 命令写作#include <文件名>，但有时又会出现#include "文件名"。而且有些文件名带有扩展名.h，而有些则没有。到底哪个是对的呢？为什么会有几种不同的写法呢？

这几种写法在某些编译器中都能通过编译，但它们实际上是有区别的。C++已经有一些编写好的头文件（如标准函数库等）存放在编译器的 Include 文件夹里。当使用#include <文件名>命令时，编译器就到那个文件夹里去找对应的文件。显然，用这种写法去包含一个自己编写的头文件（不在编译器的 Include 文件夹里）就会出错了。所以包含 C++提供的头文件时，应该使用尖括号。相反地，#include "文件名"命令则是先在当前文件所在的目录搜索是否有符合的文件，如果没有再到编译器的 Include 文件夹里去找对应的文件。

然而，根据 C++的标准，包含标准库的文件应使用命名空间，即经常看到的 using namespace std。命名空间也称为名称空间，主要用来避免大型程序开发中的标识符冲突。如果要使用命名空间，就无需再在尖括号内加上头文件的扩展名.h。而相比之下，#include <iostream.h>的写法没有使用命名空间，不符合 C++的标准，是一种过时的写法。事实上在一些比较新的编译器（如 Visual Studio 2012）中，这样的写法已经无法通过编译。

> **试试看**
>
> 　　如果包含头文件时写作#include <iostream>，但是没有 using namespace std;，即没有使用 std 命名空间，能否正常实现输入输出功能？
>
> 　　结论：如果按照这样的写法，必须要使用 std 命名空间。

11.2.6　外部依赖项

在第 2 章中介绍过，解决资源管理器中还有一项叫作外部依赖项。在解决资源管理器的"头文件"里，出现的是用户在项目中自己创建并编写的头文件。而在"外部依赖项"里，则包含了程序中使用的除自己编写的头文件外的所有相关头文件。

由于头文件的共用，在一个头文件中也有可能包含了其他的头文件（例如，iostream 头文件就包含了 istream 和 ostream 头文件）。所以"外部依赖项"不仅会包括程序代码里显式地包含的头文件，还包括这些头文件里间接包含的头文件。

当一个程序编写好并保存之后，Visual Studio 2012 会自动将程序直接或间接包含的头文件添加到外部依赖项之中。例如，在程序 11.6 中，main.cpp 文件包含了 iostream 和 shape.h 这两个头文件。同时，在 shape.h 中又包含了 cmath 头文件。由于 iostream 头文件间接包含了很多头文件，在此建议先暂时在代码中注释掉#include <iostream>，以便于观察外部依赖项的结果。在解决资源管理器的外部依赖项里，可以找到许多文件。双击 cmath 后可以打开这个文件，发现在该文件中又包含了 yvals.h、math.h、xtgmath.h 等文件，而这些文件也都出现在外部依赖项中，如图 11.3 所示。

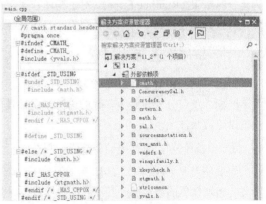

图 11.3　外部依赖项

> **试试看**
>
> 　　恢复程序 11.6 中的#include <iostream>，看看 iostream 直接或间接包含了哪些文件。

11.3　更快更好地完成程序调试

在编写好一个完整的程序之后，就需要对它进行调试（Debug）了。调试的目的是为了验证程序是否完整地实现了既定的功能，并根据程序的运行结果对其进行修正。调试过程包括编译和生成，还包括运行和简单的数据测试等。图 11.4 就是调试程序的简要流程。

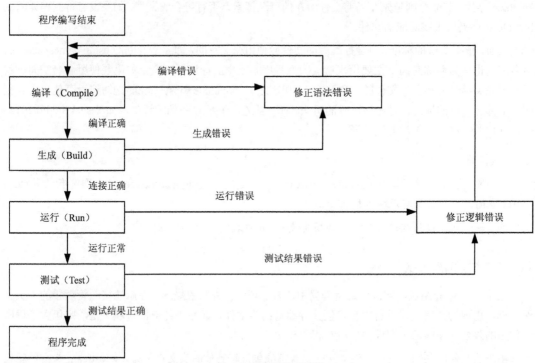

图 11.4　调试程序的流程

调试主要分 4 个步骤和两种处理方式。程序的编译和生成统称为编译阶段，程序的运行和测试统称为运行阶段。在编译阶段发生的错误称为编译错误（Compile Error），在运行阶段发生的错误称为运行时错误（Runtime Error）。对于编译错误，通过检查并修正语法错误来解决；对于运行时错误，通过检查并修正逻辑（程序设计思想）错误来解决。

11.3.1　如何检查语法错误

所谓语法错误是指在书写语句时没有按照规定的语法格式。常见的语法错误有变量未定义、括号不匹配、遗漏分号等。大多数的语法错误都是能够被编译器发现的，因此相对逻辑错误来说，语法错误更容易被发现和解决。

那么，如何来检查代码的语法错误呢？

如果使用 Visual Studio 2012 来编写代码，细心的你可能会发现，有时在输入代码时，有的代码下方会出现红色的波浪线。其实，红色波浪线就是提示这段代码有语法错误，这是 VS2012 里的智能提示（IntelliSense）功能。下面来尝试使用 VS2012 逐渐找出程序中问题。

程序 11.7　三次求和

```
#include <iostream>
mian()
```

```
{
    double a,b;
    for (i=0,i<3,i++)
    {
        cin >>a >>b;
        int c=a+b;
        cout <<c <<endl;
    }
    return 0;
}
```

在 VS2012 文本编辑区域输入该段代码以后，会出现 6 处红色波浪线标记，如图 11.5 所示。

每一处红色标记表示有一个语法错误，移动鼠标，将指针停靠在红色波浪线标记上方代码所在位置，会出现一个提示框，显示该错误的详细信息，有时还会在第一行给出正确的代码（有时信息可能并不十分准确）。如图 11.6 所示，函数缺少返回值，在第一行显示了建议，第二行显示出错的原因。

图 11.5　IntelliSense 错误标记　　　　　　　　图 11.6　IntelliSense 错误提示

IntelliSense 能够检查出大多数的语法错误，编写代码时，只需要参考提示来修改对应的代码，直到没有红色标记，这样大多数的语法错误都能被排查到。下面对程序 11.7 进行语法错误排查。

第 1 处标记提示：

```
int mian()
Error: 缺少显式类型(假定"int")
```

第 1 次修改：

```
int mian()
```

第 2 处标记提示：

```
Error: 未定义标识符 "i"
```

第 2 次修改：

```
for (int i=0,i<3,i++)
```

第 3 处标记提示：

```
Error: 应输入 ";"
```

第 3 次修改：

```
for (int i=0;i<3;i++)
```

第 4 处标记提示：

```
Error: 未定义标识符 "cin"
```

第 4 次修改，在#include 语句后添加：

```
Using namespace std;
```

至此，文本编辑区域不再有红色波浪线标记，这说明那些显而易见的错误已经改正完了。但是，当对这个程序进行编译（Ctrl+F7）时，却又发现了一些状况，如图 11.7 所示。

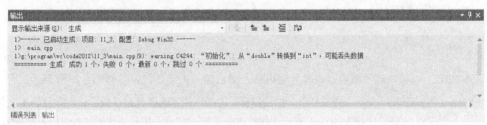

图 11.7　编译输出窗口

在程序 11.7 中，声明了 3 个变量，双精度浮点型变量 a 和 b 用来存放加数，但是存放结果的变量 c 却是整型的，在将 a 与 b 的和赋给 c 时，计算结果的精度会降低。尽管程序可以通过编译，但在输出窗口中还是给出了警告，提示可能会丢失数据。这也说明 IntelliSense 并不能把程序中的每一个问题都检查出来。

输出窗口中至少显示 3 行信息。第 1 行表示开始执行编译以及文件所在的项目和项目配置；第 2 行显示文件名称；如果程序代码中有错误或者警告，从第 3 行开始显示编译错误或警告信息。在图 11.7 中，第 3 行显示了一个警告：从"double"转换到"int"，可能丢失数据（双击错误信息，能转到程序代码出错的行）；最后一行显示编译结果。

根据编译器的警告提示，把 c 的声明改为：

```
double c=a+b;
```

至此，程序 11.7 能够正确的通过编译，输出窗口不再有警告和错误。

小提示

1. IntelliSense 是 Intelligence（智力、智能）和 Sense（感觉、感知）的缩写。它还包含了许多功能：参数信息、快速信息和完成单词等。使用这些功能，可以详细了解使用的代码、跟踪键入的参数等。

2. 在 VC++ 6.0 中，没有 IntelliSense 功能。所以在 VC++ 6.0 中只能靠不断地编译来发现语法错误，再对相应的错误进行改正，直到没有错误为止。

正确通过编译以后，就能够说明程序代码没有语法错误了吗？那可不一定。因为最终要执行的程序还没有"拼装"起来。如果对程序 11.7 进行生成，会发现生成失败。VS2012 会在输出窗口的位置显示一个"错误列表"窗口，提示有两个错误，如图 11.8 所示。

根据错误提示信息，可以大致推测出是 main 函数出了问题。仔细观察 main 函数代码，由于疏忽，把"main"写成了"mian"，终于找到了问题的所在。

经过上面的几次修改，正确的程序代码如下。

```
#include <iostream>
using namespace std;
int main()
{
    double a,b;
    for (int i=0;i<3;i++)
```

```
    {
        cin >>a >>b;
        double c=a+b;
        cout <<c <<endl;
    }
    return 0;
}
```

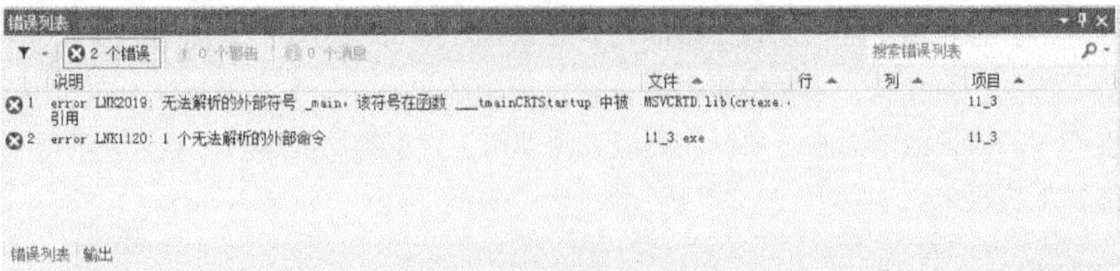

图 11.8　错误列表窗口

通过这个例子，相信你对 VS2012 里检查语法错误的流程有了充分的认识。第一步，在编写代码的时候，根据 IntelliSense 来调整或修改代码，排除比较明显的程序语法错误；第二步，IntelliSense 提示错误修改完之后，执行编译，若编译不成功则继续修改代码；第三步，如果编译成功，执行生成。如果一个程序编译能够成功，生成也能够成功，说明程序已经没有语法错误了。

学习过程中，养成良好的代码书写习惯会大大降低出错的可能性。同时语法错误千差万别，很难预见所有的错误，出现错误也是不可避免的，关键是要学会这种检查程序语法错误的方法。

11.3.2　常见语法错误及解决方法

由于大多数用户使用的是 VC++ 6.0 英文版（市场上的中文版实际上是汉化版），在面对编译器报告的各种错误时，会觉得茫然。这也是本书总是在专业术语后加上对应的英文的原因之一。读者如果能够掌握这些术语的英文，看懂错误提示也不会很难。

表 11.1 中列出了一些 Visual Studio 中常见的语法错误及解决方法。另外，在本书的附录 B 中有更多的语法错误参考信息。如果读者遇到无法解决的语法错误，可以查阅本书附录或其他语法工具书。

表 11.1　　　　　　　　　　常见语法错误

VC++ 6.0 错误提示	VS2012 错误提示	可能的解决方法
Ambiguous call to overloaded function	函数重载发生歧义	修改重载函数参数表，避免歧义
Cannot open include file	无法打开包含文件	查找包含文件的正确路径
conversion from 'double' to 'int', possible loss of data	从"double"转换到"int"，可能丢失数据	强制类型转换
function does not take 0 parameters	函数参数表不匹配	正确地调用函数
function should return a value	函数必须返回一个值	在函数原型中给出返回值类型
local variable 'a' used without having been initialized	使用了未初始化的局部变量	初始化该变量
missing ')' before	缺少括号	检查括号是否匹配
missing ';' before	缺少分号	在语句尾加上分号
redefinition	标识符重复定义	更改标识符名
undeclared identifier	标识符未定义	①定义该标识符 ②检查是否正确包含了头文件
unexpected end of file found	文件异常结束	检查语句块括号是否匹配
unreferenced local variable	未引用的局部变量	①使用该变量 ②如果是多余变量，则删去
unresolved external symbol _main	找不到主函数	编写一个主函数

11.4 最麻烦的问题

在调试过程中，运行时错误是最麻烦的问题。因为编译错误可以由编译器检查出来，而大多数编译器对运行时错误却无能为力。查错和纠错的工作只能由用户自己来完成。

运行时错误还分为两种：一种是由于考虑不周或输入错误导致程序异常，例如数组越界访问，堆栈溢出等。另一种是由于程序设计思路的错误导致程序异常或难以得到预期的效果。

对于第一类运行时错误，不需要重新设计解决问题的思路，认为当前算法是可行的、有效的，只需要找出输入的错误或考虑临界情况的处理方法即可。对于第二类运行时错误，不得不遗憾地说，一切可能都要从头再来。

11.4.1 见识运行时错误

由于编译器无法发现运行时错误，这些错误往往在程序运行时以各种各样的形式表现出来。下面就是一些典型的因运行时错误引起的问题，如图 11.9 所示。

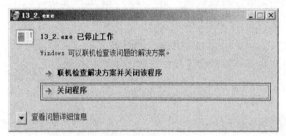

（a）程序停止工作

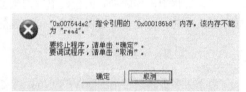

（b）内存不能为 Read/Written

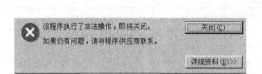

（c）非法操作

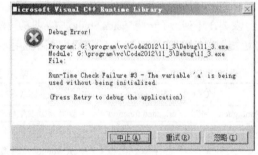

（d）Debug 错误

（e）运行异常

图 11.9　运行时错误的常见症状

11.4.2　查找错误点

语法错误的位置能很快地被编译器找到，而运行时错误的位置却很难被发现。即使一条条地检查语句，也未必能检查出什么。所以，在这里要介绍如何查找导致运行时错误的语句。

带有运行时错误的程序也是可以运行的，当它运行到一个产生错误的语句时，就提示出错了。根据这个特点，可以用输出语句来判断程序的运行流程。下面来看一段有运行时错误的程序。

程序 11.8　连接字符串

```cpp
#include <iostream>
using namespace std;
int main()
{
    char a[5],b[5];
    int alen=0,blen=0;                      //记录字符串 a 和 b 的长度
    cin >>a >>b;
    for (int i=0;a[i]!='\0' && b[i]!='\0';i++)     //计算字符串的长度
    {
        if (a[i]!='\0')
            alen++;
        if (b[i]!='\0')
            blen++;
    }
    char *c=new char[alen+blen];            //申请堆内存，存放连接后的字符串
    for (int i=0;i<=alen+blen;i++)          //把字符串 a 和 b 连接复制到字符串 c
    {
        if (i<alen)
            c[i]=a[i];
        else
            c[i]=b[i-alen];
    }
    cout <<c <<endl;
    delete [] c;                            //释放堆内存
    return 0;
}
```

运行结果：

```
OOTTMA
TomatoStudio
OOTTMATomatoS        蕫莄剞1 膌
```

在程序输出末尾出现乱码（根据不同的操作系统、编译器或运行程序的时机，运行时所产生的乱码可能会不同），并且程序失去响应或提示 Debug Error，这是运行时错误的表现。根据输出的内容，发现程序也没有达到连接字符串的目的。可以尝试让程序输出更多信息，查找错误原因。首先在计算字符串 a 和 b 的长度后，输出它们的长度，即在第一个 for 语句的循环体之后添加一句：

```cpp
cout <<"alen=" <<alen <<" blen=" <<blen <<endl;
```

运行结果：

```
OOTTMA
```

```
TomatoStudio
alen=6 blen=6
OOTTMATomatoS   誂 W 吥
```

OOTTMA 字符串长为 6，而 TomatoStudio 字符串长应为 12。根据程序运行结果，发现计算出的字符串长度有问题，所以必须检查实现该功能的语句。另外，由字符串长度可以想到申请空间是否足够的问题。发现数组的空间只能存放 5 个字符，而现在两个字符串都已经超过这个限制。于是把数组空间扩大，改作：

```
char a[20],b[20];
```

运行结果：

```
OOTTMA
TomatoStudio
alen=6 blen=6
OOTTMATomatoS   齎濼 a
```

根据运行结果，字符串 b 的长度还是不对。经过多次尝试，可以发现正确的字符串长度总是较短的字符串。所以会想到检查循环继续的条件是否正确，如果过早地终止循环，就会导致这种情况。果然，a[i]!='\0' && b[i]!='\0'意味着只要有一个字符串结束，那么长度计算就结束了，故把第一个 for 语句的循环条件中&&改成||。

运行结果：

```
OOTTMA
ToamtoStudio
alen=44 blen=57
OOTTMA
```

修改后，居然两个长度全都错了。我们不禁要思考为什么会这样了：用一个 for 语句来计算两个字符串的长度，当循环控制变量越过任一个字符串的结尾符以后又误认为它没有结束，所以输出的长度远远大于字符串的实际长度。把计算字符串长度用两个 for 语句来实现，即程序被改写成：

```cpp
#include <iostream>
using namespace std;
int main()
{
    char a[20],b[20];
    int alen,blen;
    cin >>a >>b;
    for (alen=0;a[alen]!='\0';alen++);              //计算字符串 a 的长度
    for (blen=0;b[blen]!='\0';blen++);              //计算字符串 b 的长度
    cout <<"alen=" <<alen <<" blen=" <<blen <<endl;
    char *c=new char[alen+blen];
    for (int i=0;i<=alen+blen;i++)
    {
        if (i<alen)
            c[i]=a[i];
        else
            c[i]=b[i-alen];
    }
    cout <<c <<endl;
    delete [] c;
    return 0;
```

```
}
```

运行结果：

```
OOTTMA
TomatoStudio
alen=6 blen=12
OOTTMATomatoStudio
```

现在两个字符串的长度都正确了，输出的内容也实现了字符串的连接，但是程序仍然没有正常工作。继续检查，发现剩下的语句和申请的堆内存空间字符串 c 有关了，于是先检查 c 是否有越界访问。根据 c 申请的空间大小，发现第 3 个 for 语句中循环条件有错误，导致越界访问，把该循环条件改为 i<alen+blen。

运行结果：

```
OOTTMA
TomatoStudio
alen=6 blen=12
OOTTMATomatoStudio     葺蠔皬
```

输出的字符串后面还是有乱码，并且也还是会失去响应，会不会是结尾符被忽略了呢？检查程序，发现 alen+blen 是两字符串长度，但是没有考虑结尾符，所以要给字符串 c 增加一个字符的空间，程序改写成如下。

```cpp
#include <iostream>
using namespace std;
int main()
{
    char a[20],b[20];
    int alen,blen;
    cin >>a >>b;
    for (alen=0;a[alen]!='\0';alen++);
    for (blen=0;b[blen]!='\0';blen++);
    //cout <<"alen=" <<alen <<"blen=" <<blen <<endl;
    char *c=new char[alen+blen+1];
    for (int i=0;i<alen+blen+1;i++)
    {
        if (i<alen)
            c[i]=a[i];
        else
            c[i]=b[i-alen];
    }
    cout <<c <<endl;
    delete [] c;
    return 0;
}
```

运行结果：

```
OOTTMA
TomatoStudio
OOTTMATomatoStudio
```

至此，程序修改完成。在目前的测试数据下，不再出现运行时错误，并且也能实现字符串连接的功能。

11.5　在 VS2012 里调试程序

由于引起运行错误的原因难以被发现，所以有时要利用工具来完成调试工作。Visual Studio 2012 提供了调试功能，它能够让语句成句或成段地执行，并且能够观察程序运行过程中各变量的变化情况。

在介绍如何使用 VS2012 调试程序之前，先认识什么是断点（Breakpoint）。当程序运行到断点时，它会暂时停止运行后面的语句，供用户观察程序的运行情况，并等待用户发出指令。断点不是语句，而是附在某条语句上的一个标志。

11.5.1　如何设置和移除断点

在 VS2012 中设置断点非常简单，在文本编辑区域最左边，有一条空白的灰色条，将光标移到所需要设置断点的语句前，单击空白处，会出现一个红点，这就是断点标志，如图 11.10 所示。

将光标移到所在语句，按 F9 键，或者右键选择断点并单击插入断点等方式都可以设置断点。如果要移除已经设置好的断点，则同样单击断点所在语句，按下 F9 键或直接单击红点可将断点移除。当然，在一个程序中可以设置多个断点。

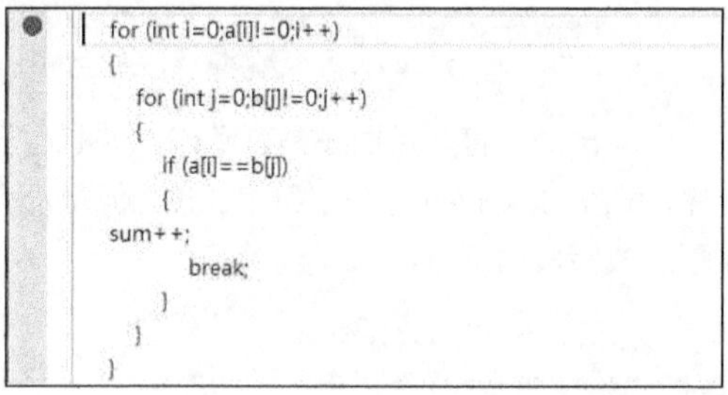

```
for (int i=0;a[i]!=0;i++)
{
    for (int j=0;b[j]!=0;j++)
    {
        if (a[i]==b[j])
        {
sum++;
            break;
        }
    }
}
```

图 11.10　断点

11.5.2　走起

设置了断点之后，就能开始调试程序了。选择"调试"菜单，再单击"启动调试"，或者直接按 F5 键，程序会进入调试状态，并且程序将正常运行直至遇到断点。

下面以程序 11.5 为例来演示调试功能的使用。该程序主要目的是统计在一个不多于 20 项的正整数数列中，有多少对成双倍关系的项，该数列以 0 结尾。例如数列 1 3 4 2 5 6 0 中，成双倍关系的项有 3 对（1 和 2、2 和 4、3 和 6）。

程序 11.9　找对子

```cpp
#include <iostream>
using namespace std;
int main()
{
    int a[50],b[50],sum=0;                 //在此设置断点
    for (int h=0;a[h-1]!=0;h++)
    {
        cin >>a[h];
        b[h]=2*a[h];
    }
    for (int i=0;a[i]!=0;i++)
    {
        for (int j=0;b[j]!=0;j++)
        {
            if (a[i]==b[j])
            {
            sum++;
```

```
                break;
            }
        }
    }
    cout <<"共有" <<sum <<"对数是成倍关系" <<endl;
    return 0;
}
```

设置好断点，选择"启动调试"，进入调试状态，VS2012 底部的状态栏会变成橙色，断点标志栏里会出现一个黄色的箭头，用于指示程序运行到的当前位置。同时，在状态栏位置会自动出现调试工具栏和调试位置工具栏，如图 11.11 所示。

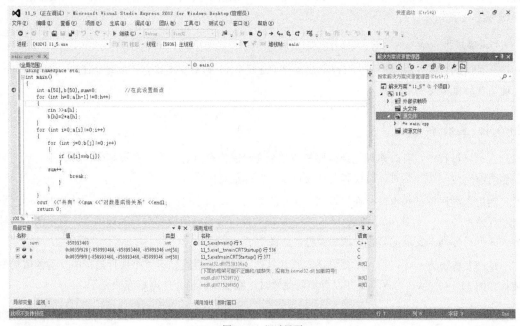

图 11.11　调试界面

11.5.3　调试工具栏

程序进入调试状态之后，在工具栏（菜单栏下方）位置会自动出现调试工具栏，如图 11.12 所示。

调试工具栏里显示了常用的 9 个按钮，从左至右依次是：

图 11.12　Debug 窗口

（1）启动调试/继续：开始执行调试或暂停之后继续执行。

（2）全部中断：暂停当前调试（不退出调试状态）。

（3）停止调试：完全停止当前调试（终止当前进程，退出调试状态）。

（4）重新启动：重新开始调试。

（5）显示下一语句：显示将要执行的下一条语句的位置，在语句之前用黄箭头表示。

（6）逐语句：执行下一语句（如果下一语句为函数调用，将进入到函数执行）。

（7）逐过程：执行下一过程，例如一次 for 循环或者一次函数调用。

（8）跳出：从当前调试的位置回到调用该函数的位置。

（9）在源中显示线程：如果源程序是多线程的，将在源程序中显示线程指示符。

将鼠标悬停在相应的按钮上会出现按钮的信息。同时，调试工具栏末端有一个下拉菜单键，单击它可以添加或删除调试工具栏里的快捷按钮。

程序调试结束后，调试工具栏会自动隐藏。你可能会觉得不够方便，这时可以通过单击"查看"菜单，在"工具栏"一项中选择相应的调试工具栏；也可以通过在工具栏空白区域单击右键，选择相应的工具栏。通过以上两种方式，可以将调试工具栏固定到 VS012 的工具栏区域。

在调试时，尽量不要总是按"逐语句"，因为它对于系统提供的函数也是有效的。这意味着用户能够用它详细地看到系统是如何实现一个输出功能的，甚至可以看到某些语句的汇编语言形式。但是，这却并不是调试的主要目标。如果不小心进入了系统函数里，要及时按"跳出"以退回到我们所编写的程序中来。

小提示

在调试过程中，对于大多数语句应该按"逐过程"。如果要调试自己编写的函数，则在调用该函数的语句处按"逐语句"。

11.5.4　监视和自动窗口

在调试过程中，有时你可能会需要知道某个变量赋值有没有正确，在被某个函数调用之后变量的值有没有改变等，这时，监视和自动窗口就能发挥重要作用。

当进入程序调试状态时，在"调试"菜单里单击"窗口"，然后选择"监视"，并单击其中任意一项（监视 1、2、3 或 4）。这时，VS2012 底部的窗口会自动切换到对应的选项卡。显示的表格被分为 3 列，分别是变量的名称、值和类型，如图 11.13 所示。

单击名称下方一行，输入所要监视的变量名称，就能实时地显示程序执行过程中变量的值的变化，如图 11.14 所示。当程序中并没有声明变量时，监视窗口也会作出相应的提示。

图 11.13　监视窗口　　　　　　　　　　　图 11.14　监视窗口

如果需要监视的变量很多，手动添加变量将会显得很麻烦。VS2012 提供了自动窗口，它能够自动显示程序执行到当前位置时相关变量的状态。该窗口的 3 列排布与监视窗口一样。类似地，自动窗口也可以在程序调试状态下通过"调试"菜单里的"窗口"子菜单、"自动窗口"选项打开，如图 11.15 所示。

图 11.15　自动窗口

此外，也可以通过同样的方法来添加"局部变量""线程""内存""寄存器"等窗口，获得更多程序运行时的信息。

> **小提示**
>
> 编译时，如果不把主程序切换到当前窗口，选择"生成"菜单，不会有"编译"选项；同样，如果不进入调试状态，在"调试"菜单的"窗口"里也不会有"自动窗口"等选项。

11.5.5 如何通过调试找到错误

在 VS2012 中，可以让语句逐句执行。如果执行到某一句语句时发生了运行时错误，那么这个错误一般就是由这个语句引起的。也可以观察每一句语句执行的顺序和执行后变量变化的情况。如果发现程序无法实现既定的功能，可以将期望的结果和实际的结果作比对，并分析可能引起这些不同的原因。这样能够大大加快找到问题和解决问题的速度。

> **试试看**
>
> 调试程序 11.9，观察语句执行的顺序和变量的变化情况。

11.6 缩略语和术语表

英文全称	缩写	中文
Identifier	—	标识符
Local Variable	—	局部变量
Buffer	—	缓冲区
Global Variable	—	全局变量
Static Local Variable	—	静态局部变量
Visibility	—	可见性
Debug	—	调试
Compile Error	—	编译错误
Runtime Error	—	运行时错误
Breakpoint	—	断点

11.7 方法指导

写好了代码，工作只是完成了一半。我们必须测试程序是否能正常运行，并修正那些显而易见的错误，熟练地使用调试功能也有助于更快地写出正确的代码。调试工具可以让初学者更直观地看到"抄"和"改"的效果。抄不是抄袭，而是借鉴，改不是乱改，而是改进。

在本章还介绍了变量作用域和头文件等知识，这些问题在以后的程序设计中将经常遇到，再大的程序也需要注意细节。至于调试，大多数集成开发环境下的调试工具也都大同小异。熟练使用 VS2012 的调试工具，有助于以后掌握其他环境下的调试方法。

11.8 习题

1. 写出下列程序段中所有变量的作用域，并描述它们的可见性。

```cpp
int a;
int func()
{
    static int c=0;
    double a=0,b=1;
    return c++;
}
int main()
{
    int a=1;
    if (a==1)
    {
        double a=2,b=5,c;
        c=a+b;
    }
    else
    {
        char a='a',b='b';
    }
    for (int i=0;i<3;i++)
        func();
    return 0;
}
```

2. 根据要求调试给出的程序（代码中可能含有编译错误，也可能含有运行时错误）。

（1）有一个二次函数 $f(x)=ax^2+bx+c$，现输入 $f(0)$，$f(1)$ 和 $f(2)$ 的值，并输入一个实数 n，请输出 $f(n)$ 的结果。

运行结果示例：

```
1 2 3 4
5
```

已经完成的程序：

```cpp
#include "iostream"
double func(int n)
{
    return a*pow(2,n)+b*n+c;
}
void mian()
{
    double a,b,c;
    double d,e,f,n;
    cin >>d >>e >>f >>n;
    a=(f-2*e+d)/2;
    b=e-a-d;
    c=d;
    cout <<func(n) <<endl;
    return 0;
}
```

（2）在计算机网络中的 IP 地址[1]是由 32 位二进制数组成的。为了方便记忆，我们经常将每 8 位二进制转化为一个十进制的数。这个数的范围为 0 到 255。所以，一个 IP 地址就由 4 个这样的十进制数构成。现在输入一个 32 位二进制数形式的 IP 地址（不会有错误的输入），请输出该地址的十进制数形式。

运行结果示例：
```
00101011110010111101101101010111
43.203.221.171
```

已经完成的程序：

```cpp
#include <iostream>
int main()
{
    char ip[32];
    cin <<ip;
    int sub=0;
    for (int k=0,k<4;k++)
    {
        int address=0,temp=128;
        for (int l=0;l<8;l++)
        {
            address=address+ip[sub]*temp;
            temp=temp/2;
            sub++;
        }
        cout <<address <<'.';
    }
    return 0;
}
```

（3）任选一个两位数 x，取它的个位数 a 和十位数 b，将两者相加得到 c，再用 x 减去 c，得到结果 d。比如 x=72，则 c=7+2=9，d=72-9=63。请求出当 x 的取值范围为 10 到 99 时，d 的值域。

运行结果示例：
```
9
18
27
36
45
54
63
72
81
```

已经完成的程序：

```cpp
#include <iostream>
using namespace std;
int main()
{
    int a=0;
    for (int i=10;i<100;i++)
```

---

[1] 此处的 IP 地址是指 IPv4 的地址。IPv6 的地址有更多的位数。

```
    {
        cout <<i-i/10+i%10 <<endl
    }
    return 0;
}
```

小提示

几年前网上曾流行一款很神奇的小游戏叫吉普赛读心术，该题目就是吉普赛读心术的原理，有兴趣的读者可以去网上找一找这个小游戏。

扫一扫二维码，获取参考答案

第12章 如何编写程序代码

当我们学会如何阅读代码，如何调试程序后，就要更进一步了——学习如何编写程序。如果说之前是扶着旁物蹒跚学步，那么现在才真正地迈出第一步。本章主要介绍如何把实际问题用一个程序来解决，也让大家对程序设计有一个简单的认识。

本章的知识点有：

◆ 程序设计基本步骤

◆ 程序设计的 3 类主要问题

◆ 字符串查找的算法

◆ 栈及其操作

◆ 函数调用机制

◆ 递归函数

12.1 程序设计的基本步骤

现实生活中遇到的问题，往往是不能直接用程序代码描述的问题。例如，统计销售量和利润，寻找出行的公交线路，将中文翻译成英语等。所以先要把实际问题转化成一个计算机能够解决的问题，而大多数问题一般分为 3 类。

（1）算：计算利润，计算一元二次方程的根，计算一个数列的和等。

（2）找：找最大的一个数，找最短的一条路径，找一个字符串的位置等。

（3）实现功能：实现撤销、重做的功能，实现模拟某种操作的功能等。有时候"实现功能"问题可以拆解为若干个"算"和"找"的问题。

正确分析了实际问题，并将其转化为上述 3 种计算机能够解决的问题之后，便要开始设计解决问题的方案了。设计解决问题的方案需要考虑算法和数据结构两方面。在第 1 章讲到过，算法是解决一类问题的过程和方法。而数据结构，目前可以简单地理解为数据的存储形式，如是变量、数组还是链表等。

设计完之后，还要将一整套复杂的方案拆解为一个个简单的小模块。拆解的程度根据代码的可读性和可写性来决定。如果某个模块过于复杂，那么会给代码书写和程序调试带来麻烦，也会给日后阅读程序代码带来困难。在实际书写代码的过程中，这些小模块往往以函数的形式出现。

至此，已经做完了所有的准备工作，可以上机书写程序代码了。在代码书写过程中可能会遇到一些没有考虑到的小问题，所以要适当地对之前设计的方案有所修正。

最后，不断地对程序进行调试和修改，一个程序便能根据要求来解决实际问题了。

整个程序设计的过程如图 12.1 所示。

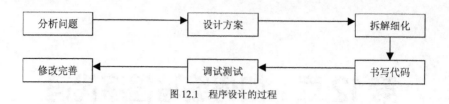

图 12.1　程序设计的过程

12.2　三类问题

上一节已经把计算机能解决的问题归结为"算""找"和"实现功能"3 类。这一节将通过 3 个例子，来讲述如何解决这 3 类问题。

12.2.1　算

问题：国际象棋是古印度的一个大臣发明的。国王很喜欢国际象棋，于是召见了他，问他要什么。那个大臣说：如果可以的话，陛下就给我一些麦子吧！在棋盘的第一格放一粒麦子，第二格放两粒麦子，第三格放四粒麦子，第四格放八粒麦子，以此类推。于是国王就吩咐下属去拿麦子，可是拿来的麦子很快就放完了。如果一粒麦子的平均重量在 0.02 克，请你帮国王算一下，大臣要的这些麦子一共有多重？

分析：这是一个数列求和的问题，只要把 64 格中每格的麦子数加起来，再乘以 0.02，就是所有麦子的重量（克）。由于计算比较简单，就不必将其更加细化了，程序代码如下。

> **程序 12.1　求麦子的重量**

```cpp
#include <iostream>
using namespace std;
int main()
{
    double item=1,sum=0;
    for (int i=0;i<64;i++)
    {
        sum=sum+item;
        item=item*2;
    }
    cout <<"这些麦子重" <<sum*0.02/1000000 <<"吨。"<<endl;
    return 0;
}
```

运行结果：

这些麦子重 3.68935e+011 吨。

放满 64 格麦子的总重量居然有上千亿吨！看来国王这下亏大了。不过程序 12.1 也很亏，本来可以几句代码解决的问题被搞得那么复杂了。因为等比数列求和在数学上可以用公式解决，比用 for 循环逐项计算要快多了！

算法与思想："算"的关键——数学知识

在很多情况下，计算数据是可以用数学方法简化的。比如上述例子中的等比数列求和问题，如果这个数列的项数很多，那么两种方法的性能差距将是非常明显的。所以，要解决好"算"问题，关键是要有良好的数学基础，在分析问题的时候就将其最简化。这样，不论对程序的长度控制还是性能提高都有很大的帮助。

通过用等比数列求和对的方法重写程序 12.1。

12.2.2 找

问题：Peter 以前是个作家，每天要写很多文章。随着年龄增加，他的记性也不好了。有时候刚写过的东西，他就忘了。于是他请我们帮他编写一个程序，告诉他是否曾经写过某个单词。如果写过，则告知匹配的第一个字符所在位置；如果没有写过，则告知没有写过。

运行结果示例：

他写过的文字：
Iamawriter,whataboutyou?
查询单词：what
查询结果：12

分析：这是一个字符串匹配的问题，任务的要求是在一个字符串中查找子串的位置。在第 5 章介绍过要找到答案，常用穷举法。穷举法可以说是"找"问题的基本解决方法。首先把首个字符的位置固定，然后依次向后比对字符串是否符合，如果子串的字符全都匹配成功，说明存在该子串，如图 12.2 所示。

图 12.2 字符串匹配过程
（灰色表示匹配成功，黑色表示匹配失败）

由于数据是字符串，所以可以采用字符数组来存储这些字符串，程序代码如下。

程序 12.2 字符串的匹配

```cpp
#include <iostream>
using namespace std;
```

```
int main()
{
    int i,j;                        //考虑到变量的作用域问题
    char orgstr[100],substr[100];
    cout <<"他写过的文字: " <<endl;
    cin >>orgstr;
    cout <<"查询单词: ";
    cin >>substr;
    for (i=0;orgstr[i]!='\0';i++)
    {
        for (j=0;substr[j]!='\0';j++)
        {
            if (orgstr[i+j]!=substr[j])
            {
                break;
            }
        }
        if (substr[j]=='\0')
            break;
    }
    cout <<"查询结果: ";
    if (orgstr[i]=='\0')
    {
        cout <<"Peter 没有写过这个单词。" <<endl;
    }
    else
    {
        cout <<i+1 <<endl;              //数组下标从 0 开始
    }
    return 0;
}
```

问题是解决了，但是这样的找法仍然是性能较差的。例如发现 writer 的 r 和 what 的 h 不匹配之后，再拿 what 的 w 和 writer 的 r 去比较是多余的。因为在上一轮比较中，已经知道那是 r 而不是 w 了。

算法与思想："找"的关键——减少分支，缩小范围

在使用穷举法的时候程序会查找所有的情况，最终找到合理的答案。但是过多无效地查找拖累了程序的运行效率。所以"找"的关键就是减少查找的分支，缩小查找的范围。当然，这里的减少和缩小是在不影响结果的正确性下进行的，要缩减的是显而易见的错误答案和可以预知的错误答案。例如，上述例子中，如果下一轮比较的起始位置没有确定且当前字符不是子串的首个字符，显然下一轮比较至少要从当前字符的下一个字符开始。这样，就能减少循环执行的次数了。在以后的算法课程中，将学习到 KMP 匹配算法，那种算法更为高效。

12.2.3　实现功能

问题：有 n 个孩子围成一个圈，他们按顺时针编号依次为 1 到 n。有一个整数 m，现在从第一个孩子开始顺时针数 m 个孩子，则第 m 个孩子离开这个圈。从下一个孩子继续数 m 个孩子，则数到 m 的孩子也会离开这个圈。如此继续，直到最后剩下的孩子胜出。如果知道孩子的个数 n 和整数 m，请你预测一下编号为多少的孩子会胜出？

运行结果示例：

请输入孩子的个数：8
请输入正整数 m：2
第 1 个孩子将获得胜利！

分析：这是有名的约瑟夫环（Joseph Circle）问题。程序的要求是模拟一下游戏的过程，并预测游戏结果，而游戏规则已经告知了。这里主要考虑如何直观地表示孩子围成的一个圈。这不难让我们联想到了链表，如果将它首尾相接，不就是一个圈吗？每离开一个孩子就删除一个结点，直到只剩下一个结点。程序可以分为两个模块，一个负责"圈"的初始化，另一个负责模拟游戏过程，具体代码如下。

程序 12.3　约瑟夫环问题

```cpp
#include <iostream>
using namespace std;
struct child
{
    int num;
    child *link;
};
void init(int n);                     //初始化函数
void gameStart(int n,int m);          //模拟游戏函数
child *head;                          //链表头
child *present;                       //当前结点
child *pEnd;                          //链表尾
int main()
{
    int n,m;
    cout <<"请输入孩子的个数：";
    cin >>n;
    cout <<"请输入正整数 m：";
    cin >>m;
    init(n);
    gameStart(n,m);
    cout <<"第" <<present->num <<"个孩子将获得胜利！" <<endl;
    delete present;
    return 0;
}
void init(int n)
{
    head=new child;
    head->num=1;
    present=head;
    for (int i=1;i<n;i++)
    {
        present->link=new child;
        present->link->num=i+1;
        present=present->link;
    }
    present->link=head;
    pEnd =present;
    present=head;
}
void gameStart(int n,int m)
{
```

```
child *pGuard= pEnd;//指向待删除结点的前驱结点,起初应指向表尾
while (n!=1)
{
    for (int j=1;j<m;j++)
    {
        pGuard=present;
        present=present->link;
    }
    pGuard->link=present->link;
    delete present;
    present=pGuard->link;
    n--;
}
}
```

> **算法与思想："实现功能"的关键——方法正确，简洁高效**
>
> 在解决"实现功能"类的问题时，要采用合适的方法和数据存储方式，尽量用直观的方式来解决问题。在保证结果正确的情况下，应尽量选择简洁高效的方法，避免复杂的方法和冗余的操作，以免影响程序的运行效率。

12.3 函数的递归

在程序设计中，递归（Recursion）是一种常用的方法。虽然它的运行效率不是很高，但是其代码简洁易懂。在硬件高速发展的今天，递归方法深受程序员的青睐。在详细介绍递归之前，先要知道什么是栈，以及函数的调用机制。

12.3.1 什么是栈

栈（Stack）是一种存放数据的空间。它的特点是数据先入后出，即最先进入栈的数据需要等到最后才能出栈。就像一把枪的弹匣，先被压入的子弹到最后才被打出来，而最后压入的子弹在一开始就会被打出来。栈有两种操作，分别是压栈（Push）和退栈（Pop），如图 12.3 所示。

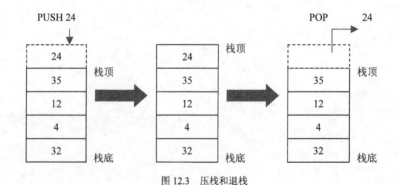

图 12.3 压栈和退栈

如图退栈之后，再退栈的数据依次为：35、12、4、32。最终整个栈为空，里面没有任何数据。

12.3.2 函数的调用机制

当调用一个函数时，系统内部发生了一系列的动作。

（1）开辟该函数的栈空间。

（2）将当前运行状态压栈。

（3）将返回地址（调用函数的地方）压栈。

（4）在栈内分配参数空间，传递参数信息。

（5）执行被调用函数，如果有局部变量，则在栈内分配空间。

假设某函数调用了函数 A，函数 A 中又调用了函数 B，那么栈里面的情况如何呢？如图 12.4 所示。

栈

	B 函数中的局部变量
B 函数的栈空间	参数
	返回地址（A 函数中某处）
	调用 B 函数时的运行状态
	A 函数中的局部变量
A 函数的栈空间	参数
	返回地址
	调用 A 函数时的运行状态
其他函数的栈空间	……

图 12.4　A 调用 B 后栈内情况

当函数运行结束时，系统内部又有一系列的动作，这些恰巧与调用函数时的动作顺序相反。

（1）释放栈内局部变量空间。

（2）释放栈内参数空间。

（3）退栈，得到返回地址，程序跳转回调用函数处等待继续执行。

（4）退栈，得到程序运行状态，恢复调用函数前的运行状态。

（5）释放该函数的栈空间。

了解了函数运行结束后的动作，不难理解为何参数和局部变量在函数运行结束后就消失了。因为它们存放在一个栈中，函数运行结束后，这部分空间就会被释放。一旦有新的函数运行，那么栈里面的数据就可能会发生变化。

以图 12.4 为例，如果函数 B 结束运行后，则栈的情况如图 12.5 所示。

待 A 函数也运行完之后，那么栈顶的数据就是调用 A 函数的某函数的数据了，如图 12.6 所示。

栈

	A 函数中的局部变量
A 函数的栈空间	参数
	返回地址
	调用 A 函数时的运行状态
其他函数的栈空间	……

图 12.5　B 结束运行后栈内情况

栈

其他函数的栈空间	……

图 12.6　A 结束运行后栈内情况

> **小提示**
>
> 栈也是内存中的一部分空间。既然内存空间是有限的资源，那么栈空间也是一种有限的资源。所以如果过于频繁地调用新函数运行而不让已调用的函数结束运行，那么栈资源会渐渐减少，以至于导致栈空间不足，最终因栈溢出（Overflow）而使程序出错。

12.3.3　小试牛刀——用递归模拟栈

既然调用函数的实质是栈操作，那么就可以用递归函数来模拟栈。

编写一个程序，先读取一个字符串，该字符串以"#"结尾。经过程序处理后，让这些字符按输入时的逆序输出，即符合栈"先入后出"的特点。整个程序代码如下。

程序 12.4　模拟栈

```cpp
#include <iostream>
using namespace std;
void stack(char c);
int main()
{
    char d;
    cin >>d;
    stack(d);
    cout <<endl;
    return 0;
}
void stack(char c)
{
    if (c!='#')                //判断是否输入结束
    {
        char d;
        cin >>d;               //没有结束则继续输入数据
        stack(d);              //继续判断输入的数据
        cout <<c;              //待输入结束则将字符输出
        return;                //返回调用处，去输出上一个字符
    }
    else
    {
        return;
    }
}
```

运行结果：

```
ABCD#
DCBA
```

如果仅仅关注参数在栈中的情况，则该程序运行时，栈的情况如图 12.7 所示。

调用	调用	调用	调用	调用	返回	返回	返回	返回
				#				
			D	D	D			
		C	C	C	C	C		
	B	B	B	B	B	B	B	
A	A	A	A	A	A	A	A	A

图 12.7　程序 12.4 的运行情况

（浅色表示输入的字符变量 d，深色表示输出的字符参数 c）

这样的程序是不是比自己编写一个链表栈要简单方便得多呢？

12.3.4* 递归的精髓

并不是所有问题都能够用递归解决的，而某些问题却是只能靠递归解决的。如果一个问题可以通过递归来解决，则称这个问题的解法是递归的。那么，可以通过递归解决的问题有什么特点呢？

可通过递归解决的问题往往能够转化为若干个解决步骤，并且第 n 步和第 n+1 步有着类似或相同的限制条件。如一个数列的递推公式：

$a_n=3a_{n-1}+2$，$a_{n-1}=3a_{n-2}+2$，$a_{n-2}=3a_{n-3}+2$，…，$a_1=3a_0+2$，$a_0=1$，它的相邻两项有着相同的关系，即求第 n 项和第 n+1 项有着相同的方法。唯一的不同就是 $a_0=1$，这种与众不同的方法称为递归出口，不断调用函数的递归将在那里终止。用递归来解决问题必须要有递归出口，否则递归会不断进行，直到栈溢出。

下面以汉诺塔（Tower of Hanoi）问题为例，看看如何将问题转化为若干个相似的步骤，再用递归来解决问题。

传说印度的一座神庙里有三根石柱，左侧的石柱从下而上有 64 个逐渐变小的圆盘，中间的石柱和右侧的石柱则是空着的（如图 12.8 所示）。和尚要把左侧的石柱按一定的规则全都移动到右侧的石柱上去：每次只能移动一个圆盘，并且小圆盘必须在大圆盘之上。当这 64 个圆盘全部移动到右侧石柱上去之后，就是世界末日。

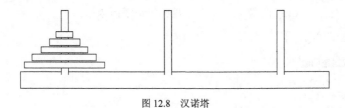

图 12.8 汉诺塔

现在假设汉诺塔有 n 个圆盘，要用程序来将其移动的方案输出。经过分析，我们发现：

解决 n 个圆盘的汉诺塔问题等价于解决第 n 个圆盘在最右侧石柱的 n-1 个圆盘的汉诺塔问题，解决 n-1 个圆盘的汉诺塔问题等价于第 n-1 个圆盘在最右侧石柱的 n-2 个圆盘的汉诺塔问题……如图 12.9 所示。

图 12.9 n-1 个圆盘的汉诺塔

要由图 12.8 的形式转化为图 12.9 的形式，必须经过以下两个步骤。

图 12.10 转化步骤 1

由于左侧和中间的石柱是等价的（都不是圆盘的最终目标），因此可以认为，解决图 12.11 的问题等价于解决图 12.9 的问题。此时由于在右侧石柱上是最大的圆盘，所以可以认为它不存在，其实这已经是一个 n-1 个圆盘的汉诺塔问题了。接下来应该把 n-2 个上面的小圆盘借助右侧石柱移动到左侧石柱上，然后把剩下的次大盘移动到右侧石柱，这就便成了一个 n-3 个圆盘的汉诺塔问题了……如此做下去，直到只剩下一个圆盘。

图 12.11　转化步骤 2

这样，可以设计出一个基本的解决汉诺塔问题的递归思路了。

（1）设左中右石柱名分别为 A、B、C，设每次移动的时候有源石柱、过度石柱和目标石柱分别为 a、b、c，注意 A、B、C 石柱和 a、b、c 石柱并没有确定的关系。

（2）当 n=1 的时候，直接把 a 石柱上的圆盘移动到 c 石柱上。（即递归出口）

（3）当 n≠1 的时候，把 a 石柱上的 n-1 个圆盘通过 c 石柱移动到 b 石柱上（相当于解决 n-1 个圆盘的汉诺塔问题），把 a 石柱的最后一个圆盘移动到 c 石柱上，然后再将 b 石柱上的 n-1 个圆盘通过 a 石柱移动到 c 石柱上（相当于解决 n-1 个圆盘的汉诺塔问题）。

于是，整个程序代码如下。

程序 12.5　汉诺塔问题

```cpp
#include <iostream>
using namespace std;
void Hanoi(int n,char a,char b,char c);
void move(char sour,char dest);
int main()
{
    int n;
    cout <<"请输入汉诺塔圆盘的个数: ";
    cin >>n;
    Hanoi(n,'A','B','C');
    cout <<"完成! " <<endl;
    return 0;
}
void Hanoi(int n,char a,char b,char c)
{
    if (n==1)
    {
        move(a,c);
    }
    else
    {
        Hanoi(n-1,a,c,b);
        move(a,c);
        Hanoi(n-1,b,a,c);
    }
}
```

```
void move(char sour,char dest)
{
    cout <<"把" <<sour <<"石柱最上面的圆盘移动到" <<dest <<"石柱上。" <<endl;
}
```

运行结果：

请输入汉诺塔圆盘的个数：4
把 A 石柱最上面的圆盘移动到 B 石柱上。
把 A 石柱最上面的圆盘移动到 C 石柱上。
把 B 石柱最上面的圆盘移动到 C 石柱上。
把 A 石柱最上面的圆盘移动到 B 石柱上。
把 C 石柱最上面的圆盘移动到 A 石柱上。
把 C 石柱最上面的圆盘移动到 B 石柱上。
把 A 石柱最上面的圆盘移动到 B 石柱上。
把 A 石柱最上面的圆盘移动到 C 石柱上。
把 B 石柱最上面的圆盘移动到 C 石柱上。
把 B 石柱最上面的圆盘移动到 A 石柱上。
把 C 石柱最上面的圆盘移动到 A 石柱上。
把 B 石柱最上面的圆盘移动到 C 石柱上。
把 A 石柱最上面的圆盘移动到 B 石柱上。
把 A 石柱最上面的圆盘移动到 C 石柱上。
把 B 石柱最上面的圆盘移动到 C 石柱上。
完成！

汉诺塔问题的运算量是随着圆盘的增多而夸张地增长着。你可以尝试一下输入汉诺塔圆盘个数为 16，却发现计算机在一两分钟内根本无法将其解决。据说如果用家用计算机解决 64 个圆盘的汉诺塔问题，需要花上几百年的时间。如果由人来移动圆盘，则花费的时间比地球的年龄——46 亿年还要多得多！

12.4　缩略语和术语表

英文全称	缩写	中文
Joseph Circle	-	约瑟夫环
Stack	-	栈
Push	-	压（栈）
Pop	-	退（栈）
Overflow	-	溢出
Recursion	-	递归
Tower of Hanoi	-	汉诺塔

12.5　方法指导

本章中反复强调的就是"算法"二字。第 1 章中介绍了，程序设计首先就是要寻找一种解决问题的方法。随着水平的提高，自己应该可以有一点想法了。不论这种想法是简单还是复杂，低效或是高效，至少能解决问题。初学者首先需要掌握的是解决问题的基本方法，而不要一味地求难求高效。如果你已经能正确地解决大多数问题，接下来才可以去优化算法，提高效率。如果你没有思路，依然要多抄、多改、多实践。

至于递归，对初学者来说确实有点难度。递归的代码可能简单易懂，也可能是不折不扣的"天书"。如果解决问题的时候发现很适合用递归，那就尽量去用吧！如果对它并没有好感，也不要硬往上靠。自然的思想和代码就很美。

12.6　习题

根据要求编写程序。

1．面积问题

如图，有一个半径为 r 的黑圆，里面有一个半径为 r/2 的白圆，此白圆里又有一个半径为 r/4 的黑圆，此黑圆里又有一个半径为 r/8 的白圆，如此重复下去，问黑色部分的面积为多少？

运行结果：

请输入最外层圆半径 r：2
黑色部分的面积为 3.2pi

2．阶梯问题

用一个正整数列来表示一段地方的高度。当一段地方的高度为一个逐渐上升的序列时，称它为一个阶梯，例如 4、5、6、7、8 是一个长度为 5 的阶梯。现在给定一个正整数列，请找出它第一个最长的阶梯，并将其输出。如果一个阶梯也没有，输出"没有阶梯"。

运行结果：

请输入数列的长度：8
请输入数列：0 2 3 4 3 4 6 5
结果为 2 3 4

3．食堂问题

食堂里排队买饭的人很多，某窗口每秒钟都会有一个人来排队买饭，若干秒后有一个人能够买好饭。将排队买饭的每个人用不同的字母表示，用$表示这秒钟有一个人买好了饭，用#表示饭卖完了，窗口关闭。假设同一秒钟内不可能有多个人同时买好饭，计时从第一个人到窗口开始。请将买好饭的人按时间序列输出，并告知是从开始计时的第几秒买好的。

运行结果：

请输入序列：ABCDEFGH#
结果：
A 3s
B 4s
C 6s
D 7s

4．配色问题

现在有 4 种颜色：红 r 黄 y 绿 g 蓝 b，有一块矩形色板上可以放 4 种颜色中的任意两种，这两种颜色可以是相同的,例如:rr(红红)、ry(红黄)。由于矩形色板是对称的,红绿和绿红是相同的配色方案。请用递归的方法将所有的配色方案输出。

运行结果:

rr yr gr br yy gy by gg bg bb

扫一扫二维码,获取参考答案

第 13 章　异常的处理

在程序的运行过程中，难免会遇到一些问题或错误。对于一些大型程序或重要程序来说，这些错误都是可怕的、致命的。本章将学习如何处理在程序运行中遇到的异常状况，并对它的工作原理有一个简单的了解。

本章的知识点有：

◆　异常的概念

◆　异常的处理方式

◆　异常的捕获

◆　异常的抛出

13.1　亡羊也要补牢

在第 11 章中，说到程序的错误主要分为编译错误和运行错误，而运行错误主要与编写程序时的思路有关。虽然有时候可以预见，但却不知道它将何时发生，如何处置。当一个严重的错误产生，只好眼睁睁地看着系统弹出警告对话框，然后习惯性地把程序终止了。

对于一个小程序来说，这样的终止是无所谓的。但是对于一个重要的或大型的程序来说，无论发生多么严重的错误，都应该尽力恢复它。因为它的异常终止可能会引起非常严重的后果。下面来看一个关于内存分配的程序。

> **程序 13.1　内存的分配**

```
#include <iostream>
using namespace std;
int main()
{
    int* a[4];
    int i=0;
    cout <<"准备分配内存" <<endl;
    system("pause");
    for(i=0;i<4;i++)
    {
        a[i]=new int[128*1024*1024];        //程序本意是想申请 4*128MB 的空间
    }
    cout <<"内存分配成功" <<endl;
    //......内存初始化，内存使用
    cout <<"准备释放内存" <<endl;
    for(;i>0;i--)
    {
        delete a[i-1];
    }
    cout <<"内存已释放" <<endl;
    return 0;
}
```

运行结果：

请按任意键继续．．．

功能分析：程序 13.1 原本打算分配 4 个 128MB 的堆内存空间，供给后续程序使用，使用完后再释放空间。但是如果程序员忘记了每个整型变量占 4 个字节，这意味着程序运行之后会申请 4 倍的堆内存空间，即 2GB。如果计算机上没配置足够的内存空间，则无法满足程序的需要。当计算机内存资源耗尽之后，如果程序继续向系统申请堆内存空间，就会引发异常（Exception）。此时，系统会自动调用 terminate() 函数。对于 Windows 操作系统，terminate() 函数会默认调用 abort() 函数，终止程序。于是出现图 13.1 所示的提示"-abort() has been called"。

图 13.1　程序运行结果

在发生异常之后，虽然程序结束了，但在程序运行过程中申请的一部分内存没有被释放掉，因为屏幕上并未输出"内存已释放"的提示。这就会发生在第 8 章中说到的内存泄露。对于一些操作系统，可能并不会立即回收内存，通过系统的任务管理器可以查看程序执行前后的内存使用情况，如图 13.2 和图 13.3 所示。

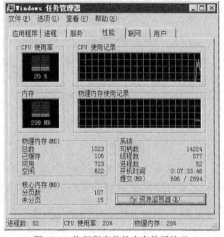

图 13.2　执行程序前的内存使用情况

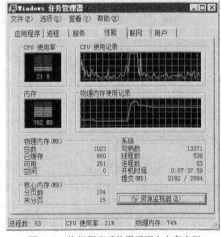

图 13.3　执行程序后使用了不少内存空间

> **小提示**
>
> 内存泄露造成后果的严重程度往往和操作系统有关。在一个设计精良的操作系统中，内存泄露的后果不会很严重。甚至有些操作系统能够自动检测并释放内存空间。所以在 Windows XP、Windows 7 或更新的操作系统中运行程序 13.1，会发现即使程序异常结束，内存使用数还是会恢复到原来的状态。

在没有保护措施的操作系统中，程序 13.1 将造成内存泄露，使内存资源消耗殆尽。所以应该找到一个办法，让程序在异常结束之前，能够先把申请的空间释放掉。

13.2　处理异常

在程序的运行过程中，会遇到各种运行时错误。这些错误将会以明确的名称和形式反馈给操作系统或用户。这些反馈信息就是异常信息。现在所要做的就是根据反馈信息制定各种异常情况的处理方案。那么应该怎么做呢？

13.2.1 尽力尝试

当要去做一件没有把握的事情时，有些人经常会说"我去试试看"。其实在程序运行的时候，也可以让它"试试看"。如果它能成功运行，那是再好不过；如果它没能成功运行，那么就要做好善后工作。

在 C++ 中，把可能会产生异常的语句或语句块放在 try 语句中，程序将尝试运行这些语句，一旦这些语句在运行中产生了异常，那么程序不会直接被终止，而是转入异常处理程序，根据程序员的意愿继续执行下去。try 语句的语法格式为：

```
try
{
    语句或语句块
}
```

如程序 13.1 所示，堆内存空间申请的语句就可以放到 try 语句中，这样内存分配失败的异常就能被处理了。

> **小提示**
>
> 有些读者可能会有疑问，try 和 if 语句到底有什么差别？其实 if 语句只能在程序有效的情况下判断经得起判断的错误，如除数是否为零、文件是否存在等。而 try 则可以诊断一些可能引起程序崩溃的错误，如访问数组越界、访问空指针等。另外，if 语句的判断范围有限，无法判断整个函数调用链的底层发生的问题。如程序 13.1，如果内存分配出现了问题，编写主函数的程序员用 if 语句却鞭长莫及。而 try 则可以监视其语句块中的整个函数调用链，任何一个函数发生问题，都能及时反馈。

13.2.2 抓住异常

产生异常的语句或语句块可能已经被放到 try 里面了，那么接下来应该怎么处理异常呢？在一段程序中，产生的异常可能是多种多样的，例如找不到文件，或者访问了一个不该访问的内存区域。不同的异常会有不同的反馈信息，程序员就必须根据这些不同的信息制定不同的处理方案。这时就要用到 catch 语句，它能够捕捉到异常。每个 try 语句后面必须至少有一个 catch 语句，来处理 try 的语句中遇到的各种异常。catch 语句的语法格式为：

```
catch ( 数据类型 [参数名] )
{
    语句或语句块
}
```

异常发生时，给出的是不同数据类型的异常信息。它们中有些是常见的数据类型，有些则可能是自定义的数据类型（如结构、枚举或者下一章要介绍的类）。通常就根据不同的数据类型来区分不同的异常类型。所以在每个 try 语句之后可以存在多个数据类型不同的 catch 语句。每个 catch 语句用来处理不同的异常情况。try 语句块里产生的异常与 catch 语句从上往下匹配，当匹配到第一个 catch 时，执行 catch 里的语句，执行完再不再与后续的 catch 进行匹配。

> **小提示**
>
> 当 try 语句块产生的异常不能被所有的 catch 捕获时，C++ 会调用默认的异常处理函数。于是操作系统可能就会显示该程序遇到问题，需要关闭。

如果异常信息的内容参与到异常处理中，可以给它带上参数名。在异常处理过程中，就可以使用这个变量了。如：

```
catch(int a)
{
    cout <<a;
}
```

小提示

如果想要捕捉所有异常类型，可以用 catch(…)来实现。虽然异常捕捉和重载函数都是数据类型匹配的过程，但是它们有两个较大的区别。第一，异常信息始终只有一个，它不会像重载函数一样出现多个参数。所以，每个 try 后面 catch 的数据类型必须是唯一的，否则计算机将无法分辨转入哪个异常处理程序。至于哪些异常对应哪些数据类型，请查阅相关工具书。第二，处理异常之后将严重影响语句的运行顺序，它不会像函数那样返回异常的发生处。

下面改写程序 13.1，尝试用异常处理来解决问题。

程序 13.2　异常处理的简单实例

```
#include <iostream>
using namespace std;
int main()
{
    int* a[4];
    int i=0;
    cout <<"准备分配内存" <<endl;
    system("pause");
    try
    {
        for(i=0;i<4;i++)
        {
            a[i]=new int[128*1024*1024];
        }
    }
    catch(bad_alloc)        //C++标准定义的一种异常
    {
        cout <<"内存分配失败！" <<endl;
        cout <<"准备释放内存" <<endl;
        for(;i>0;i--)
        {
            delete a[i-1];
        }
        cout <<"内存已释放" <<endl;
        return 1;
    }
    cout <<"内存分配成功" <<endl;
    //......内存初始化，内存使用
    cout <<"准备释放内存" <<endl;
    for(;i>0;i--)
    {
        delete a[i-1];
    }
    cout <<"内存已释放" <<endl;
    return 0;
}
```

运行结果：

准备分配内存
请按任意键继续．．．〔按任意键〕
内存分配失败!
准备释放内存
内存已释放

功能分析：根据运行结果可以看到，程序没有崩溃，并且及时提示发生了错误。而"内存已释放"也出现在屏幕上，可见之前申请的一些堆内存被安全释放了，我们的目的也就达到了。

13.3　抛出异常

上一节讲了如何处理异常，但是异常是怎么出现的呢？难道只能使用系统给出的异常么？我们能否也告诉计算机，运行的代码出现了异常呢？这是可行的。在 C++中，异常是被抛出（Throw）的。如果有必要，也可以用 throw 语句抛出异常。throw 语句的语法格式为：

```
throw 表达式；
```

throw 作为告知发生异常的语句，可以出现在任何函数体内。它与 try 和 catch 并没有对应关系。只不过在 try 管辖范围内的 throw 抛出的异常将被对应的 catch 捕获。根据不同的程序，throw 抛出的异常也可能没有被任何的 catch 捕获，但它却尽到了自己告知发生异常的义务。

下面就用程序来实践如何抛出异常。

程序 13.3　抛出异常的实例

```cpp
#include <iostream>
using namespace std;
int main()
{
    int a;
    char b;
    double c;
    try
    {
        cin >>a;
        if (a==0)
        {
            throw a;          //抛出整型
        }
        cin >>b;
        if (b=='A')
        {
            throw b;          //抛出字符型
        }
        cin >>c;
        if (c==3.0)
        {
            throw c;          //抛出双精度型
        }
    }
    catch (int it)            //捕获整型
    {
        cout <<"整型异常 " <<it <<endl;
```

```
    }
    catch (char ct)                //捕获字符型
    {
        cout <<"字符异常 " <<ct <<endl;
    }
    cout <<"End." <<endl;
    return 0;
}
```

运行结果：

```
3
A
字符异常 A
End.
```

功能分析：catch 捕捉到了 throw 抛出的异常，并且一旦抛出异常以后，程序就会转入异常处理语句。异常处理结束后也不再返回异常抛出处，而是继续运行后面的程序。这就是异常机制和函数机制最大的区别。

由于 catch 是根据数据类型来判断异常类型的，所以即使抛出不同的数值，只要数据类型相同就会执行同一个异常处理语句块。

试试看

运行程序 13.3，依次输入 1、a 和 3，查看运行结果。

结论：如果抛出的异常没有被捕获，则会跳出对话框提示。

13.4　缩略语和术语表

英文全称	缩写	中文
Exception	—	异常
Catch	—	捕获（异常）
Throw	—	抛出

13.5　方法指导

本章介绍了 C++的异常处理机制。异常处理提高了程序处理错误的能力。初学者不必熟练使用异常处理，但必须意识到它的存在，了解它的基本原理。由于本书是入门教材，并没有深入地阐述异常处理的高级应用。学有余力的读者可以通过相关工具书或网络获取更多异常处理的用法和特性。

中篇部分到这里也将告一段落，整个中篇部分讲述了 4 个如何，即如何阅读代码、如何调试代码、如何编写代码、如何处理程序异常。程序设计需要不断地学习，阅读优秀的程序代码是一个良好的方法。要想成为一个优秀的程序员，不仅要多阅读，还需要大量地动手实践，积极参与从分析问题、设计算法到代码编写、调试等每一个环节当中去。对于初学者的你，刚开始可能会觉得比较难。请大胆地去尝试吧，掌握了这些方法以后，相信你一定会越来越有信心。

13.6 习题

阅读程序代码，写出运行结果。

```cpp
#include <iostream>
using namespace std;
int main()
{
    int size;
    cin>>size;
    try
    {
        cout<<"准备申请内存..." <<endl;
        if (size>512)
        {
            throw size;
        }
        char *cptr=new char[size*1024*1024];
        cout<<"HAHA!" <<endl;
        delete [] cptr;
    }
    catch(int a)
    {
        cout<<"申请失败! 容量为" <<a <<"M" <<endl;
    }
    cout<<"程序结束..." <<endl;
    return 0;
}
```

第一次运行输入 128，第二次运行输入 1024。

扫一扫二维码，获取参考答案

后篇 面向对象的程序设计

第14章 初识对象

C++曾被称为"带'类'的 C 语言"。虽然这样的称法并不科学，但是不可否认，面向对象的程序设计是 C++的一个重要特性，也是 C++学习过程中的一个难点。本章先不对面向对象的概念作详细的讲述，而是以字符串为例，让读者感性地了解什么是对象，什么是类，并且掌握如何使用类和对象。

本章的主要知识点有：

◆ 对象的概念

◆ 对象的使用方法

◆ 类的封装性

14.1 对象就是物体

既然称为面向对象（Object Oriented，OO），就先要知道什么是对象。其实单词 Object 更直观的翻译应该是物体。世界就是由各种物体组成的。因此某一辆汽车、某一个人、某一个杯子等，这些存在的物体都是对象。

任何一个对象都有一些具体的属性。例如，某汽车的品牌、型号、排量，某人的性别、身高、体重，某杯子的口径、材质等。任何一个对象都能进行一些操作。例如汽车可以开动、拐弯，人可以走路、吃饭，杯子可以被打破等。

对象就是任何可以想象出来的具体的物体。

某些物体具有共性，可以将它们归类。例如，A 汽车和 B 汽车都是汽车，你我都是人类，大杯子和小杯子都是杯子。这种能够抽象地描述某些具有共性的物体的词称为类（Class）。即汽车是一个类，人类是一个类，杯子也是一个类。

14.2 一个字符串也是对象

字符串（String）"abc"是可以想象出来的具体物体。它的长度为 3 个字符。在它的第 2 个字符能查找到字母"b"。字符串"abcdefg"是可以想象出来的具体物体。它的长度为 7 个字符。在它的第 3 个字符能查找到字符串"cd"。由于各个字符串都具有一些属性，都能对其进行一些操作，所以字符串是一个类。

下面先来看一段程序，了解如何使用字符串。

程序 14.1　字符对象的使用（1）

```
#include <string>
#include <iostream>
using namespace std;
int main()
{
    string a("abc");                    //创建一个字符串 a，内容为"abc"
    cout <<"Pos 'b'=" <<a.find("b") <<endl;
    //在字符串 a 中查找子串"b"的位置
    cout <<"Length of a=" <<a.length() <<endl;          //字符串 a 的长度
    cout <<a <<endl;                    //输出字符串 a
    string b("abcdefg");                //创建一个字符串 b，内容为"abcdefg"
    cout <<"Pos \"cd\"=" <<b.find("cd") <<endl;
    //在字符串 b 中查找子串"cd"的位置
    cout <<"Length of b=" <<b.length() <<endl;              //字符串 b 的长度
    cout <<b <<endl;                    //输出字符串 b
    return 0;
}
```

运行结果：

```
Pos 'b'=1
Length of a=3
abc
Pos "cd"=2
Length of b=7
abcdefg
```

程序中 string 是类名。a 和 b 是对象名，它们类似于变量名，也是一种标志符。而 string a("abc");
的写法是对象的初始化，在后面的章节会作详细介绍。

14.2.1　奇妙的点

程序 14.1 中出现了诸如 a.length() 和 b.find("cd") 之类的形式。在第 9 章，介绍过结构中的这种写法，即用成员操作符 "." 来代表 "的"，来描述一个结构变量中的成员数据（某种属性）。

而在程序 14.1 中却是在成员操作符后面出现了函数的形式，这种函数称为成员函数（Function Member），有时也称为操作或方法。成员函数就是对某个对象的操作。例如，a.length() 就是求字符串 a 的长度，b.find("cd") 就是在字符串 b 中查找子串 "cd" 的位置。

小提示

Visual Basic 是基于对象的，它的每个控件都是一个对象。例如，一个窗体有 width（宽度）属性，有 height（高度）属性，这些就是对象的成员数据。一个窗体可以 hide（隐藏），可以 show（显示），这些就是对象的成员函数。使用控件的经历可以让你更深刻地了解什么是对象。

14.2.2　对字符串的操作

对某个对象的操作并不是随心所欲的，而是事先设计好的。就像汽车不能飞，杯子不能吃一样，每个对象所能进行的操作总是和它所属的"类"相关的。那么字符串除了能够求长度和查找子串位置外，还能进行别的操作吗？当在输入程序 14.1 时就已经发现了一个"秘密"，如图 14.1 所示。

图 14.1 字符串的成员提示

输入了对象名和成员操作符之后，Visual Studio 2012 会给出一个下拉式列表，里面罗列了所有和该对象相关的内容。字符串能进行什么操作，都在这个列表中。表 14.1 中列出了字符串的其他常用操作。

表 14.1 字符串的常用操作

成员函数名	操作内容	常用参数格式
append	在字符串末尾添加内容	append（string 或字符串常量）
compare	与另一字符串作比较，相同则返回 0	compare（string 或字符串常量）
empty	判断字符串是否为空，空则返回 1	empty()
erase	擦除字符串中特定长度的内容	erase（擦除位置，擦除长度）
insert	在某个位置插入字符串	insert（插入位置，string 或字符串常量）
swap	与另一个字符串内容交换	swap(string)

下面通过程序来实践这些操作。

程序 14.2 字符串对象的使用（2）

```cpp
#include <string>
#include <iostream>
using namespace std;
int main()
{
    string a("abc");                     //创建字符串 a
    string b("StringB");
    cout <<"Length of a=" <<a.length() <<endl;        //此时 a 的长度为 3
    cout <<a <<endl;                     //字符串 a 的内容为"abc"
    a.append("EFG");                     //在字符串末尾添加"字符串末
    cout <<"Length of a=" <<a.length() <<endl;        //此时字符串长度为 6
    cout <<a <<endl;                     //字符串 a 的内容为"abcEFG"
    a.insert(3,b);                       //在字符串 a 第三个字符后插入字符串 b
    cout <<a <<endl;                     //字符串 a 的内容为"abcStringBEFG"
    cout <<a.compare("ABCDEFG") <<endl;
    //字符串 a 与字符串"ABCDEFG"比较
    cout <<a.compare(a) <<endl;          //字符串 a 与自己比较，相同应输出 0
    cout <<a.empty() <<endl;             //字符串 a 不是空的，应输出 0
    a.swap(b);                           //字符串 a 和 b 内容交换
    cout <<"String a is "<<a <<endl <<"String b is "<<b <<endl;
    return 0;
}
```

运行结果：

```
Length of a=3
abc
Length of a=6
abcEFG
abcStringBEFG
1
0
```

```
0
String a is StringB
String b is abcStringBEFG
```

类似于标准库函数，不需要记住每种"类"的全部操作，只要在使用过程中记住一些常用的操作。如果还有需要，可以求助于相关书籍或网络。

试试看

1. 根据程序 14.1 的注释改写程序，要求创建一个字符串 c，其内容为"Hello World!"。输出字符串中子串"World"的位置，输出字符串的长度，最后输出字符串 c。

2. 将程序 14.2 中的 string a("abc");改为 string a;，猜测运行结果并上机验证。

14.3　面向对象特点一：封装性

在使用字符串类时，不难发现它和字符数组相比，很明显的不同是无法对数据进行直接的修改和操作。如果有一个 char a[]="Hello";，那么可以直接用 a[0]= 'h';来修改存储在内存中的字符，甚至可以输出数组的首地址来了解这个数组到底存放在什么位置。而对于一个 string a("Hello");，却无法直接修改它的数据，因为所有对 a 的操作都是由成员函数所决定的。用户只能了解这个"Hello"的存在，但它具体存储在于内存的什么位置，无法通过除了对应操作以外的简单方法（如使用取地址操作符）得知。

由于我们不是字符串类的设计者，当对 string 进行种种操作时，只能了解到它的操作结果，而对它的操作原理和操作实现过程却无法得知。

这种类的数据不可知性和操作实现过程不可知性称为类的封装性（Encapsulation）。

不难理解，作为使用者，用户不需要对数据和操作实现过程感兴趣。就好像买一个手机，用户只关心它是否能够正常通话、正常发短消息，却对它如何接通电话、如何把信号发送出去不感兴趣。类的封装性把类的设计者和类的使用者分隔开，使他们在设计程序时互不干扰，责任明确。

14.4　缩略语和术语表

英文全称	英文缩写	中文
Object Oriented	OO	面向对象
Class	—	类
Member Function[①]	—	成员函数
Encapsulation	—	封装性

14.5　方法指导

可能你还没有完全明白到底什么是类，什么是对象，甚至搞不清创建对象的时候，对象名旁边的括号里应该填什么。没关系，这些都不是本章所要掌握的内容，你只要会使用字符串类和对象就

---

① 成员函数称为 Member Function，而成员数据则通常称为 Data Member。

可以了。等到你能够熟练地使用它们，就说明你已经逐渐接受了对象这个概念。

14.6　习题

1．编写一条语句，创建一个字符串对象。对象名为 str，内容为 Hello,World。

2．根据要求编写程序。

（1）输入字符串 a 和字符串 b，输出它们连接后的字符串，并计算连接后的字符串长度。

运行示例：

请输入字符串 a：Tomato
请输入字符串 b：Studio
连接后的字符串为：TomatoStudio
连接后的字符串长度为：12

（2）Peter 在使用计算机，有一件事情让他很头痛：他的计算机总是莫名其妙地重新启动，如果他没有保存，他打的那些文字就会丢失。有时候他还会打错字，就要使用退格键删除之前输入的一个字符。假设用英文字母来表示他输入的文字，用$表示一次退格，用%表示一次保存，用*表示一次计算机重新启动，用#表示输入结束并保存。请输出他最终保存下来的所有文字。如果没有任何文字被保存下来，则输出 Nothing。（提示：可使用字符串类的成员函数。）

运行示例：

请输入：
Tos$ma%toS*S$toS%tud*tuD$dio#
TomatoStudio

扫一扫二维码，获取参考答案

第15章 再识对象

上一章从使用的角度介绍了什么是类和对象，如何使用成员函数。本章将从设计的角度来研究类和对象，探究类的内部。

本章的知识点有：

◆ 类的声明与定义方法

◆ 访问控制符——公有及私有

◆ 成员函数的声明、定义与重载

◆ 常成员函数的概念

◆ 快速查看类的方法

◆ 对象的引用和对象指针

15.1 类是一种数据类型

大家都知道了数据类型和变量的关系。数据类型是各个变量的归类，而变量则是某个数据类型的具体表现。如 int 是所有整数的归类，而存有整数 221 的整型变量 a 是整型数据的具体表现。那么，变量就可以被认为是数据类型的一个实例（Instance）。各个变量都有它们的属性：内容和占用内存空间等；各个变量都有它们的操作：算术运算或关系运算等。从这个角度来看，类和对象的关系就如同数据类型和变量的关系。所以，不妨将类看作一种自定义的数据类型，那么对象就是一种属于该类型的变量。

15.1.1 类与结构

在第 9 章学习了结构类型，知道它是一种由用户自己定义的数据类型。虽然能够使用结构刻画现实生活中的东西，却无法让它"动起来"。所有对它的操作都要依赖于为它编写的函数。

类与结构是相似的。它也是一种由用户自己定义的数据类型，可以用来刻画现实生活中的东西。不同的是，对它的操作并不是通过普通的函数，而是通过类的成员函数来实现的。

下面来看如何定义一个类和它的成员数据。

```
class 类名
{
    数据类型 成员数据₁;
    数据类型 成员数据₂;
    ……
};
```

看来如果仅仅是定义成员数据，类和结构是非常相似的，唯一的不同就是把关键字 struct 换成了 class。

小提示

与定义结构类似，定义完一个类之后，务必要在最后加上一个分号。

15.1.2　类的声明与定义

如果类的定义和主函数在同一个源文件里，那么就会可能遇到这样的问题：在类定义之前，主函数使用了这个类。这将会导致错误的发生，因为主函数还没有意识到这个类的存在。所以必须在主函数之前声明这个类的存在，其作用类似于函数原型。例如：

```
class A;            //类的声明
int main()          //主函数
{
......
}
class A             //类的定义
{
......
};                  //千万别忘了这个分号
```

此外，还可以将一个类定义在一个头文件中，然后在源文件中包含这个头文件。由于包含头文件的动作在主函数运行之前，所以不必在主函数之前声明这个类。例如：

class.h 文件
```
class A                 //类的定义
{
    ......
};
```

main.cpp 文件
```
#include "class.h"      //要注意这里必须用双引号，而不能用尖括号
int main()
{
    A objectA;
    ......
}
```

15.2　公有和私有

在上一章，提到了类的封装性。那么，如何保证类内部的数据和操作不被外部访问或执行呢？这时需要用到访问控制符——公有（Public）和私有（Private）。

所谓公有，就是外部可以访问的数据或执行的操作。例如，一个人的身高（数据）是可以较直接地获得的，一个人吃东西（操作）是可以受外部控制的。私有就是外部不能直接访问的数据或执行的操作。例如一个人的心跳次数（数据）和消化过程（操作），虽然它们都是客观存在，但却不能直接地获取心跳数据或控制消化过程。

如果一个类的所有数据和操作都是公有的，那么它将完全暴露在外，与结构一样没有安全性。如果一个类的所有数据和操作都是私有的，那么它将完全与外界隔绝，这样的类也没有存在的意义。

下面来看如何定义公有和私有的成员数据。

```
class Node              //定义一个链表结点类
{
public:
    int idata;          //数据能够被外部访问
    char cdata;         //数据能够被外部访问
```

```
private:
    Node *prior;          //前趋结点的存储位置保密
    Node *next;           //后继结点的存储位置保密
};
```

按照上面的写法，如果有一个结点对象 snode，那么 snode.idata 和 snode.cdata 都是可以被外界直接访问的，而 snode.prior 和 snode.next 则不能被外界直接访问。

> **小提示**
>
> 如果在定义或声明时不说明该成员数据（或成员函数）是公有的还是私有的，则默认认为是私有的。

从习惯上我们总是把定义的成员数据和成员函数分为公有和私有两类，先定义公有，再定义私有，方便阅读代码时区分。虽然在定义时可以有多个 public 或 private 关键字，但是不推荐那样的写法。

另外，以后还会遇到一个名为 protected 的关键字，目前它和 private 的效果是一样的，即成员数据或成员函数不能被外界直接访问或调用。在以后的章节我们会了解到 private 和 protected 的区别。

15.3 成员函数

之前已经介绍了如何调用成员函数，那么成员函数又是如何声明和定义的呢？它和普通函数有着什么异同点呢？

15.3.1 成员函数的声明

普通函数在使用之前必须声明和定义，成员函数也是这样。不过成员函数是属于某一个类的，所以只能在类的内部声明。即在定义类的时候写明成员函数的函数原型，同时要注明此函数是公有的还是私有的。如果一个类的某个成员函数是私有的，那么它只能被这个类的其他成员函数调用。成员函数的函数原型和普通函数的函数原型在写法上是一样的。例如：

```
class Node                   //定义一个链表结点类
{
public:
    int readi();             //通过该函数读取 idata
    char readc();            //通过该函数读取 cdata
    bool seti(int i);        //通过该函数修改 idata
    bool setc(char c);       //通过该函数修改 cdata
    bool setp(Node *p);      //通过该函数设置前趋结点
    bool setn(Node *n);      //通过该函数设置后继结点
private:
    int idata;               //存储数据保密
    char cdata;              //存储数据保密
    Node *prior;             //前趋结点的存储位置保密
    Node *next;              //后继结点的存储位置保密
};
```

15.3.2 常成员函数

由于数据封装在类的内部，在处理问题的时候就需要小心翼翼，不能把成员数据破坏了。以前我们介绍使用 const 来保护变量（就变成了常量），或保护指针所指向的内容。那么在类中，也可以使用 const 这个关键字来保护成员数据不被成员函数改变。这种成员函数称为常成员函数。它的写法就是在函数的参数表后面加上一个 const，例如：

```
int readi() const;      //通过该函数读取 idata，但不能改变任何成员数据
char readc() const;     //通过该函数读取 cdata，但不能改变任何成员数据
```

使用常成员函数，就保证了成员数据的安全。在此函数中任何修改成员数据的语句，都将被编译器拒之门外。

15.3.3　成员函数的重载

和普通函数类似，在一个类中也可以有成员函数的重载。成员函数的重载在规则上和普通函数是相同的，即任意两个同名函数参数表中的参数个数、各参数的数据类型和顺序不能完全一样。例如，同样对于设置数据的成员函数 set，当参数类型不一致时，它将修改不同的成员数据 idata 或 cdata。因此，可以这样写它的函数原型：

```
bool set(int i);        //通过该函数修改 idata
bool set(char c);       //通过该函数修改 cdata
```

最终，将链表结点类的定义修改如下。

```
class Node                  //定义一个链表结点类
{
public:
    int readi() const;      //通过该函数读取 idata，但不能改变任何成员数据
    char readc() const;     //通过该函数读取 cdata，但不能改变任何成员数据
    bool set(int i);        //重载，通过该函数修改 idata
    bool set(char c);       //重载，通过该函数修改 cdata
    bool setp(Node *p);     //通过该函数设置前趋结点
    bool setn(Node *n);     //通过该函数设置后继结点
private:
    int idata;              //存储数据保密
    char cdata;             //存储数据保密
    Node *prior;            //前趋结点的存储位置保密
    Node *next;             //后继结点的存储位置保密
};
```

15.3.4　成员函数的定义

成员函数与普通函数的不同之处，在于成员函数是属于某一个类的，而不能被随意地调用。那么，在定义一个成员函数时如何来表达它是属于某一个类的呢？这时就要用到::操作符，它表示该函数是属于某一个类的，称为域解析操作符。因此，在类定义结束后，定义一个成员函数的格式如下。

```
返回值类型 类名::函数名(参数表)
{
    语句；
    ……
}
```

> **小提示**
>
> 　成员函数也是可以在类的定义中定义的（此时不需要域解析操作符），但是从程序的运行效率、可读性、美观性考虑，建议将成员函数的定义放在类定义的外面。

链表结点类和其成员函数的定义如下。

node.h 文件

```
class Node                      //定义一个链表结点类
{
public:
    int readi() const;          //通过该函数读取 idata, 但不能改变任何成员数据
    char readc() const;         //通过该函数读取 cdata, 但不能改变任何成员数据
    bool set(int i);            //重载, 通过该函数修改 idata
    bool set(char c);           //重载, 通过该函数修改 cdata
    bool setp(Node *p);         //通过该函数设置前趋结点
    bool setn(Node *n);         //通过该函数设置后继结点
private:
    int idata;                  //存储数据保密
    char cdata;                 //存储数据保密
    Node *prior;                //前趋结点的存储位置保密
    Node *next;                 //后继结点的存储位置保密
};                              //类定义结束, 分号切勿忘记
int Node::readi() const         //成员函数 readi 的定义
{
    return idata;
}
char Node::readc() const
{
    return cdata;
}
bool Node::set(int i)           //重载成员函数定义
{
    idata=i;
    return true;
}
bool Node::set(char c)
{
    cdata=c;
    return true;                //设置成功
}
bool Node::setp(Node *p)
{
    prior=p;
    return true;
}
bool Node::setn(Node *n)
{
    next=n;
    return true;
}
```

从上面这些成员函数定义中，我们可以看出成员数据（或成员函数）在成员函数中可以直接使用。平时使用一个对象的公有成员数据时，要写为"对象名.成员数据"，但是在成员函数中不需要也不能这样写。

接下来，尝试如何使用这个类。

程序 15.1　链表结点类的定义和使用

node.h 文件同上

main.cpp 文件

```
#include <iostream>
```

```
#include "node.h"          //包含编写好的链表结点类头文件，必须用双引号
using namespace std;
int main()
{
    Node a;                //创建一个链表结点对象a
    a.set(1);              //设置 idata
    a.set('A');            //设置 cdata
    cout <<a.readi() <<endl;
    cout <<a.readc() <<endl;
    return 0;
}
```

运行结果：

```
1
A
```

注意这个程序有两个文件，一个是头文件 node.h，另一个是源文件 main.cpp。如果你忘记了如何创建一个头文件，请看本书的第 11 章。

15.4　如何方便地查看类

在第 11 章介绍了头文件的概念，也了解如何使用 Visual Studio 2012 的解决方案资源管理器来查看头文件和外部依赖项。但是在面向对象的程序设计中，存在很多的类、成员数据和成员函数，如何查看一个程序中有哪些类、成员数据和成员函数呢？

在 Visual Studio 中有一种"类视图"的查看方式，能够将整个项目中的类罗列出来，并且方便地看到其成员数据和成员函数。双击这些成员数据或成员函数，还能找到它们的具体定义。对于一个头文件较多、类关系错综复杂的大型项目来说，这个功能无疑为开发人员提供了很大的便利。单击 Visual Studio 的查看菜单，选择类视图即能看到图 15.1 所示的效果。

如果想知道哪里使用了 cdata 这个成员数据，可以右击该成员数据，并选择查找所有引用，此时将在"查找符号结果"窗口中列出所有成员数据或成员函数的引用情况。展开 cdata 成员数据之前的小箭头便能看到在哪些代码中使用了该成员数据，如图 15.2 所示。双击这些代码，能够直接跳转到相应的代码文件中。

图 15.1　类视图

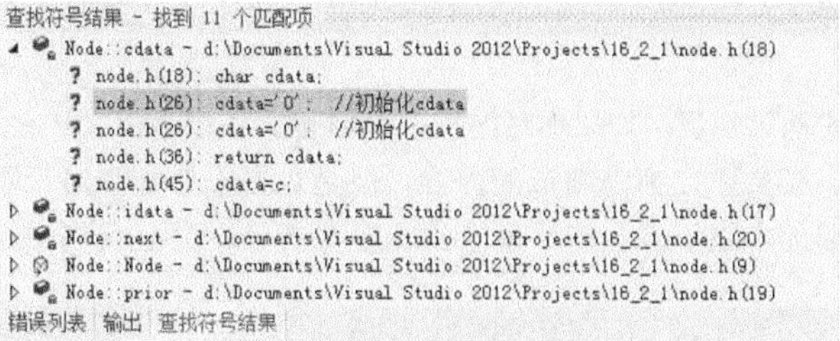

```
查找符号结果 - 找到 11 个匹配项
  ▲ ●ₐ Node::cdata - d:\Documents\Visual Studio 2012\Projects\16_2_1\node.h(18)
      ? node.h(18): char cdata;
      ? node.h(26): cdata='0';  //初始化cdata
      ? node.h(26): cdata='0';  //初始化cdata
      ? node.h(36): return cdata;
      ? node.h(45): cdata=c;
  ▷ ●ₐ Node::idata - d:\Documents\Visual Studio 2012\Projects\16_2_1\node.h(17)
  ▷ ●ₐ Node::next - d:\Documents\Visual Studio 2012\Projects\16_2_1\node.h(20)
  ▷ ◎ₐ Node::Node - d:\Documents\Visual Studio 2012\Projects\16_2_1\node.h(9)
  ▷ ●ₐ Node::prior - d:\Documents\Visual Studio 2012\Projects\16_2_1\node.h(19)
错误列表 输出 查找符号结果
```

图 15.2　查找成员数据的引用处

15.5　对象、引用和指针

对象就如同一个变量，因此一个对象，也可以有对应的引用和指针。

15.5.1　对象的引用

第 6 章中提到，引用就像是给变量起了一个绰号。对这个引用的操作就和操作这个变量本身一样，这给设计程序带来了方便。对象也可以有引用，声明一个对象的引用方法是：

类名　&对象名 a=对象名 b;

此时，对对象 a 的访问和操作就如同对对象 b 的访问和操作一样，对象 a 只是对象 b 的一个"绰号"。例如已经定义好了一个链表结点类，则有以下程序段。

```
Node b;          //声明一个结点对象
Node &a=b;       //声明一个引用
a.set(0);        //效果与 b.set(0) 相同
a.readi();       //效果与 b.readi() 相同 cx
```

15.5.2　对象指针

所谓对象指针，就是一个指向对象的指针。由于类和结构的相似性，对象指针和结构指针的使用也是相似的。使用箭头操作符 "->" 可以访问该指针所指向的对象的成员数据或成员函数。例如已经定义好了一个链表结点类，则有以下程序段。

```
Node b;          //声明一个结点对象
Node *a=&b;      //声明一个对象指针
a->set(0);       //效果与 b.set(0) 相同
a->readi();      //效果与 b.readi() 相同
```

15.6　缩略语和术语表

英文全称	缩写	中文
Instance	-	实例
Public	-	公有
Private	-	私有

15.7　方法指导

本章主要介绍类的基础知识。如果你对结构型数据有所认识，那么从它演变成类就会很方便。类的定义、成员数据、成员函数都是细节的内容，但是也必须掌握。对于刚开始尝试面向对象的新手来说，语法错误是难免的。好在编译器会给出各种提示，并且我们也已经学会了如何寻找语法错误。

或许你还不了解面向对象的意义。这样写程序很好看吗？或是效率很高吗？从现在看来，的确还不是，但是请不要就此轻视面向对象。在以后章节的学习中，你会慢慢发现它的妙处。

15.8　习题

指出下列程序的错误之处。

date.h 文件

```
class Date
{
    int year;
    int month;
    int day;
    bool IsValid();
    bool IsLeapYear() const;
    void NextDay() const;
    void NextMonth();
    void NextYear();
    void set(int y,int m,int d);
}
bool IsValid()                      //判断日期是否有效
{
    switch(month)
    {
    case 1:
    case 3:
    case 5:
    case 7:
    case 8:
    case 10:
    case 12:                        //这些月份每月 31 天
        if (day>=1 && day<=31)
        {
            return true;
        }
        else
        {
            return false;
        }
    case 4:
    case 6:
    case 9:
    case 11:                        //这些月份每月 30 天
        if (day>=1 && day<=30)
        {
            return true;
        }
        else
        {
            return false;
        }
    case 2:                         //2 月还要判断是否是闰年
        if (IsLeapYear())
        {
            if (day>=1 && day<=29)
```

```
            {
                return true;
            }
            else
            {
                return false;
            }
        }
        else
        {
            if (day>=1 && day<=28)
            {
                return true;
            }
            else
            {
                return false;
            }
        }
    default:
        return false;
    }
}
bool IsLeapYear()                    //判断是否是闰年
{
    return ((year%4==0 && year%100!=0) || year%400==0);
}
void NextDay() const
{
    day++;
}
void NextMonth()
{
    month++;
}
void NextYear()
{
    year++;
}
void set(int y,int m,int d)          //设置年月日
{
    year=y;
    month=m;
    day=d;
}
```

main.cpp 文件

```
#include <iostream>
#include <date.h>
using namespace std;
int main()
{
    date a;          //创建一个对象
    date *b=a;       //创建一个对象指针
```

```
    a.set(2004,11,15);
    cout <<b.IsValid();
    date &c=a;          //创建一个引用
    cout <<c.IsLeapYear;
    return 0;
}
```

扫一扫二维码，获取参考答案

第 16 章　造物者与毁灭者——对象生灭

上一章介绍了如何编写一个简单的类，了解了公有和私有的概念，掌握了如何编写一个成员函数。但是靠这些，还远不能让编写的"类"符合需求。本章将介绍在创建一个对象和毁灭一个对象时，发生的一些事情。

本章的主要知识点有：

◆　构造函数的概念

◆　析构函数的概念

◆　构造函数和析构函数的执行顺序

◆　拷贝构造函数的概念及必要性

16.1　麻烦的初始化

在声明一个局部变量时，必须对它进行初始化，否则它的数据是一个不确定的值。同样，在声明一个对象时，也应该对它进行初始化。不过一个对象可能有许许多多的成员数据，对对象的初始化就意味着对它的成员数据进行初始化。变量的初始化只需要一条赋值语句就能完成，而对象的初始化可能要许许多多的赋值语句才能完成。因此，通常会把这些语句写在一个函数中。例如，我们为链表结点类编写了一个名为 init 的初始化函数。

```
class Node           //定义一个链表结点类
{
public:
    ……
    void init(int i,char c);
    ……
private:
    int idata;
    char cdata;
    Node *prior;
    Node *next;
};
void Node::init(int i,char c)
{
    idata=i;         //初始化 idata
    cdata=c;         //初始化 cdata
    prior=NULL;      //初始化前趋结点指针
    next=NULL;       //初始化后续结点指针
}
```

创建一个链表结点对象之后，只要运行一次 init 函数就能将其初始化了。

```
Node a;
a.init(0,'0');
```

　　既然 init 函数担负着初始化对象的重任，那么它就必须和对象的声明"出双入对"。万一忘记对对象进行初始化，程序就可能会出错。这就像在病毒肆虐的今天，保证计算机安全的病毒防火墙必须在开机之后立刻运行一样。万一哪天打开计算机，忘记运行病毒防火墙，那么后果可能很严重。

　　不过，你使用的病毒防火墙是每次开机以后自己去单击运行的吗？那样岂不是很麻烦？你是否知道，病毒防火墙往往是随系统一起启动的？

　　这给了我们启示：有的程序能够随着系统的启动而自动运行，那么会不会有一种函数，随着对象的创建而自动被调用呢？有！那就是构造函数（Constructor）。

16.2　造物者——构造函数

　　构造函数是一种随着对象创建而自动被调用的函数，它的主要用途是为对象作初始化。

16.2.1　构造函数的声明与定义

　　在 C++中，规定与类同名的成员函数就是构造函数。以下是为链表结点类编写的一个构造函数。

node.h 文件

```
#include <iostream>
using namespace std;
class Node
{
public:
    Node();                 //构造函数是与类同名的公有成员函数，且没有返回值类型
    ……
private:
    int idata;
    char cdata;
    Node *prior;
    Node *next;
};
Node::Node()                //构造函数的定义
{
    cout <<"Node constructor is running..." <<endl;
    idata=0;                //初始化 idata
    cdata='0';              //初始化 cdata
    prior=NULL;             //初始化前趋结点指针
    next=NULL;              //初始化后续结点指针
}
……
```

> **小提示**
>
> 　　构造函数应该是一个公有的成员函数，并且构造函数没有返回值类型。它可以用于初始化成员数据或为对象分配资源（例如堆内存空间）。

　　这时，如果创建一个链表结点对象，构造函数随着对象创建而自动被调用。因此，这个对象创建之后 idata 的值为 0，cdata 的值为'0'，prior 和 next 的值都是 NULL，如下列程序所示。

> 程序 16.1　带构造函数的链表结点类

node.h 文件同上

main.cpp 文件

```cpp
#include <iostream>
#include "node.h"
using namespace std;
int main()
{
    Node a;           //创建一个链表结点对象 a，调用构造函数
    cout <<a.readi() <<endl;
    cout <<a.readc() <<endl;
    return 0;
}
```

小提示

Node a 不能写成 Node a()，后者变成了一个函数声明。

运行结果：

```
Node constructor is running...
0
0
```

这样的构造函数还是不太理想。如果每次初始化的值都是固定的，有无构造函数又有什么区别呢？

16.2.2　带参数的构造函数

函数的特征之一就是能够在调用时带上参数。既然构造函数也是函数，那么就能给构造函数带上参数，使用重载或默认参数等方法，实现更自由地对对象进行初始化操作。以下是对链表结点类的进一步修改。

> 程序 16.2　带参数的构造函数

node.h 文件

```cpp
#include <iostream>
using namespace std;
class Node                          //定义一个链表结点类
{
public:
    Node();                         //构造函数 0
    Node(int i,char c='0');         //构造函数重载 1，参数 c 默认为'0'
    Node(int i,char c,Node *p,Node *n);    //构造函数重载 2
    ……
    int readi() const;              //读取 idata
    char readc() const;             //读取 cdata
private:
    int idata;
    char cdata;
    Node *prior;
    Node *next;
};
……
Node::Node()                        //构造函数 0 的定义
{
    cout <<"Node constructor is running..." <<endl;
```

```
        idata=0;                        //初始化 idata
        cdata='0';                      //初始化 cdata
        prior=NULL;                     //初始化前趋结点指针
        next=NULL;                      //初始化后续结点指针
    }
    Node::Node(int i,char c)            //构造函数重载 1
    {
        cout <<"Node constructor is running..." <<endl;
        idata=i;
        cdata=c;
        prior=NULL;
        next=NULL;
    }
    Node::Node(int i,char c,Node *p,Node *n)      //构造函数重载 2
    {
        cout <<"Node constructor is running..." <<endl;
        idata=i;
        cdata=c;
        prior=p;
        next=n;
    }
```

main.cpp 文件

```
#include <iostream>
#include "node.h"
using namespace std;
int main()
{
    Node a;          //创建一个链表结点对象 a，调用构造函数 0
    Node b(8);       //创建一个链表结点对象 b，调用构造函数重载 1，参数 c 默认为'0'
    Node c(8,'F',NULL,NULL);      //创建一个链表结点对象 c，调用构造函数重载 2
    cout <<a.readi() <<' ' <<a.readc() <<endl;
    cout <<b.readi() <<' ' <<b.readc() <<endl;
    cout <<c.readi() <<' ' <<c.readc() <<endl;
    return 0;
}
```

运行结果：

```
Node constructor is running...
Node constructor is running...
Node constructor is running...
0 0
8 0
8 F
```

在参数和重载的帮助下，可以设计出适合各种场合的构造函数。初始化各个对象的成员数据对我们来说已经是小菜一碟了。但是，这时你是否会回想起当初没有编写构造函数时的情形？如果没有编写构造函数，对象的创建是怎样的过程呢？

在 C++中，每个类都有且必须有构造函数。如果用户没有自行编写构造函数，则 C++自动提供一个无参数的构造函数，称为默认构造函数。这个默认构造函数不做任何初始化工作。

小提示

一旦用户编写了构造函数，则无参数的默认构造函数就消失了。如果用户还希望能有一个无参数的构造函数，必须自己重新编写。

16.3 先有结点，还是先有链表

链表结点类编写好了，就可以向链表类进军了。链表是由一个个链表结点组成的，所以需要在链表类中使用到链表结点类。链表结点类是一个很简单的类，链表类是一个功能更为强大的类。正是将一个个类不断地组合与扩充，使得面向对象的程序功能越来越强大。

那么，假设编写的链表需要有一个头结点作为成员数据，那么是先有链表，还是先有头结点呢？如何在给链表作初始化的同时初始化头结点呢？

当一个对象中包含其他对象时，可以在它构造函数的定义中用以下格式调用其成员对象的构造函数。

类名::构造函数名(参数表):成员对象名$_1$(参数表)[,......成员对象名$_n$(参数表)]

冒号之后的内容表示该类中的成员对象怎样调用各自的构造函数。

下面来看一个面向对象的链表程序。

> **程序 16.3 面向对象的链表**

node.h 文件同程序 16.2

linklist.h 文件

```cpp
#include "node.h"              //需要使用链表结点类
#include <iostream>
using namespace std;
class Linklist
{
public:
    Linklist(int i,char c);      //链表类构造函数，初始化头结点
    bool Locate(int i);          //根据整数查找结点
    bool Locate(char c);         //根据字符查找结点
    bool Insert(int i=0,char c='0');       //在当前结点之后插入结点
    bool Delete();               //删除当前结点
    void Show();                 //显示链表所有数据
    void Destroy();              //清除整个链表
private:
    Node head;                   //头结点
    Node * pcurrent;             //当前结点指针
};
Linklist::Linklist(int i,char c):head(i,c)
//链表类构造函数，调用 head 对象的构造函数重载 1，详见 Node.h 文件
{
    cout<<"Linklist constructor is running..."<<endl;
    pcurrent=&head;
}
......
```

main.cpp 文件

```cpp
#include "linklist.h"
#include <iostream>
using namespace std;
int main()
{
    int tempi;
```

```
        char tempc;
        cout <<"请输入一个整数和一个字符: " <<endl;
        cin >>tempi >>tempc;
        Linklist a(tempi,tempc);          //创建一个链表，初始化头结点
        a.Show();
        return 0;
}
```

运行结果：

请输入一个整数和一个字符：
4 G
Node constructor is running...
Linklist constructor is running...
4   G

功能分析：根据程序的运行结果，证实了头结点的构造函数比链表的构造函数优先运行，也就是说首先生成的是成员对象。

试试看

如果有多个成员数据都是对象，那么对象的生成顺序是怎么样的呢？

结论：如果有多个成员数据都是对象，则它们按声明时的顺序依次产生。

识记宝典

为什么先有成员对象呢？构造函数的目的是要初始化成员数据，初始化成员数据时这个成员数据是必须存在的。所以当一个成员数据是一个对象时，应当先产生这个成员对象，于是就先调用了成员对象的构造函数。

16.4　克隆技术——拷贝构造函数

我们在程序中常常需要把一些数据复制一份出来备作他用。对于只有基本类型变量的程序来说，这是轻而易举就能做到的——新建一个临时变量，用一句赋值语句就能完成。但如果它是一个有着许许多多成员数据的对象，这就会非常麻烦。最麻烦的是，成员数据是私有的，无法直接被访问或修改。那么此时，怎么"克隆"出一个和原来对象相同的新对象呢？

16.4.1　拷贝构造函数

构造函数是可以带上参数的。这些参数可以是整型、字符型，那么它也应该可以是一个对象类型。如果把一个已有的对象作为参数丢给构造函数，然后让它造一个相同的对象，这样是否可行呢？下面就来试试看。

程序 16.4　带拷贝构造函数的链表类

node.h 文件

```
#include <iostream>
using namespace std;
class Node                              //定义一个链表结点类
{
public:
    Node();                             //构造函数的声明
```

```
    Node(int i,char c='0');                //构造函数重载 1
    Node(int i,char c,Node *p,Node *n);    //构造函数重载 2
    Node(Node &n);                         //结点拷贝构造函数，&表示引用
    ……
    int readi() const;                     //读取 idata
    char readc() const;                    //读取 cdata
    Node * readn() const;                  //读取下一个结点的位置
    bool setn(Node *n);                    //通过该函数设置后继结点
private:
    int idata;
    char cdata;
    Node *prior;
    Node *next;
};
……
Node::Node()
{
    cout <<"Node constructor is running..." <<endl;
    idata=0;
    cdata='0';
    prior=NULL;
    next=NULL;
}
Node::Node(int i,char c)                   //构造函数重载 1
{
    cout <<"Node constructor is running..." <<endl;
    idata=i;
    cdata=c;
    prior=NULL;
    next=NULL;
}
Node::Node(int i,char c,Node *p,Node *n)   //构造函数重载 2
{
    cout <<"Node constructor is running..." <<endl;
    idata=i;
    cdata=c;
    prior=p;
    next=n;
}
Node::Node(Node &n)                        //拷贝构造函数
{
    idata=n.idata;                         //可以读出同类对象的私有成员数据
    cdata=n.cdata;
    prior=n.prior;
    next=n.next;
}
```

linklist.h 文件

```
#include "node.h"                          //需要使用链表结点类
#include <iostream>
using namespace std;
class Linklist
{
public:
    Linklist(int i,char c);                //链表类构造函数
    Linklist(Linklist &l);                 //链表拷贝构造函数，&表示引用
```

```
    bool Locate(int i);                    //根据整数查找结点
    bool Locate(char c);                   //根据字符查找结点
    bool Insert(int i=0,char c='0');       //在当前结点之后插入结点
    bool Delete();                         //删除当前结点
    void Show();                           //显示链表所有数据
    void Destroy();                        //清除整个链表
private:
    Node head;                             //头结点
    Node * pcurrent;                       //当前结点指针
};
Linklist::Linklist(int i,char c):head(i,c)
{
    cout<<"Linklist constructor is running..."<<endl;
    pcurrent=&head;
}
Linklist::Linklist(Linklist &l):head(l.head)       //链表的拷贝构造函数
{
    cout<<"Linklist cloner running..." <<endl;
    pcurrent=l.pcurrent;                    //指针数据可以直接赋值
}
......
```

main.cpp 文件

```
#include "linklist.h"
#include <iostream>
using namespace std;
int main()
{
    int tempi;
    char tempc;
    cout <<"请输入一个整数和一个字符: " <<endl;
    cin >>tempi >>tempc;
    Linklist a(tempi,tempc);
    a.Locate(tempi);
    a.Insert(1,'C');
    a.Insert(2,'B');
    a.Insert(3,'F');
    cout <<"After Insert" <<endl;
    a.Show();
    a.Locate('B');
    a.Delete();
    cout <<"After Delete" <<endl;
    a.Show();
    Linklist b(a);                //创建一个链表 b，并且将链表 a 复制到链表 b
    cout <<"This is Linklist b" <<endl;
    b.Show();                     //显示 b 链表中的内容
    a.Destroy();
    cout <<"After Destroy" <<endl;
    a.Show();
    return 0;
}
```

运行结果：

请输入一个整数和一个字符:
4 G
Node constructor is running...
Linklist constructor is running...

```
Node constructor is running...
Node constructor is running...
Node constructor is running...
After Insert
4      G
3      F
2      B
1      C
After Delete
4      G
3      F
1      C
Linklist cloner running...
This is Linklist b
4      G
3      F
1      C
After Destroy
4      G
```

根据程序运行的结果，表明输出链表 b 的内容确实和链表 a 一样，并且可以得到 3 个结论。

（1）拷贝构造函数可以读出相同类对象的私有成员数据。

（2）拷贝构造函数的实质是把参数的成员数据一一复制到新的对象中。

（3）拷贝构造函数也是构造函数的一种重载。

> **试试看**
>
> 改变拷贝构造函数的参数个数和类型（例如增加一个参数，或将引用去除），是否还能达到拷贝构造函数的功能？

16.4.2 默认拷贝构造函数

构造函数有默认构造函数，拷贝构造函数也有默认的拷贝构造函数。所谓默认拷贝构造函数是指用户没有自己定义拷贝构造函数时，系统自动给出的一个拷贝构造函数。默认拷贝构造函数的功能是将对象的成员数据一一赋值给新创建对象的成员数据。如果某些成员数据本身就是对象，则自动调用它们的拷贝构造函数或默认拷贝构造函数。

> **试试看**
>
> 用程序 16.4 的 main.cpp 文件中的代码替换程序 16.3 的 main.cpp 中的代码，并查看运行结果。
>
> 结论：默认拷贝构造函数能够满足大多数的需要。

16.4.3 拷贝构造函数存在的意义

既然上面说到，默认拷贝构造函数已经能够满足大多数的需要，那么自定义的拷贝构造函数是否不需要存在了呢？修改程序 16.4 的 main.cpp 文件，就能知道拷贝构造函数的意义。

main.cpp 文件

```cpp
#include "linklist.h"
#include <iostream>
using namespace std;
```

```
int main()
{
    int tempi;
    char tempc;
    cout <<"请输入一个整数和一个字符: " <<endl;
    cin >>tempi >>tempc;
    Linklist a(tempi,tempc);
    a.Locate(tempi);
    a.Insert(1,'C');
    a.Insert(2,'B');
    a.Insert(3,'F');
    cout <<"After Insert" <<endl;
    a.Show();
    a.Locate('B');
    a.Delete();
    cout <<"After Delete" <<endl;
    a.Show();
    Linklist b(a);
    cout <<"This is Linklist B" <<endl;
    b.Show();
    a.Destroy();
    cout <<"After Destroy" <<endl;
    a.Show();
    cout <<"This is Linklist b" <<endl;
    b.Show();                    //在这里加了一条语句，显示 b 链表中的内容
    return 0;
}
```

运行结果：

为什么显示链表 b 的内容，却导致了严重的错误呢？

这时就需要回顾一下链表的结构了。在这个链表中，成员数据只有头结点 head 和当前指针 pcurrent，所有的结点都是通过 new 语句动态生成的。而程序 16.4 中的拷贝构造函数仅仅是简单地将头结点 head 和当前指针 pcurrent 复制了出来，所以一旦运行 a.Destroy()，链表 a 头结点之后的结点已经全部都删除了，而链表 b 的头结点还指向原来 a 链表的结点。如果这时再访问链表 b，肯定就要出问题了，如图 16.1 所示。

程序 16.4 中的拷贝构造函数仅仅是把成员数据拷贝了过来，却没有把动态申请的资源复制，这种拷贝称为浅拷贝。相对地，如果拷贝构造函数不仅把成员数据拷贝过来，连动态申请的资源也拷贝了，则称为深拷贝。

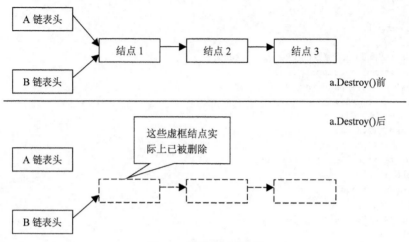

图 16.1 浅拷贝造成的问题

下面我们来看如何实现深拷贝。

程序 16.5 链表的深拷贝

node.h 同程序 16.4

linklist.h 文件

```cpp
#include "node.h"                    //需要使用链表结点类
#include <iostream>
using namespace std;
class Linklist
{
public:
    Linklist(int i,char c);          //链表类构造函数
    Linklist(Linklist &l);           //链表深拷贝构造函数
    bool Locate(int i);              //根据整数查找结点
    bool Locate(char c);             //根据字符查找结点
    bool Insert(int i=0,char c='0'); //在当前结点之后插入结点
    bool Delete();                   //删除当前结点
    void Show();                     //显示链表所有数据
    void Destroy();                  //清除整个链表
private:
    Node head;                       //头结点
    Node * pcurrent;                 //当前结点指针
};
Linklist::Linklist(int i,char c):head(i,c)
{
    cout<<"Linklist constructor is running..."<<endl;
    pcurrent=&head;
}
Linklist::Linklist(Linklist &l):head(l.head)
{
    cout<<"Linklist Deep cloner running..." <<endl;
    pcurrent=&head;
    Node * pt1=l.head.readn();       //该指针用于指向原链表中被复制的结点
    while(pt1!=NULL)
    {
```

```
        Node *pt2=new Node(pt1->readi(),pt1->readc(),pcurrent,NULL);
        //新建结点，并复制 idata 和 cdata
        pcurrent->setn(pt2);
        pcurrent= pcurrent->readn();        //指向表尾结点
        pt1=pt1->readn();                   //指向下一个被复制结点
    }
}
……
```

main.cpp 文件

```cpp
#include "linklist.h"
#include <iostream>
using namespace std;
int main()
{
    int tempi;
    char tempc;
    cout <<"请输入一个整数和一个字符: " <<endl;
    cin >>tempi >>tempc;
    Linklist a(tempi,tempc);
    a.Locate(tempi);
    a.Insert(1,'C');
    a.Insert(2,'B');
    a.Insert(3,'F');
    cout <<"After Insert" <<endl;
    a.Show();
    a.Locate('B');
    a.Delete();
    cout <<"After Delete" <<endl;
    a.Show();
    Linklist b(a);                  //创建一个链表 b，并且将链表 a 复制到链表 b
    cout <<"This is Linklist b" <<endl;
    b.Show();
    a.Destroy();
    cout <<"After Destroy" <<endl;
    a.Show();
    cout <<"This is Linklist b" <<endl;
    b.Show();                       //链表 a 被 Destroy 之后察看链表 b 的内容
    return 0;
}
```

运行结果：

请输入一个整数和一个字符：
4 G
Node constructor is running...
Linklist constructor is running...
Node constructor is running...
Node constructor is running...
Node constructor is running...
After Insert
4   G
3   F
2   B
1   C
After Delete
4   G

```
3       F
1       C
Linklist Deep cloner running...
Node constructor is running...
Node constructor is running...
This is Linklist b
4       G
3       F
1       C
After Destroy
4       G
This is Linklist b
4       G
3       F
1       C
```

功能分析：即使运行 a.Destroy()之后，链表 b 里面的数据仍然能够正常显示。这是因为深拷贝构造函数是真正意义上的复制了链表 a，并且使得链表 a 和链表 b 各自独立，互不干扰。这也是自定义拷贝构造函数存在的重要意义。

16.5　毁灭者——析构函数

在学习链表时，我们知道结点是动态生成的，如果在程序结束之前不释放内存，就会造成内存泄漏。虽然已经编写了成员函数 Destroy 来删除所有动态生成的结点，但是如果不知道这个链表对象何时不再使用，那么就无法知道调用 Destroy 的时机。如果过早地调用，则后面的程序可能会出错。既然有构造函数能随着对象的创建而自动被调用，那么有没有一种函数能随着对象的消亡而自动被调用呢？有！那就是析构函数（Destructor）。

析构函数是一种随着对象消亡而自动被调用的函数，它的主要用途是释放动态申请的资源，或备份即将消亡对象的重要数据。析构函数的函数名也是指定的，是在构造函数名之前加一个"~"符号。

> **小提示**
>
> 析构函数没有返回值类型，没有参数，更没有重载。

为链表添上析构函数的代码如下。

> **程序 16.6　带析构函数的链表类**

node.h 文件

```
#include <iostream>
using namespace std;
class Node                          //定义一个链表结点类
{
public:
    Node();                         //构造函数的声明
    Node(Node &n);                  //结点拷贝构造函数
    Node(int i,char c='0');         //构造函数重载 1
    Node(int i,char c,Node *p,Node *n);   //构造函数重载 2
    ~Node();                        //结点析构函数
    Node * readn() const;           //读取下一个结点的位置
    bool setn(Node *n);             //通过该函数设置后继结点
    ......
```

```
private:
    int idata;                          //存储数据保密
    char cdata;                         //存储数据保密
    Node *prior;                        //前趋结点的存储位置保密
    Node *next;                         //后继结点的存储位置保密
};
Node * Node::readn() const
{
    return next;
}
bool Node::setn(Node *n)
{
    next=n;
    return true;
}
Node::Node()
{
    cout <<"Node constructor is running..." <<endl;
    idata=0;
    cdata='0';
    prior=NULL;
    next=NULL;
}
Node::Node(int i,char c)
{
    cout <<"Node constructor is running..." <<endl;
    idata=i;
    cdata=c;
    prior=NULL;
    next=NULL;
}
Node::Node(int i,char c,Node *p,Node *n)
{
    cout <<"Node constructor is running..." <<endl;
    idata=i;
    cdata=c;
    prior=p;
    next=n;
}
Node::Node(Node &n)
{
    idata=n.idata;
    cdata=n.cdata;
    prior=n.prior;
    next=n.next;
}
Node::~Node()           //结点析构函数
{
    cout <<"Node destructor is running..." <<endl;
}
……
```

linklist.h 文件

```
#include "node.h"                       //需要使用链表结点类
#include <iostream>
using namespace std;
```

```
class Linklist
{
public:
    Linklist(int i,char c);                //链表类构造函数
    Linklist(Linklist &l);                 //链表深拷贝构造函数
    ~Linklist();                           //链表析构函数
    bool Locate(int i);                    //根据整数查找结点
    bool Locate(char c);                   //根据字符查找结点
    bool Insert(int i=0,char c='0');       //在当前结点之后插入结点
    bool Delete();                         //删除当前结点
    void Show();                           //显示链表所有数据
    void Destroy();                        //清除整个链表
private:
    Node head;                             //头结点
    Node * pcurrent;                       //当前结点指针
};
Linklist::Linklist(int i,char c):head(i,c)
{
    cout<<"Linklist constructor is running..."<<endl;
    pcurrent=&head;
}
Linklist::~Linklist()
{
    cout<<"Linklist destructor is running..."<<endl;
    Destroy();                  //调用 Destory 函数释放资源
}
……
void Linklist::Destroy()
{
    Node * ptemp1=head.readn();
    while (ptemp1!=NULL)         //逐一删除结点对象
    {
        Node * ptemp2=ptemp1->readn();
        delete ptemp1;
        ptemp1=ptemp2;
    }
    head.setn(NULL);
}
```

main.cpp 同程序 16.5

运行结果：

请输入一个整数和一个字符：
`4 G`
```
Node constructor is running...
Linklist constructor is running...
Node constructor is running...
Node constructor is running...
Node constructor is running...
After Insert
4       G
3       F
2       B
1       C
Node destructor is running...
After Delete
```

```
4       G
3       F
1       C
Linklist Deep cloner running...
Node constructor is running...
Node constructor is running...
This is Linklist b
4       G
3       F
1       C
Node destructor is running...                    ①
Node destructor is running...
After Destroy
4       G
This is Linklist b
4       G
3       F
1       C
Linklist destructor is running...                ②
Node destructor is running...
Node destructor is running...
Node destructor is running...
Linklist destructor is running...                ③
Node destructor is running...
```

功能分析：在①处的 2 条 Node destructor 运行是因为调用了 a.Destroy()，②处之后的 6 条 destructor 是因为程序运行结束使得对象自动消亡。可见析构函数是在使用 delete 语句删除动态生成的对象或程序结束对象消亡时自动被调用的。

从③处的 2 条 destructor 输出中，我们发现，当一个对象的成员数据是对象时，析构函数的运行顺序恰好与构造函数的运行顺序相反：一个大对象先调用析构函数，瓦解成若干成员数据，然后各个成员数据再调用各自的析构函数。这体现出构造函数与析构函数的对称性。

试试看

在主函数中，能否以 b.~Linklist()的形式显式地调用析构函数？

结论：可以自行调用析构函数，但是这样会提前将资源释放，影响程序功能。

16.6　缩略语和术语表

英文全称	缩写	中文
Constructor	—	构造函数
Shallow Copy	—	浅拷贝
Deep Copy	—	深拷贝
Destructor	—	析构函数

16.7　方法指导

世间万物，皆有生灭。构造和析构是对象创建时必然经历的过程。你可以把它看作面向对象提供的一种初始化和善后机制。至于拷贝构造函数，无非是构造函数的一个重载，但是浅拷贝和深拷贝的区别应该引起重视。类似的问题可能不仅仅出现在拷贝构造函数中。

有人说 C++很不好，非要将回收资源等事情交给用户来处理。而我认为，大家应该高兴才是。C++给了我们很大的自由度和"至高无上"的权力，我们应该好好行使这种权力，确保程序的正常运行。

16.8 习题

1．指出下列程序的错误之处。

student.h 文件

```
#include <iostream>
#include <string>
using namespace std;
class student
{
public:
    void student(string name,float g=0.0);        //构造函数
    ~student();                                    //析构函数
    ~student(int i);                               //析构函数
private:
    string sname;
    float gpa;
};
void student::student(string name,float g=0.0)
{
    cout <<"student constructor is running..." <<endl;
    sname.append(name);            //append 实现字符串的连接
    gpa=g;
}
student::~student()
{
    cout <<"student destructor is running..." <<endl;
}
student::~student(int i)
{
    cout <<"student No. " <<i<<"destructor is running..." <<endl;
}
```

main.cpp 文件

```
#include <iostream>
#include "student.h"
using namespace std;
int main()
{
    student s1("Venus",3.5);
    student s2("Jon");
    student s3(s2);
    cout <<"Student Name:" <<s1.sname <<endl;
    cout <<"Student GPA:" <<s1.gpa <<endl;
    cout <<"Student Name:" <<s2.sname <<endl;
    cout <<"Student GPA:" <<s2.gpa <<endl;
    cout <<"Student Name:" <<s3.sname <<endl;
```

```
        cout <<"Student GPA:" <<s3.gpa <<endl;
        return  0;
}
```

2. 阅读以下代码，写出运行结果。

class.h 文件

```
#include <iostream>
using namespace std;
class c1
{
public:
    c1();                    //构造函数
    c1(int i);               //构造函数
    ~c1();                   //析构函数
private:
    int d;
};
c1::c1()
{
    cout <<"Orignal C1 constructor is running..." <<endl;
}
c1::c1(int i)
{
    cout <<"C1 constructor with parameter is running..." <<endl;
    d=i;
}
c1::~c1()
{
    cout <<"C1 destructor is running..." <<endl;
}
class c2
{
public:
    c2();
    c2(c2 &t);               //拷贝构造函数
    ~c2();
private:
    c1 a;
    c1 b;
};
c2::c2():b(3),a()
{
    cout <<"C2 constructor is running..." <<endl;
}
c2::c2(c2 &t):b(t.b),a(t.a)
{
    cout <<"C2 cloner is running..." <<endl;
}
c2::~c2()
{
    cout <<"C2 destructor is running..." <<endl;
}
```

main.cpp 文件

```
#include <iostream>
#include "class.h"
```

```
using namespace std;
int main()
{
    c2 a;
    c2 b(a);
    return  0;
}
```

3．编写一个字符串类，要求具有以下功能。

（1）以字符数组作为成员数据，用于存储字符串，字符串长度不会超过 49。

（2）构造函数可以以字符串常量作为参数，对对象进行初始化。

（3）构造函数可以以本类对象作为参数，实现对象的拷贝。

（4）具有替换字符的功能，如将字符串中的所有字母 r 替换成字母 R。

（5）具有求出字符串长度的功能，结尾符不计入长度。

（6）具有输出字符串的功能。（用成员函数实现）

扫一扫二维码，获取参考答案

第 17 章　共有财产 · 好朋友 · 操作符

上一章介绍了构造函数、拷贝构造函数和析构函数，了解了对象的生灭，链表类的各个功能也逐渐丰富起来。不过有些小问题还是不易解决，例如如何统计对象的个数，如何使两个对象进行加法运算等。本章将介绍这些小问题的解决方案。

本章的知识点有：

◆　静态成员数据的概念

◆　静态成员函数的概念

◆　友元类的定义和使用

◆　友元函数的定义和使用

◆　操作符的重载

17.1　有多少个结点

由于内存的空间有限，所以在编程时常常关心已经使用掉了多少内存空间。如果要修改上一章的链表程序（程序 16.6），计算出所有链表一共产生了多少个链表结点，该怎么做呢？

显然，需要一个计数器。每产生一个结点，计数器就加 1；每消除一个结点，计数器就减 1。由于结点的产生和消除只与链表类或结点类的某些成员函数有关，所以这个计数器只能是一个全局变量了（"全局变量"见第 11 章），否则它将无法被各个成员函数访问和修改。

不过使用全局变量会带来严重的安全性问题。产生了多少个结点明明是和结点类有关的，却没有被封装在结点类里面。任何函数都能修改这个全局变量，不得不让人担忧。

封装在类内部的数据是成员数据。想象一下，如果给链表结点类添加一个成员数据 count，那么链表结点类的定义就是这样。

```
class Node           //定义一个链表结点类
{
public:
    ……
    //成员函数同程序 16.5
private:
    int idata;       //存储数据保密
    char cdata;      //存储数据保密
    Node *prior;     //前趋结点的存储位置保密
    Node *next;      //后继结点的存储位置保密
    int count;       //新来的成员函数，用于记录产生了多少个结点
};
```

如上，计数器是一个成员数据，可以被链表结点类的成员函数访问，也保证它不会被随便修改。但如果创建了 3 个结点对象 a、b、c 之后，我们发现 a.count、b.count 和 c.count 是 3 个互不相关的变

量，也就是说它们的值可能是不一致的。更麻烦的是，不知道还会产生多少结点对象。如果新增一个结点对象，那么之前的每一个结点对象的 count 都要发生变化！

因此需要一种新的方法——既能把 count 封装在类的内部，又能使各个对象的 count 值相同。

17.1.1 静态成员数据

如果将产生的结点个数记为 count，它不是某一个结点所具有的属性，而应该是整个链表结点类所具有的属性，或者说它是各个结点对象的共有属性。

idata 和 cdata 可比作每个结点的私有财产，那么 count 就是所有结点的共有财产。count 能被任何一个结点使用，但事实上无论有多少个结点，count 只有一个。这样就不会发生 a.count、b.count 和 c.count 各不相同的情况了。在 C++中，用静态成员数据（Static Data Member）来描述这种共有属性。与一般的成员数据类似，静态成员数据也可以分为公有的和私有的。静态成员数据的声明方法为：

```
static 数据类型 成员变量名;
```

下面来看如何给链表结点类增加一个静态成员数据。

```
class Node                   //定义一个链表结点类
{
public:
    ……
    //成员函数同程序16.5
private:
    int idata;               //存储数据保密
    char cdata;              //存储数据保密
    Node *prior;             //前趋结点的存储位置保密
    Node *next;              //后继结点的存储位置保密
    static int count;        //私有静态成员数据，用于记录产生了多少个结点
};
```

17.1.2 静态成员数据的初始化

由于静态成员数据不仅仅属于某一个具体对象，所以它不能在构造函数中被初始化。否则岂不是每创建一个对象，静态成员数据都要被初始化一次？如果类的头文件会被直接或间接地重复包含，则静态成员数据也会被重复初始化。通过分离类的声明和定义分离可以避免这个问题。如果忘记了如何将它们分离，可以参考本书第 11 章。

> **小提示**
>
> 如果类的头文件绝对不会被重复包含，那么把静态成员数据的初始化放在类的头文件中也是可以勉强接受的。

静态成员数据的初始化语句为：

```
数据类型类名::静态成员数据=初始值;
```

17.1.3 静态成员函数

静态成员数据是某一个类所具有的属性，而不是某一个对象的属性，所以它的存在并不依赖于对象。如果一个类没有任何对象实例时，所有的普通成员函数都无法使用，那么该如何访问私有的静态成员数据呢？

既然成员数据可以属于某一个类而不属于某一个具体的对象，成员函数能否也这样呢？答案是肯定的。在 C++中，除了有静态成员数据，还有静态成员函数。静态成员函数也是属于某一个类而不属于某一个具体对象的。静态成员函数的声明方法为：

static 返回值类型 函数名（参数表）;

不过，在定义静态成员函数时的格式与普通成员函数一样，不必出现 static。

下面来看静态成员数据、静态成员函数在程序中如何使用。

程序 17.1　带结点数量统计的链表类

node.h 文件

```
class Node
{
public:
    Node();
    Node(Node &n);
    Node(int i,char c='0');
    Node(int i,char c,Node *p,Node *n);
    ~Node();
    ……
    static int allocation();    //静态成员函数，返回已分配结点数
private:
    int idata;
    char cdata;
    Node *prior;
    Node *next;
    static int count;           //静态成员数据，存储结点总数量
};
```

node.cpp 文件

```
#include "node.h"              //如果没包含头文件连接时会出现错误
#include <iostream>
using namespace std;
int Node::count=0;            //静态成员数据初始化
……
Node::Node()                 //构造函数的定义
{
    cout <<"Node constructor is running..." <<endl;
    count++;                 //结点数增加
    idata=0;
    cdata='0';
    prior=NULL;
    next=NULL;
}
Node::Node(int i,char c)      //构造函数重载 1
{
    cout <<"Node constructor is running..." <<endl;
    count++;                 //结点数增加
    idata=i;
    cdata=c;
    prior=NULL;
    next=NULL;
}
Node::Node(int i,char c,Node *p,Node *n)       //构造函数重载 2
```

```
{
    cout <<"Node constructor is running..." <<endl;
    count++;                    //结点数增加
    idata=i;
    cdata=c;
    prior=p;
    next=n;
}
Node::Node(Node &n)
{
    count++;                    //结点数增加
    idata=n.idata;
    cdata=n.cdata;
    prior=n.prior;
    next=n.next;
}
Node::~Node()
{
    count--;                    //结点数减少
    cout <<"Node destructor is running..." <<endl;
}
int Node::allocation()          //在定义静态成员函数时不能出现 static
{
    return count;               //返回结点数量
}
```

linklist.h 同程序 16.6

main.cpp 文件

```
#include "linklist.h"
#include <iostream>
using namespace std;
int main()
{
    int tempi;
    char tempc;
    cout <<"请输入一个整数和一个字符: " <<endl;
    cin >>tempi >>tempc;
    Linklist a(tempi,tempc);
    a.Locate(tempi);
    a.Insert(1,'C');
    a.Insert(2,'B');
    cout<<"After Insert" <<endl;
    a.Show();
    cout <<"Node Allocation:" <<Node::allocation() <<endl;
    //调用静态成员函数
    Node b;
    cout <<"An independent node created" <<endl;
    cout <<"Node Allocation:" <<b.allocation() <<endl;
    //调用静态成员函数
    return 0;
}
```

运行结果：

请输入一个整数和一个字符:

3 F

Node constructor is running...

```
Linklist constructor is running...
Node constructor is running...
Node constructor is running...
After Insert
3      F
2      B
1      C
Node Allocation:3
Node constructor is running...
An independent node created
Node Allocation:4
Node destructor is running...
Linklist destructor is running...
Node destructor is running...
Node destructor is running...
Node destructor is running...
```

功能分析：记录结点分配情况的功能已经实现。该程序中出现了两种调用静态成员函数的方法，一种是类名::静态成员函数名（参数表），另一种是对象名.静态成员函数名（参数表），这两种调用方法的效果是相同的。由于静态成员函数是属于类的，不属于某一个具体对象，所以它分不清是访问哪个对象的非静态成员数据。因此，静态成员函数不能访问非静态成员数据。

> **小提示**
>
> 　　在第 11 章中，介绍过关键字 static。其作用是使局部变量在函数运行结束后继续存在，成为静态变量，其存储空间将在编译时静态分配。而本章中 static 的含义是"每个类中只含有一个"，与第 11 章中的 static 没有关系，因此说这里的 static 是名不符实的。

17.2　类的好朋友

在编写链表类时，由于类的封装性，不得不编写一些成员函数，以便于链表类访问链表结点类的私有成员数据。好在链表结点类的成员数据并不是很多，否则岂不是需要一大堆成员函数来供别的类访问？对于这种情况，可否直接告诉链表结点类："链表类是安全的，让它访问你的私有成员吧"？

在 C++中，可以用友元来解决这种尴尬的问题。所谓友元，就是作为一个类的"朋友"，可以例外地访问它的私有成员数据和私有成员函数。

17.2.1　友元类

所谓友元类，是指某个类的所有成员函数都能访问另一个类的私有成员。类似于链表类和链表结点类的问题，就可以用友元类来解决。即链表类是链表结点类的"朋友"，可以直接访问链表结点类的私有成员数据和私有成员函数。显然，要做链表结点类的"朋友"，必须要得到链表结点类的认可。所以必须在链表结点类的声明中告诉计算机，链表类是链表结点类认可的"朋友"，可以访问它的私有成员。声明友元类的格式为：

```
friend class 类名;
```

下面来看友元类是如何让我们更方便地设计程序的。

> 程序 17.2　用友元实现链表类

node.h 文件

```
class Node
{
    friend class Linklist;        //在 Node 类中声明友元类 Linklist
public:
    Node();
    Node(Node &n);
    Node(int i,char c='0');
    Node(int i,char c,Node *p,Node *n);
    ~Node();
    static int allocation();      //原私有成员数据相关的函数都去除
private:
    int idata;
    char cdata;
    Node *prior;
    Node *next;
    static int count;
};
```

node.cpp 文件

```
#include "node.h"
#include <iostream>
using namespace std;
int Node::count=0;
Node::Node()
{
    cout<<"Node constructor is running..." <<endl;
    count++;
    idata=0;
    cdata='0';
    prior=NULL;
    next=NULL;
}
Node::Node(int i,char c)
{
    cout<<"Node constructor is running..." <<endl;
    count++;
    idata=i;
    cdata=c;
    prior=NULL;
    next=NULL;
}
……
Node::~Node()
{
    count--;
    cout<<"Node destructor is running..." <<endl;
}
int Node::allocation()
{
    return count;
}
```

linklist.h 文件

```
#include "node.h"
```

```
#include <iostream>
using namespace std;
class Linklist                      //定义一个链表类
{
public:
    Linklist(int i,char c);
    Linklist(Linklist&l);
    ~Linklist();
    bool Locate(int i);
    bool Locate(char c);
    bool Insert(int i=0,char c='0');
    bool Delete();
    void Show();
    void Destroy();
private:
    Node head;
    Node * pcurrent;
};
……
bool Linklist::Locate(int i)
{
    Node * ptemp=&head;
    while(ptemp!=NULL)
    {
        if(ptemp->idata==i)         //直接访问私有成员数据
        {
            pcurrent=ptemp;
            return true;
        }
        ptemp=ptemp->next;
    }
    return false;
}
……
void Linklist::Show()                //链表的遍历
{
    Node * ptemp=&head;
    while (ptemp!=NULL)
    {
        cout<<ptemp->idata<<'\t' <<ptemp->cdata<<endl;
        ptemp=ptemp->next;
    }
}
……
```

main.cpp 同程序 **17.1**

运行结果：

请输入一个整数和一个字符：

`3 F`

```
Node constructor is running...
Linklist constructor is running...
Node constructor is running...
Node constructor is running...
After Insert
3       F
2       B
```

```
1       C
Node Allocation:3
Node constructor is running...
An independent node created
Node Allocation:4
Node destructor is running...
Linklist destructor is running...
Node destructor is running...
Node destructor is running...
Node destructor is running...
```

可以看到，上述程序的运行结果和程序 17.1 的结果一样，但是链表结点类没有程序 17.1 中那么繁琐。并且在链表类中完全都是直接访问链表结点类的成员数据，大大减少了调用函数产生的开销，这样执行程序的效率也就得以提高了。

17.2.2　友元函数

私有成员数据除了可能被别的类访问之外，也可能被别的函数或别的类的部分成员函数访问。这种可以例外地访问某个类的私有成员的函数称为这个类的友元函数。以函数作为单位，"对外开放"私有成员是为了部分保留类的封装性。与声明友元类相似，如果想用函数访问链表结点类的私有成员数据，则那些函数必须得到链表结点类的认可。声明友元函数的格式为：

friend 返回值类型函数名（参数表）;

如果该函数是某个类的成员函数，则格式为：

friend 返回值类型类名::函数名（参数表）;

小提示

在声明友元成员函数时，可能会牵扯出一系列类的声明顺序问题。当类的结构本身就比较复杂时，友元函数的使用可能会使得这个问题更加突出。

下面用友元函数来输出一个结点的信息。

程序 17.3　友元函数的使用

node.h 文件

```cpp
class Node
{
    friend class Linklist;           //在 Node 类中声明友元类 Linklist
    friend void ShowNode(Node &n);        //声明友元函数 ShowNode
public:
    Node();                          //其他的成员函数没有变化
    Node(Node &n);
    Node(int i,char c='0');
    Node(int i,char c,Node *p,Node *n);
    ~Node();
    static int allocation();
private:
    int idata;
    char cdata;
    Node *prior;
    Node *next;
    static int count;
};
```

node.cpp 文件

```
#include "node.h"
#include <iostream>
using namespace std;
int Node::count=0;
Node::Node()                //构造函数
{
    cout<<"Node constructor is running..." <<endl;
    count++;
    idata=0;
    cdata='0';
    prior=NULL;
    next=NULL;
}
……
Node::~Node()               //析构函数
{
    count--;
    cout<<"Node destructor is running..." <<endl;
}
int Node::allocation()
{
    return count;
}
void ShowNode(Node &n)      //这个函数并不是成员函数
{
    cout<<n.idata<<'\t' <<n.cdata<<endl;
    //友元函数可以访问私有成员数据
}
```

linklist.h 同程序 17.2

main.cpp 文件

```
#include <iostream>
#include "linklist.h"
using namespace std;
int main()
{
    int tempi;
    char tempc;
    cout<<"请输入一个整数和一个字符: " <<endl;
    cin>>tempi >>tempc;
    Linklist a(tempi,tempc);
    a.Locate(tempi);
    a.Insert(1,'C');
    a.Insert(2,'B');
    cout<<"After Insert" <<endl;
    a.Show();
    Node b(4,'F');
    cout<<"An independent node created" <<endl;
    cout<<"Use friend function to show node" <<endl;
    ShowNode(b);            //用友元函数输出 b 结点的内容
    return  0;
}
```

运行结果：

请输入一个整数和一个字符：

```
3 F
Node constructor is running...
Linklist constructor is running...
Node constructor is running...
Node constructor is running...
After Insert
3       F
2       B
1       C
Node constructor is running...
An independent node created
Use friend function to show node
4       G
Node destructor is running...
Linklist destructor is running...
Node destructor is running...
Node destructor is running...
Node destructor is running...
```

以上结果显示函数 ShowNode 成功地访问了链表结点 b 的私有成员数据。所以当一个函数要访问某些对象的私有成员时，可以用友元来解决这个问题。

17.2.3　友元的利与弊

友元使设计程序方便了很多，原先的那些私有成员都能轻松地被访问了。于是不用去写那些繁琐的成员函数，程序执行的时候也减少了函数的调用次数，提高了运行效率。

一个"好朋友"带来的是效率和方便，而一个"坏朋友"却会带来更多的麻烦。友元的存在，破坏了类的封装性。一个类出现问题，就不仅仅是由这个类本身负责了，还可能和它众多的友元有关。这无疑使得检查调试的范围突然扩大了许多，难度也陡然增加。

所以，在使用友元时，要权衡使用友元的利弊，使程序达到最佳的效果。

> **试试看**
>
> 把程序 17.2 或程序 17.3 中友元的声明放入 public 或 private 中，看看是否影响程序运行的结果。
>
> 结论：友元的声明可以在类声明中的任何位置。

17.3　多功能的操作符——操作符的重载

设计程序时，各种操作符（运算符）会出现在表达式中，例如 1+3 和 4*2。然而，这些操作符只能用于 C++的基本数据类型。如果现在要研究一下复数，形如 1+2i 和 3+5i 的虚数并不属于 C++的基本数据类型，因此不得不自己编写一个复数类。这个新编写的复数类也会有加减法的操作，那么它能否摆脱一串冗长的函数名，而使用加减号呢？

通过第 6 章可以知道函数是可以重载的，即同名函数针对不同数据类型的参数实现各种类似的功能。在 C++中，操作符也是可以重载的，同一操作符对于不同的自定义数据类型可以进行不同的操作。

17.3.1　操作符作为成员函数

在学习操作符重载前，需要先了解原先这个复数类所具有的功能，操作符的重载将在这个复数类的基础上实现。

（1）具有构造函数和拷贝构造函数。

（2）能够实现复数和复数的加减法。

（3）能够实现复数和实数的加减法。

（4）能够显示复数的值。

（5）成员数据有复数的实部和虚部。

在操作符重载之前，复数类的定义代码如下。

> **程序 17.4　复数类和复数的加减法**

complex.h 文件

```
#include <iostream>
using namespace std;
class Complex                     //声明一个复数类
{
public:
    Complex(Complex &a);          //拷贝构造函数
    Complex(double r=0,double i=0);
    void display();               //输出复数的值
    void set(Complex &a);
    Complex plus(Complex a);      //复数的加法
    Complex minus(Complex a);     //复数的减法
    Complex plus(double r);       //复数与实数相加
    Complex minus(double r);      //复数与实数相减
private:
    double real;                  //复数实部
    double img;                   //复数虚部
};
Complex::Complex(Complex &a)
{
    real=a.real;
    img=a.img;
}
Complex::Complex(double r,double i)
{
    real=r;
    img=i;
}
void Complex::display()
{
    cout<<real <<(img>=0?"+":"") <<img<<"i";
    //适合显示 1-3i 等虚部为负值的复数
}
void Complex::set(Complex &a)
{
    real=a.real;
    img=a.img;
}
```

```
Complex Complex::plus(Complex a)
{
    Complex temp(a.real+real,a.img+img);
    return temp;
}
Complex Complex::minus(Complex a)
{
    Complex temp(real-a.real,img-a.img);
    return temp;
}
Complex Complex::plus(double r)
{
    Complex temp(real+r,img);
    return temp;
}
Complex Complex::minus(double r)
{
    Complex temp(real-r,img);
    return temp;
}
```

main.cpp 文件

```
#include "complex.h"
#include <iostream>
using namespace std;
int main()
{
    Complex a(3,2),b(5,4),temp;
    temp.set(a.plus(b));          //temp=a+b
    temp.display();
    cout<<endl;
    temp.set(a.minus(b));         //temp=a-b
    temp.display();
    cout<<endl;
    return 0;
}
```

运行结果：

```
8+6i
-2-2i
```

功能分析：虽然程序 17.4 已经实现了复数的加减法，但是其表达形式极为繁琐。如果有复数 a、b、c 和 d，要计算 a+b-(c+d)将会变得非常复杂。如果不是调用函数，而是使用操作符，就会直观得多。

C++中的操作符原本只支持内置的数据类型，例如整型或浮点型。对于自行定义的复数类，需要通过重载的方式来告知如何实现复数的加减法。声明一个操作符重载的格式为：

返回值类型 operator 操作符（参数表）；

事实上，在声明和定义操作符重载时，可以将其看作函数。只不过这个函数名是操作符。在声明和定义操作符重载时需要注意以下几点。

（1）操作符只能是 C++中存在的操作符，自己编造的操作符是不能参与操作符重载的。另外，"::"（域解析操作符）、"."（成员操作符）、"……? ……：……"（条件操作符）和 sizeof 等操作符不允许重载。

（2）参数表中罗列的是操作符的各个操作数。重载后操作数的个数应该与原来相同。不过如果操作符作为成员函数，则调用者本身是一个操作数，故而参数表中会减少一个操作数。（请对比程序 17.5 与程序 17.6）

（3）各个操作数至少要有一个是自定义类型的数据，如结构或类。

（4）尽量不要混乱操作符的含义。如果把加号用在减法上，会使程序的可读性大大下降。

下面把操作符作为成员函数，来实现复数的加减法。

| 程序 17.5　用操作符重载实现复数加减法 |

complex.h 文件

```cpp
#include <iostream>
using namespace std;
class Complex                        //声明一个复数类
{
public:
    Complex(Complex &a);
    Complex(double r=0,double i=0);
    void display();
    void operator =(Complex a);       //赋值操作
    Complex operator +(Complex a);    //加法操作
    Complex operator -(Complex a);    //减法操作
    Complex operator +(double r);     //加法操作
    Complex operator -(double r);     //减法操作
private:
    double real;
    double img;
};
Complex::Complex(Complex &a)
{
    real=a.real;
    img=a.img;
}
Complex::Complex(double r,double i)
{
    real=r;
    img=i;
}
void Complex::display()
{
    cout<<real <<(img>=0?"+":"") <<img<<"i";
}
void Complex::operator =(Complex a)
{
    real=a.real;
    img=a.img;
}
Complex Complex::operator +(Complex a)
{
    Complex temp(a.real+real,a.img+img);
    return temp;
}
Complex Complex::operator -(Complex a)
{
```

```
        Complex temp(real-a.real,img-a.img);
        return temp;
}
Complex Complex::operator +(double r)
{
        Complex temp(real+r,img);
        return temp;
}
Complex Complex::operator -(double r)
{
        Complex temp(real-r,img);
        return temp;
}
```

main.cpp 文件

```
#include "complex.h"
#include <iostream>
using namespace std;
int main()
{
        Complex a(3,2),b(5,4),c(1,1),d(4,2),temp;
        temp=a+b;                    //这样的复数加法看上去很直观
        temp.display();
        cout<<endl;
        temp=a-b;
        temp.display();
        cout<<endl;
        temp=a+b-(c+d);          //可以和括号一起使用了
        temp.display();
        cout<<endl;
        return 0;
}
```

运行结果：

```
8+6i
-2-2i
3+3i
```

以上程序的 main.cpp 中，复数的加法表达得非常简洁易懂，与程序 17.4 相比有了很大的进步。并且在使用了括号以后，可以更方便地描述各种复杂的运算。操作符在重载之后，结合性和优先级是不会发生变化的，符合用户本来的使用习惯。

17.3.2 操作符作为友元函数

上文视操作符为成员函数，这可以实现复数的加减法。如果把操作符作为普通的函数重载，则需要将其声明为友元。这时，参数表中的操作数个数应该与操作符原来要求的操作数个数相同。

下面介绍一下用友元和操作符重载实现复数的加减法。

> **程序 17.6　用友元和操作符重载实现复数的加减法**

complex.h 文件

```
#include <iostream>
using namespace std;①
```

---

① Visual C++ 6.0 对友元运算符重载的支持存在问题。如使用名字空间，必须在类外声明友元函数。

```
class Complex
{
    friend Complex operator +(Complex a,Complex b);    //+作为友元
    friend Complex operator -(Complex a,Complex b);
    friend Complex operator +(Complex a,double r);
    friend Complex operator -(Complex a,double r);
public:
    Complex(Complex &a);
    Complex(double r=0,double i=0);
    void display();
private:
    double real;
    double img;
};
Complex::Complex(Complex &a)
{
    real=a.real;
    img=a.img;
}
Complex::Complex(double r,double i)
{
    real=r;
    img=i;
}
void Complex::display()
{
    cout<<real <<(img>=0?"+":"") <<img<<"i";
}
Complex operator +(Complex a,Complex b)         //该函数不是成员函数
{
    Complex temp(a.real+b.real,a.img+b.img);
    return temp;
}
Complex operator -(Complex a,Complex b)
{
    Complex temp(a.real-b.real,a.img-b.img);
    return temp;
}
Complex operator +(Complex a,double r)
{
    Complex temp(a.real+r,a.img);
    return temp;
}
Complex operator -(Complex a,double r)
{
    Complex temp(a.real-r,a.img);
    return temp;
}
```

main.cpp 文件

```
#include "complex.h"
#include <iostream>
using namespace std;
int main()
{
    Complex a(3,2),b(5,4),c(1,1),d(4,2),temp;
```

```
        temp=a+b;
        temp.display();
        cout<<endl;
        temp=a-b;
        temp.display();
        cout<<endl;
        temp=a+b-(c+d);
        temp.display();
        cout<<endl;
        return 0;
    }
```

运行结果：

```
8+6i
-2-2i
3+3i
```

在上面这个程序中，加号和减号操作符由成员函数变成了友元函数。细心的读者可能会有疑问，那个赋值操作符的定义在哪里？

事实上，赋值操作符有点类似于默认拷贝构造函数，也具有默认的对象赋值功能。所以即使没有对它进行重载，也能使用它对对象作赋值操作。

小提示

如果要对赋值操作符进行重载，则必须将其作为一个成员函数，否则程序将无法通过编译。

在操作符重载中，友元的优势尽显无遗。特别是当操作数为几个不同类的对象时，友元不失为一种良好的解决办法。

17.3.3　又见加加和减减

第 5 章介绍了增减量操作符，并且知道它们有前后之分。那么增减量操作符是如何重载的呢？同样是一个操作数，它又是如何区分前增量和后增量的呢？

前增量操作符是"先增后赋"，在这里理解为先做自增，然后把操作数本身返回。后增量操作符是"先赋后增"，在这里理解为先把操作数的值返回，然后操作数自增。所以，前增量操作返回的是操作数本身，而后增量操作返回的只是一个临时的值。

在 C++中，为了区分前增量操作符和后增量操作符的重载，规定后增量操作符多一个整型参数。这个参数仅仅是用于区分前增量和后增量操作符，不参与到实际运算中去。

下面介绍如何重载增量操作符[①]。

程序 17.7　复数的增量操作

complex.h 文件

```
#include <iostream>
using namespace std;
class Complex
{
    friend Complex operator +(Complex a,Complex b);
    friend Complex operator -(Complex a,Complex b);
```

[①]　由于对友元运算符重载的支持存在问题，该程序可能无法在 Visual C++ 6.0 下通过编译。

```
    friend Complex operator +(Complex a,double r);
    friend Complex operator -(Complex a,double r);
    friend Complex& operator ++(Complex &a);     //前增量操作符重载
    friend Complex operator ++(Complex &a,int); //后增量操作符重载
public:
    Complex(Complex &a);
    Complex(double r=0,double i=0);
    void display();
private:
    double real;
    double img;
};
……
Complex& operator ++(Complex &a)
{
    a.img++;
    a.real++;
    return a;           //返回值类型为 Complex 的引用，即返回操作数 a 本身
}
Complex operator ++(Complex &a,int)        //后面的 int 表明是后增量操作符
{
    Complex temp(a);
    a.img++;
    a.real++;
    return temp;        //返回一个临时的计算结果
}
```

main.cpp 文件

```
#include "complex.h"
#include <iostream>
using namespace std;
int main()
{
    Complex a(2,2),b(2,4),temp;
    temp=(a++)+b;
    temp.display();
    cout<<endl;
    temp=b-(++a);
    temp.display();
    cout<<endl;
    a.display();
    cout<<endl;
    return 0;
}
```

运行结果：

```
4+6i
-2+0i
4+4i
```

功能分析：根据运行结果，可以看到 a++和++a 被区分开来了。而调用后增量操作符的时候，操作数仍然只有一个，与用于区分的整型参数无关。

至此，类的一些基本特性和要素已经介绍完毕。接下来的章节将逐步发掘面向对象程序设计的优势。

17.4 缩略语和术语表

英文全称	中文
Static Data Member	静态成员函数
Friend Class	友元类
Friend Function	友元函数

17.5 方法指导

静态成员是解决共有成员或单一成员的最佳方案。虽然并不是在所有类中都会用到，但是必须记得它的存在。友元可以给我们带来方便，也给类的封装留下了一个漏洞。所以必须要明白友元的利弊，不能滥用友元。重载操作符提高了程序的可读性，把对象的操作从单调的成员函数形式中解放了出来。

本章的内容散而杂，先要掌握的是各种思想，至于具体的实现，可以在需要时再查阅书籍资料。

17.6 习题

1. 改写程序 17.1，使得链表类也能记录链表对象的个数。

2. 改写程序 17.3，编写一个额外的友元函数（非成员函数），实现链表结点插入到链表中。其函数原型为 bool Insert(Linklist &list,int i,char c);，其中参数是 list 是链表对象，参数 i 对应 idata，参数 c 对应 cdata，返回值表示是否插入成功。

3. 改写程序 17.7，编写实数加虚数、实数减虚数、前减量和后减量的操作符重载。

扫一扫二维码，获取参考答案

第 18 章　父与子——类的继承

前面的章节介绍了如何编写一个完整的类。然而，面向对象的优势还没有完全体现出来。特别是在编写相似的类时，可能会造成很多的浪费。本章将以一个文字游戏为例，向大家介绍类的继承问题。

本章的主要知识点有：

◆ 类的继承性

◆ 继承的实现

◆ 子类对象的构造与析构

◆ 类的多态性

◆ 多态的实现与特例

◆ 虚函数与虚析构函数的概念

◆ 纯虚函数与抽象类的概念

◆ 多重继承的概念

18.1　剑士·弓箭手·法师的困惑

在一个角色扮演类游戏（RPG）中，可能有各种不同职业的玩家，比如剑士、弓箭手和法师。虽然他们的职业不同，却有着一些相似之处：他们都具有生命值（Health Point——HP）、魔法值（Magic Point——MP）、攻击力（Attack Point——AP）、防御力（Defense Point——DP）、经验值（Experience——EXP）和等级（Level——LV）。虽然它们有着相似之处，但又不完全相同：剑士和弓箭手都具有普通攻击的技能，只不过剑士用的是剑，而弓箭手用的是弓箭。

这样看来就有麻烦了。如果只用一个类来描述 3 种不同职业的玩家，肯定无法描述清楚。毕竟这 3 种职业不是完全相同的。如果用 3 个类描述这 3 种职业，那么三者的共同点和内在联系就无法体现出来，并且还造成了相同属性和功能的重复开发。

需要有一种好的方法，既能把剑士、弓箭手和法师的特点描述清楚，又能减少重复的开发和冗余的代码。在 C++中，有一种称为继承的方法，可以将一种已经编写好的类扩写成一个新的类。新的类具有原有类的所有属性和操作，也可以在原有类的基础上作修改和增补。继承实质上源于人们对事物的认知过程：从抽象到具体。下面来看剑士、弓箭手和法师的逻辑关系。

图 18.1 中玩家是一个抽象的概念，剑士、弓箭手和法师是较为具体的概念。任何一个玩家都具有生命值、魔法值等属性，具有发动普通攻击和特殊攻击的能力。不同职业的玩家在发动普通攻击和特殊攻击时，有着不同的效果。

如果您不太玩游戏，或者对剑士、弓箭手没有什么概念，那么再看看学生这个例子。学生是一个抽象的概念，具体的有本科生、中学生、小学生等。任何一个学生都具有姓名、身高、体重、性别等属性，具有学习的能力。不同阶段的学生在学习时，内容会有所不同。小学生学习四则运算，中学生学习代数几何，本科生学习高等数学，如图 18.2 所示。

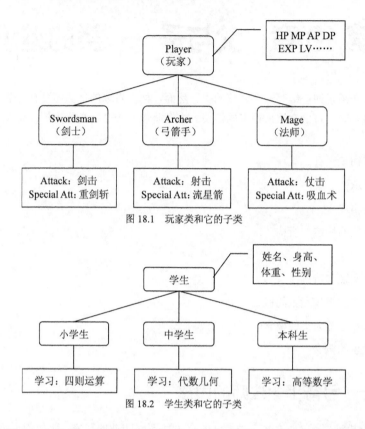

图 18.1　玩家类和它的子类

图 18.2　学生类和它的子类

　　为了描述小学生、中学生、本科生，可以写 3 个不同的类，但是会造成部分属性和功能的重复开发。也可以先设计一个学生类，描述出各种学生共同的属性和功能，然后再针对不同种类的学生做细节的修改。显然，第二种做法更为省力、合理。

18.2　面向对象特点二：继承性

　　如果有一个类，可以将它实例化，成为若干个对象。另外，如果想对这个类加以升级改造，可以将这个类继承，形成子类（或者称为派生类）。被继承的类则称为父类（或者称为基类）。实例化和继承是一个类的两种发展方向。继承能够减少开发程序的工作量，提高类的重用性。

　　如果把编写一个类看作是一次生产，那么产品（即编写出来的类）可以有两种用途：一种是将产品直接使用，相当于将类实例化；另一种是将产品用于再生产，相当于将类继承。类在这种不断的"再生产"中变得更为强大、健全。

　　在第 15 章中，链表结点类的实例对象是链表类的成员数据。这称为对象的组合，它与类的继承也是完全不同的概念。继承（Inheritance）是概念的延续，子类和父类一般都是概念扩展的关系。通常把这种关系称为"是"关系。例如，本科生是学生，自行车是交通工具。而对象的组合一般是因功能需求产生的从属关系。通常把这种关系称为"有"关系。例如，链表有一个头结点，计算机有一个中央处理器等。

关于如何更合理地设置类以及类与类之间关系等问题，会在软件工程和设计模式的书籍中做更详尽的介绍。

18.3 继承的实现

了解继承的概念之后，我们来学习如何实现继承。

18.3.1 私有和保护

在 15.2 节中提到，成员函数和成员数据可以是公有或者私有的。如果是公有的，那么它们可以被直接访问；如果是私有的，那么它们无法被直接访问。同时，还提到一个 protected 关键字，在没有使用继承时，它与 private 的效果是一样的，即无法被直接访问。如果使用了继承，就能体会到 protected 和 private 的差别。

private（私有）和 protected（保护）都能实现类的封装性。private 能够对外部和子类保密，即除了成员所在的类本身可以访问之外，别的都不能直接访问。protected 能够对外部保密，但允许子类直接访问这些成员。public、private 和 protected 对成员数据和成员函数的保护程度可以用表 18.1 来描述。

表 18.1   **成员受保护程度**

成员类型 ＼ 访问方式	类外部	子类	本类
public	允许访问	允许访问	允许访问
protected	禁止访问	允许访问	允许访问
private	禁止访问	禁止访问	允许访问

所以，在使用继承时，必须考虑清楚：成员数据和成员函数应该是私有的还是保护的。

18.3.2 一个简单的例子

首先以学生类为例，介绍继承的使用方法。

> **程序 18.1 学生类和大学生类**

student.h 文件

```cpp
#include <iostream>
using namespace std;
class Student                            //学生类作为父类
{
public:
    Student(char *n,int a,int h,int w);  //带参数的构造函数
    Student();                           //不带参数的构造函数
    void set(char *n,int a,int h,int w);
    char * sname();
    int sage();
    int sheight();
    int sweight();
protected:
    char name[10];                       //姓名
    int age;                             //年龄
```

```
        int height;                          //身高
        int weight;                          //体重
private:
        int test;
};
char * Student::sname()
{
        return name;
}
int Student::sage()
{
        return  age;
}
……
void Student::set(char *n,int a,int h,int w)
{
        int i;
        for (i=0;n[i]!='\0';i++)
        {
                name[i]=n[i];
        }
        name[i]='\0';
        age=a;
        height=h;
        weight=w;
        return;
}
Student::Student(char *n,int a,int h,int w)
{
        cout <<"Constructing a Student with parameter..." <<endl;
        set(n,a,h,w);
}
Student::Student()
{
        cout <<"Constructing a Student without parameter..." <<endl;
}
```

undergraduate.h 文件

```
#include "student.h"
class Undergraduate:public Student      //本科生类作为子类，继承了学生类
{
public:
        double score();
        void setGPA(double g);           //设置绩点
        bool isAdult();                  //判断是否成年
protected:
        double GPA;                      //本科生绩点
};
double Undergraduate::score()
{
        return GPA;
}
void Undergraduate::setGPA(double g)
{
        GPA=g;
        return;
```

```
}
bool Undergraduate::isAdult()
{
    return age>=18?true:false;              //子类访问父类的保护成员数据
}
```

main.cpp 文件

```cpp
#include <iostream>
#include "undergraduate.h"
using namespace std;
int main()
{
    Undergraduate s1;                       //新建一个本科生对象
    s1.set("Tom",21,178,60);
    s1.setGPA(3.75);
    cout <<s1.sname() <<endl;
    cout <<s1.sage() <<endl;
    cout <<s1.sheight() <<endl;
    cout <<s1.sweight() <<endl;
    cout <<s1.score() <<endl;
    cout <<s1.isAdult() <<endl;
    return 0;
}
```

运行结果：

```
Constructing a Student without parameter...
Tom
21
178
60
3.75
1
```

小提示

在使用继承之前，必须保证父类是已经定义好的。如果父类是没有被定义的，那么子类也就没有什么可以继承的了。

试试看

修改程序 18.1，试试看在 main 函数中，能否直接访问从学生类继承而来的成员数据 age 和 test。

定义一个子类的语法格式为：

```
class 子类名: 继承方式 父类名
{
    ……
};
```

功能分析：根据程序 18.1 的运行结果，可以清楚地看到，学生类里面的公有和保护成员都已经被继承到本科生类。本科生类可以使用学生类的成员函数，也可以访问学生类的保护成员。而本科生类中定义的成员则是对学生类的补充，并且也能够被使用。

18.3.3　继承的方式

在程序 18.1 中，采用的继承方式是 public。和成员的类型一样，除了 public 之外，继承方式还有 protected 和 private。那么，这 3 种继承方式到底有什么区别呢？

public 是公有继承，或称为类型继承。它主要体现的是概念的延伸和扩展，父类所有的公有、保护成员都将按部就班地继承到子类中。父类的公有成员在子类中依然是公有的，父类的保护成员在子类中依然是保护的。例如，程序 18.1 中的学生类和本科生类就是这样的关系。

private 是私有继承，或称为私有的实现继承。它主要体现的是父类成员的重用。父类所有的公有、保护成员继承到子类时，类型会发生改变。父类的公有成员在子类中变成了私有成员，父类的保护成员在子类中也变成了私有成员。这时，可以利用从父类继承而来的成员函数实现子类的成员函数，并且不必担心外部直接访问父类的成员函数，破坏了子类的秩序。例如，栈是一种特殊的链表，它只能从链表尾部添加或删除结点，栈的压栈和退栈功能可以方便地由链表类的成员函数实现。但是，如果外部还能直接访问从链表类继承而来的成员函数，那么就可以在栈的任何位置插入结点，栈就会被破坏。

protected 是保护继承，或称为保护的实现继承。与私有继承类似，它也是体现父类成员的重用。只不过父类的公有成员和保护成员在子类中都变成了保护成员。因此，如果有一个孙类以公有方式继承了子类，那么父类中的成员也将被继承，成为孙类的保护成员。

算法与思想：委托加工

为了提高代码的重用度，在创建某些新类的时候可以利用已有的类。这就好比要做某项枯燥的工作，可以找个机器人来代劳。操作员负责操控机器人，机器人负责实施具体工作。但是必须保证这个机器人只受操作员控制，否则就可能会添乱。要能完全独立控制一个类的对象可以有两种方法，一种是将对象作为另一个类的私有或保护成员，另一种是将类私有继承或保护继承。

public、private 和 protected 3 种继承方式可以用表 18.2 描述。其中，右下角的 9 个单元格表示各种父类成员在对应的继承方式下，成为子类成员后的性质。

表 18.2　　　　　　　　　　　　不同继承方式下的成员性质

继承方式 ＼ 父类成员	public	protected	private
public	public	protected	禁止访问
protected	protected	protected	禁止访问
private	private	private	禁止访问

在使用继承时，必须根据实际需要选择合适的继承方式。下面以栈继承链表为例，理解私有继承方式。

程序 18.2　用私有继承链表类实现栈

node.h 文件
```
#include <iostream>
using namespace std;
class Node
{
    friend class Linklist;      //链表类作为友元类
    friend class Stack;         //栈类作为友元类
public:
    Node();
    Node(Node &n);
```

```
    Node(int i,char c='0');
    Node(int i,char c,Node *p,Node *n);
    ~Node();
private:
    int idata;
    char cdata;
    Node *prior;
    Node *next;
};
……
```

linklist.h 文件

```
#include "node.h"
#include <iostream>
using namespace std;
class Linklist
{
public:
    Linklist(int i=0,char c='0');
    Linklist(Linklist &l);
    ~Linklist();
    bool Locate(int i);
    bool Locate(char c);
    bool Insert(int i=0,char c='0');
    bool Delete();
    void Show();
    void Destroy();
protected:        //原私有成员改为保护成员，以便于 Stack 类继承
    Node head;
    Node * pcurrent;
};
Linklist::Linklist(int i,char c):head(i,c)
{
    cout<<"Linklist constructor is running..."<<endl;
    pcurrent=&head;
}
……
Linklist::~Linklist()
{
    cout<<"Linklist destructor is running..."<<endl;
    Destroy();
}
void Linklist::Destroy()
{
    Node * ptemp1=head.next;
    while (ptemp1!=NULL)
    {
        Node * ptemp2=ptemp1->next;
        delete ptemp1;
        ptemp1=ptemp2;
    }
    head.next=NULL;
}
```

stack.h 文件

```
#include "linklist.h"
```

```
class Stack:private Linklist          //私有继承链表类
{
public:
    bool push(int i,char c);          //压栈
    bool pop(int &i,char &c);         //退栈
    void show();
};
bool Stack::push(int i,char c)
{
    while (pcurrent->next!=NULL)
        pcurrent=pcurrent->next;
    return Insert(i,c);               //用链表类的成员函数实现功能
}
bool Stack::pop(int &i,char &c)       //参数 i 和 c 将存有退栈结点的数据
{
    while (pcurrent->next!=NULL)
        pcurrent=pcurrent->next;
    i=pcurrent->idata;                //读取退栈结点的数据
    c=pcurrent->cdata;
    return Delete();                  //用链表类的成员函数实现功能
}
void Stack::show()
{
    Show();                           //用链表类的成员函数实现功能
}
```

main.cpp 文件

```
#include "stack.h"
#include <iostream>
using namespace std;
int main()
{
    Stack ss;
    int i,j;
    char c;
    for (j=0;j<3;j++)        //压栈三次
    {
        cout <<"请输入一个数字和一个字母: " <<endl;
        cin >>i >>c;
        if (ss.push(i,c))
        {
            cout <<"压栈成功! " <<endl;
        }
    }
    ss.show();
    while (ss.pop(i,c))
    {
        cout <<"退栈数据为 i=" <<i <<" c=" <<c <<endl;
    }
    return 0;
}
```

运行结果：

```
Node constructor is running...
Linklist constructor is running...
请输入一个数字和一个字母:
```

```
1 a
Node constructor is running...
压栈成功!
请输入一个数字和一个字母:
2 b
Node constructor is running...
压栈成功!
请输入一个数字和一个字母:
3 c
Node constructor is running...
压栈成功!
0        0
1        a
2        b
3        c
Node destructor is running...
退栈数据为 i=3 c=c
Node destructor is running...
退栈数据为 i=2 c=b
Node destructor is running...
退栈数据为 i=1 c=a
Linklist destructor is running...
Node destructor is running...
```

Stack 类以私有方式继承了 Linklist 类之后，利用 Linklist 的成员函数，方便地实现了压栈和退栈功能。

试试看

1. 修改程序 18.2，在 main 函数中能否利用 Linklist 类的成员函数向栈 ss 的其他位置添加或删除结点。

2. 使用了继承之后，子类中还有没有父类的私有成员呢？试证明。

18.4　子类对象的生灭

对象在使用之前，始终是要经历"构造"这个过程的。在第 16 章已经介绍过，当一个对象的成员数据是另一个对象时，先运行成员对象的构造函数，再运行主对象的构造函数。但是继承的出现，会引入子类的构造函数。此时这些构造函数的运行顺序又是怎样呢？

18.4.1　子类对象的构造

讨论子类对象的构造，就是讨论子类对象的生成方式。它是首先生成父类对象的成员，再对其进行扩展呢？还是首先生成子类对象的成员，然后再对其进行补充？修改程序 18.2，用事实来回答这个问题。

程序 18.3　对象构造顺序的验证

node.h 和 linklist.h 文件同程序 18.2

stack.h 文件

```cpp
#include "linklist.h"
#include <iostream>
```

```
using namespace std;
class Stack:private Linklist          //私有继承链表类
{
public:
    bool push(int i,char c);
    bool pop(int &i,char &c);
    void show();
    Stack(int i,char c);
    Stack();
};
Stack::Stack(int i,char c):Linklist(i,c)
//将子类构造函数的参数传递给父类的构造函数
{
    cout <<"Stack constructor with parameter is running..." <<endl;
}
Stack::Stack()                //子类构造函数
{
    cout <<"Stack constructor is running..." <<endl;
}
……
```

main.cpp 文件

```
#include <iostream>
#include "stack.h"
int main()
{
    Stack ss(1,'4');                //调用带参数的构造函数
    cout <<"Stack ss constructed" <<endl;
    ss.show();
    Stack zz;                       //调用不带参数的构造函数
    cout <<"Stack zz constructed" <<endl;
    zz.show();
    return 0;
}
```

运行结果：

```
Node constructor is running...
Linklist constructor is running...
Stack constructor with parameter is running...
Stack ss constructed
1    4
Node constructor is running...
Linklist constructor is running...
Stack constructor is running...
Stack zz constructed
0    0
Linklist destructor is running...
Node destructor is running...
Linklist destructor is running...
Node destructor is running...
```

这个程序中有 3 个类，其中 Stack 类是 Linklist 类的子类，Node 类的对象是 Linklist 类的成员数据。根据程序的运行结果可以知道，父类的成员对象仍然是最先构造的，接着是运行父类的构造函数，最后运行子类的构造函数。也就是说子类对象是在父类对象的基础上扩展而成的。

另外，如果需要把子类构造函数的参数传递给父类的构造函数时，可以在子类的构造函数定义

中用以下格式调用父类的构造函数。

> 子类名::构造函数名(参数表):父类名(参数表)

程序 18.3 就是用上述方法实现子类和父类构造函数的参数传递。这种方法不仅使子类对象的初始化变得简单，并且使子类和父类的构造函数分工明确，易于维护。

试试看

猜想父类、父类成员对象、子类和子类成员对象构造函数的运行顺序，并设法验证。

结论：顺序依次为父类成员对象、父类、子类成员对象、子类。各成员对象的构造顺序参照它们在类中声明的顺序。

18.4.2　子类对象的析构

在第 16 章中介绍析构函数时，就说到它的运行顺序往往是和构造函数的运行顺序相反的。那么使用了继承后，是否依然是这样的规律呢？继续修改程序 18.3，尝试验证这个猜想。

程序 18.4　对象析构顺序的验证

node.h 和 linklist.h 同程序 18.2

stack.h 文件

```cpp
#include "linklist.h"
#include <iostream>
using namespace std;
class Stack:private Linklist
{
public:
    bool push(int i,char c);
    bool pop(int &i,char &c);
    void show();
    Stack(int i,char c);            //子类构造函数
    Stack();
    ~Stack();                       //析构函数
};
Stack::Stack(int i,char c):Linklist(i,c)
{
    cout <<"Stack constructor with parameter is running..." <<endl;
}
Stack::Stack()
{
    cout <<"Stack constructor is running..." <<endl;
}
Stack::~Stack()
{
    cout <<"Stack destructor is running..." <<endl;
}
……
```

main.cpp 文件

```cpp
#include <iostream>
#include "stack.h"
int main()
{
```

```
        Stack zz;
        cout <<"Stack zz constructed" <<endl;
        zz.show();
        return 0;        //程序结束后会调用 Stack 类的析构函数
}
```

运行结果：

```
Node constructor is running...
Linklist constructor is running...
Stack constructor is running...
Stack zz constructed
0        0
Stack destructor is running...
Linklist destructor is running...
Node destructor is running...
```

根据运行结果，可以确认：在使用了继承后，析构函数的运行顺序依然与构造函数的运行顺序相反。

18.5 继承与对象指针

在第 15 章的最后介绍了对象指针，并且在编写链表类的过程中已经能熟练地使用它了。现在有了继承后，会有这样一个疑问：父类指针能否指向子类对象？子类指针能否指向父类对象？如果那样使用指针，对象的功能是否会受到限制呢？

18.5.1 父类指针与子类对象

修改程序 18.1，用程序的运行结果来解答这个疑问。

student.h 和 undergraduate.h 同程序 18.1

main.cpp 文件

```
#include <iostream>
#include "undergraduate.h"
using namespace std;
int main()
{
    Undergraduate s1;        //新建一个本科生对象
    Undergraduate *s1p;      //新建一个子类的对象指针
    Student s2;
    Student *s2p;            //新建一个父类的对象指针
    s1p=&s2;        //错误，无法将 Student 类转化为 Undergraduate 类
    s2p=&s1;
    s1.set("Tom",21,178,60);
    cout <<s1.sname() <<s1.sage() <<endl;
    s2p->set("Jon",22,185,68);
    cout <<s1.sname() <<s1.sage() <<endl;
    s1p->setGPA(2.5);
    s2p->setGPA(3.0);            //错误，setGPA 不是 Student 类的成员函数
    return 0;
}
```

编译结果：

```
main.cpp(10) : error C2440: '=' : cannot convert from 'class Student *' to 'class Undergraduate *'
main.cpp(17) : error C2039: 'setGPA' : is not a member of 'Student'
```

根据编译结果可以看到，在公有继承情况下，父类的对象指针指向子类对象是允许的。如 s2p 学生指针指向本科生 s1，因为本科生也是学生；而子类的对象指针指向父类是禁止的。如 s1p 本科生指针不能指向学生 s2，因为学生不一定是本科生。

此外，如果用父类的对象指针指向子类对象，那么这个指针无法使用子类中扩展出的成员。如 s2p 指针无法设置本科生的绩点，因为使用了学生指针，本科生就变成了学生身份，学生身份不再有设置绩点的功能。

再次修改程序 18.1，使得它能够运行。

> **程序 18.5 父类指针指向子类对象**

student.h 和 undergraduate.h 同程序 18.1

main.cpp 文件

```cpp
#include <iostream>
#include "undergraduate.h"
using namespace std;
int main()
{
    Undergraduate s1;              //创建一个本科生对象
    Student *s2p;                  //创建一个学生对象指针
    s2p=&s1;                       //学生对象指针可以指向本科生对象
    s1.set("Tom",21,178,60);
    cout <<s1.sname() <<'\t' <<s1.sage() <<endl;
    s2p->set("Jon",22,185,68);     //用 s2p 指针也能操作 s1 对象
    cout <<s1.sname() <<'\t' <<s1.sage() <<endl;
    return 0;
}
```

运行结果：

```
Constructing a Student without parameter...
Constructing a Student without parameter...
Tom     21
Jon     22
```

现在程序能够正常运行了。可见，用 s1 设置本科生信息和用 s2p 指针设置学生信息都是可行的。

试试看

1. 根据程序 18.5 改写程序 18.2，尝试在私有继承的情况下，父类的对象指针能否指向子类对象？

2. 父类对象指针可以指向子类对象，那么父类对象的引用可以作为子类对象的别名么？

18.5.2 猜猜它是谁

假设为学生类和本科生类都写了一个名为 study 的成员函数。两者的名称相同，参数表相同，实现却不相同。当子类和父类有着两个名字和参数表完全相同的函数时，这个现象称为覆盖（Overlap）。请看如下代码。

student.h 文件

```cpp
class Student              //学生类作为父类
{
public:
```

```
    ……
    void study();
protected:
    char name[10];
    int age;
    int height;
    int weight;
};
……
void Student::study()
{
    cout <<"随便学些什么。" <<endl;
    return;
}
```

undergraduate.h 文件

```
class Undergraduate:public Student
{
public:
    ……
    void study();
protected:
    double GPA;        //本科生绩点
};
……
void Undergraduate::study()
{
    cout <<"学习高等数学和大学英语。" <<endl;
    return;
}
```

如果有一个本科生对象 s1 和一个学生对象 s2，那么显然 s1.study()会是学习高等数学和大学英语，s2.study()会是随便学些什么。但是，如果有一个学生类的指针 sp，它也能指向本科生对象，这时调用 sp->study()会是什么样的结果呢？不难发现，即使它指向一个本科生对象，它也只能"随便学些什么"。虽然这样的结果在情理之中，却并不是我们所期望的。我们希望程序能够"猜"到 sp 指针指向了哪种对象，并且调用各自的 study 成员函数。这个功能如何才能实现？在之后的几节会对这个问题作介绍。

18.6　面向对象特点三：多态性

在本章开头介绍 RPG 游戏时，就说到不同职业的玩家在发动普通攻击和特殊攻击时，有着不同的效果。在编写程序时，并不知道用户会选择哪种职业的玩家，那么又该如何保证各种攻击效果和用户选择的玩家是对应的呢？

在使用继承时，子类必然是在父类的基础上有所改变。如果两者完全相同，这样的继承就失去了意义。同时，不同子类之间具体实现也是有所区别的，否则就出现了一个多余的类。不同类的同名成员函数有着不同的表现形式，称为多态性（Polymorphism）。多态性是符合人的认知规律的，即称呼相同，所指不同。例如，学生类及其子类都有学习这个成员函数，但本科生、中学生、小学生的学习内容并不相同；玩家类的子类都有攻击这项技能，但剑士、弓箭手和魔法师的攻击方法不同。

多态性往往只有在使用对象指针或对象引用时才体现出来。编译器在编译程序时完全不知道对象指针可能会指向哪种对象（引用也是类似的情况），只有到程序运行后才能明确指针访问的成员函数是属于哪个类的。C++的这种功能被称为"滞后联编"。

> **小提示**
>
> 多态性是面向对象的一个标志性特征。如果一种高级语言没有这个特征，就无法称它为面向对象的语言。

18.7　多态与虚函数

多态能够给编写程序带来方便，可以让不同的类与它独特的成员函数一一对应。即使只是简单的"称呼"，程序也会很明白我们的心思。那么，多态应该如何实现呢？

18.7.1　多态的实现

在 C++中，把表现多态的一系列成员函数设置为虚函数。虚函数可能在编译阶段并没有发现需要被调用，但它还是整装待发，随时准备接受指针或引用的"召唤"。设置虚函数的方法为：在成员函数的声明最前面加上关键字 virtual。

> **小提示**
>
> 不能把 virtual 加到成员函数的定义之前，否则会导致编译错误。

下面把各种学生的学习都设置为虚函数，了解如何实现多态。

程序 18.6　用虚函数实现多态

student.h 文件

```
#include <iostream>
using namespace std;
class Student
{
public:
    Student(char *n,int a,int h,int w);          //构造函数
    Student();
    void set(char *n,int a,int h,int w);
    ……
    virtual void study();                         //把学习设置为虚函数
protected:
    char name[10];
    int age;
    int height;
    int weight;
};
……
Student::Student(char *n,int a,int h,int w)       //构造函数
{
    cout <<"Constructing a Student with parameter..." <<endl;
    set(n,a,h,w);
}
……
void Student::study()                             //成员函数定义处没有 virtual
{
    cout <<"随便学些什么。" <<endl;
```

```
        return;
    }
```

undergraduate.h 文件

```cpp
#include "student.h"
class Undergraduate:public Student
{
public:
    double score();
    void setGPA(double g);
    bool isAdult();
    virtual void study();          //把学习设置为虚函数
protected:
    double GPA;
};
……
void Undergraduate::study()        //成员函数定义处没有 virtual
{
    cout <<"学习高等数学和大学英语。" <<endl;
    return;
}
```

pupil.h 文件

```cpp
class Pupil:public Student
{
public:
    virtual void study();          //把学习设置为虚函数
};
void Pupil::study()
{
    cout <<"学习语数外。" <<endl;
    return;
}
```

main.cpp 文件

```cpp
#include <iostream>
#include "undergraduate.h"
#include "pupil.h"
using namespace std;
int main()
{
    Undergraduate s1;
    Student s2;
    Pupil s3;
    Student *sp=&s1;             //sp 指向本科生对象
    s1.set("Tom",21,178,60);
    sp->study();                //体现多态性
    sp=&s2;                     //sp 指向学生对象
    s2.set("Jon",22,185,68);
    sp->study();                //体现多态性
    sp=&s3;                     //sp 指向小学生对象
    s3.set("Mike",8,148,45);
    sp->study();                //体现多态性
    return 0;
}
```

运行结果：

```
Constructing a Student without parameter...
```

```
Constructing a Student without parameter...
Constructing a Student without parameter...
学习高等数学和大学英语。
随便学些什么。
学习语数外。
```

功能分析：可以看到，将学习设置为虚函数后，无论对象指针 sp 指向哪种学生对象，sp->study() 的执行结果总是与对应的类相符合的。多态就通过虚函数实现了。

在编写成员函数时，可以尽可能多地把成员函数设置为虚函数。这样做可以充分表现多态性，并且也不会给程序带来不良影响。

试试看

把学生类、小学生类和本科生类的 3 个 study 成员函数中的哪个设置为虚函数，对实现多态起了决定性作用？

18.7.2 无法实现多态的虚函数

使用虚函数可以实现多态，但是如果在使用虚函数的同时使用重载，就会可能使虚函数失效。修改程序 18.6，看看重载会给虚函数带来些什么影响。

程序 18.7 多态失败的实例

student.h 文件

```cpp
#include <iostream>
using namespace std;
class Student
{
public:
    Student(char *n,int a,int h,int w);
    Student();
    void set(char *n,int a,int h,int w);
    char * sname();
    int sage();
    int sheight();
    int sweight();
    virtual void study(int c=0);      //设置为虚函数，带默认参数
protected:
    char name[10];
    int age;
    int height;
    int weight;
};
……
void Student::study(int c)
{
    cout <<"随便学些什么。" <<endl;
    return;
}
```

undergraduate.h 和 pupil.h 同程序 18.6

main.cpp 文件

```cpp
#include <iostream>
#include "undergraduate.h"
```

```
#include "pupil.h"
using namespace std;
int main()
{
    Undergraduate s1;
    Student s2;
    Pupil s3;
    Student *sp=&s1;
    s1.set("Tom",21,188,60);
    sp->study(1);          //带参数
    sp=&s2;
    s2.set("Jon",22,185,68);
    sp->study();           //试图体现多态
    sp=&s3;
    s3.set("Mike",8,148,45);
    sp->study();           //试图体现多态
    return 0;
}
```

运行结果：

```
Constructing a Student without parameter...
Constructing a Student without parameter...
Constructing a Student without parameter...
随便学些什么。
随便学些什么。
随便学些什么。
```

当学生类的 study 成员函数和本科生类的 study 成员函数参数格式不同时，即使把学生类中的 study 设置为虚函数，编译器也无法找到本科生类中与之完全相同的 study 函数。多态是在程序员没有指定调用父类还是某个子类的成员函数时，计算机根据程序员的要求，揣测并选择最合适的成员函数去执行。但是当成员函数的参数格式不同时，程序员调用成员函数所带的各种参数无疑就是在暗示到底调用哪个成员函数。计算机还岂敢自作主张揣测人类的心思？因此，要使用虚函数实现多态性，至少要使各个函数的参数格式也完全相同。

> **试试看**
>
> 1. 如果父类和子类的同名成员函数的参数格式相同，返回值类型不同，并把父类的成员函数设置为虚函数，能否实现多态？
>
> 2. 如果父类和子类的同名成员函数的参数格式相同，父类返回值类型为父类的对象指针（或对象引用），子类返回值类型为子类的对象指针（或对象引用），并把父类的成员函数设置为虚函数，能否实现多态？

18.8　虚析构函数

在类中，有两个与众不同的成员函数，那就是构造函数和析构函数。当构造函数与析构函数遭遇继承和多态，它们的运行状况又会出现什么变化呢？

多态性是在父类或各个子类中执行最合适的成员函数。一般来说，只会选择父类或子类中的某一个成员函数来执行。这可给析构函数带来了麻烦！如果有一个父类的指针指向子类的对象，而有些资源是父类的构造函数申请的，有些资源是子类的构造函数申请的，最终却只允许程序执行父类或子类中的某一个析构函数，岂不是注定有一部分资源将无法被释放？为了解决这个问题，虚析构函数变得与众不同。所谓虚析构函数，是在原有的析构函数声明之前加上关键字 virtual，使它成为一个特殊的虚函数。

下面给析构函数加上关键字 virtual，来看运行的结果。

程序 18.8　虚析构函数

student.h 文件

```cpp
#include <iostream>
using namespace std;
class Student
{
public:
    Student(char *n,int a,int h,int w);
    void set(char *n,int a,int h,int w);
    ……
    virtual ~Student();
protected:
    char name[10];
    int age;
    int height;
    int weight;
};
……
Student::Student(char *n,int a,int h,int w)
{
    cout <<"Constructing a Student with parameter..." <<endl;
    set(n,a,h,w);
}
Student::~Student()
{
    cout <<"Destructing a Student object..." <<endl;
}
```

undergraduate.h 文件

```cpp
#include "student.h"
class Undergraduate:public Student
{
public:
    double score();
    void setGPA(double g);
    bool isAdult();
    virtual void study();           //把学习设置为虚函数
    Undergraduate(char *n,int a,int h,int w);
    ~Undergraduate();
protected:
    double GPA;
};
Undergraduate::Undergraduate(char *n,int a,int h,int w): Student(n,a,h,w)
{
    cout <<"Constructing an undergraduate with parameter..." <<endl;
}
Undergraduate::~Undergraduate()
{
    cout <<"Destructing an undergraduate object..." <<endl;
```

```
}
……
bool Undergraduate::isAdult()
{
    return age>=18?true:false;
}
```

main.cpp 文件

```
#include "undergraduate.h"
#include <iostream>
using namespace std;
int main()
{
    Student* sp=new Undergraduate("Jon",22,185,68);
    sp->study();
    delete sp;
    return 0;
}
```

运行结果：

```
Constructing a Student with parameter...
Constructing an undergraduate with parameter...
学习高等数学和大学英语。
Destructing an undergraduate object...
Destructing a Student object...
```

功能分析：虚析构函数不再是运行父类或子类的某一个析构函数，而是先运行合适的子类析构函数，再运行父类析构函数。即两个类的析构函数都被执行了，如果资源分别是由父类构造函数和子类构造函数申请的，那么使用了虚析构函数之后，两部分资源都能被及时释放。

如果修改程序 18.8，将 Student 类析构函数前的 virtual 去掉，会发现运行结果中删除 sp 指向的 Undergraduate 对象时，不执行 Undergraduate 类的析构函数。如果这时 Undergraduate 类的构造函数里申请了内存资源，就可能会造成内存泄露了。

> **小提示**
>
> 虚函数与虚析构函数的作用是不同的。虚函数是为了实现多态，而虚析构函数是为了在析构父类指针指向的子类对象时，依次运行子类和父类的析构函数，使资源得以释放。

> **试试看**
>
> 构造函数能否设置为虚函数？
>
> 结论：没有虚构造函数。

18.9　抽象类与纯虚函数

在本章开头介绍的 RPG 游戏中共有 4 个类。其中玩家类作为父类，剑士类、弓箭手类、魔法师类分别继承玩家类，作为子类。当游戏开始时，需要选择创建某一个类的对象。然而，能够被选择的不应该是 4 个类，而应该在剑士类、弓箭手类或魔法师类中做出选择。因为单纯的玩家类是抽象的、不完整的，任何一个玩家必须有一个确定的职业之后，才能确定他的具体技能。又比如学生类，它也是非常抽象的。让一个小学生、中学生或本科生学习，他们各自都有学习的内容。而对于一个抽象概念的学生，他却不知道该学些什么。

这时，必须要对玩家类或学生类做一些限制了。由于玩家类和学生类直接实例化而创建的对象都是没有意义的，所以我们希望玩家类和学生类只能用于被继承，而不能用于直接创建对象。在 C++ 中，把只能用于被继承而不能直接创建对象的类称为抽象类（Abstract Class）。

之所以要存在抽象类，最主要是因为它具有不确定因素。那些类中的确存在，但是在父类中无法确定具体实现的成员函数称为纯虚函数。纯虚函数是一种特殊的虚函数，它只有声明，没有具体的定义。抽象类中至少存在一个纯虚函数；存在纯虚函数的类一定是抽象类。存在纯虚函数是成为抽象类的充要条件。

那么，如何声明一个纯虚函数呢？纯虚函数的声明有着特殊的语法格式。

Virtual 返回值类型 成员函数名（参数表）=0；

小提示

纯虚函数应该只有声明，没有具体的定义，即使给出了纯虚函数的定义也会被编译器忽略。

下面修改程序 18.6，将学生类变成一个抽象类。

程序 18.9　抽象的学生类

student.h 文件

```
#include <iostream>
using namespace std;
class Student                    //因为存在纯虚函数 study，Student 类变成了抽象类
{
public:
    Student(char *n,int a,int h,int w);
    Student();
    void set(char *n,int a,int h,int w);
    ……
    virtual void study()=0;    //声明 study 为纯虚函数
protected:
    char name[10];
    int age;
    int height;
    int weight;
};
……
Student::Student(char *n,int a,int h,int w)        //带参数的构造函数
{
    cout <<"Constructing a Student with parameter..." <<endl;
    set(n,a,h,w);
}
Student::Student()
{
    cout <<"Constructing a Student without parameter..." <<endl;
}
```

undergraduate.h 和 pupil.h 同程序 18.6

main.cpp 文件

```
#include <iostream>
#include "undergraduate.h"
```

```
#include "pupil.h"
using namespace std;
int main()
{
    Undergraduate s1;           //创建学生子类的成员是允许的
    //Student s2;                //此时创建学生对象将会出现编译错误
    Pupil s3;                   //创建学生子类的成员是允许的
    Student *sp=&s1;            //创建学生类的指针也是允许的
    s1.set("Tom",21,178,60);
    sp->study();                //学生类的指针 sp 正常工作
    sp=&s3;
    s3.set("Mike",8,148,45);
    sp->study();
    return 0;
}
```

运行结果：

```
Constructing a Student without parameter...
Constructing a Student without parameter...
学习高等数学和大学英语。
学习语数外。
```

功能分析：设置了纯虚函数之后并不影响多态的实现，但是却将父类变成了抽象类，限制了父类对象的创建。有了抽象类之后，就不会再出现不确定职业的玩家、不确定身份的学生了。

试试看

1. 如果有一个类继承了学生类，但是却没有定义 study 成员函数，那么这个类是不是抽象类？它能否用来创建一个对象？

2. 如果去掉学生类中的纯虚函数 virtual void study()=0;，程序 18.8 能否实现多态？

结论：纯虚函数的存在有利于多态的实现。

18.10 多重继承

2006 年，一名美国人设计出一辆水陆两用车。这辆车既可以在公路上奔驰，也可以在水波中荡漾，它同时具有车和船的特性，如图 18.3 所示。

图 18.3 水陆两用车

如果用继承的概念来分析水陆两用车，那么它的确是存在继承关系的。与一般的继承不同的是，水陆两用车的父类有两个：一个是车，一个是船，如图18.4所示。

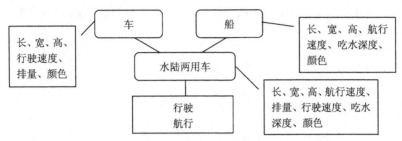

图18.4　水陆两用车的概念

C++中的确能实现多重继承，但是在某些问题上处理得并不是很好。例如车和船同时具有长、宽、高等属性，要确定水陆两用车的长、宽、高到底是从哪个类继承来的，确定很难。应该说，C++中多重继承的思想是优秀的，但它的实现却是混乱的。很多人都认为多重继承是C++的一个败笔，它把原本的单一继承复杂化了，使程序员很难把思路理清。所以，即使是经验丰富的程序员，在大多数情况下也不会去使用多重继承。只要能够理解多重继承的概念即可，不必去掌握它的具体实现。有兴趣的读者也可以到网上查找相关的资料。

18.11　缩略语和术语表

英文全称	英文缩写	中文
Inheritance	-	继承、继承性
Private	-	私有
Protected	-	保护
Overlap	-	覆盖
Polymorphism	-	多态性
Virtual Function	-	虚函数
Multiple Inheritance	-	多重继承

18.12　方法指导

继承是面向对象的重要特征，也是面向对象中最难学的部分。本章的概念繁多，如继承、多态、虚函数、虚析构函数等。很多知名IT企业在面试时也经常考查应聘者是否掌握这些基本概念。面向对象是高级语言的发展趋势，Java和C#等语言都全力支持。而本章中的许多概念在其他语言中也是相似的。

继承的存在减少了程序员的重复工作。但对于初学者来说，依然觉得它并不常用。这主要是因为现在的程序规模较小，用面向对象来描述难免会觉得大材小用。所以，依然要着重掌握各种面向对象的思想。至于什么时候能用上，要顺其自然。

18.13　习题

1. 阅读以下程序，判断各类的成员数据和成员函数可被访问的情况，并将它们填入表格中。

（1）

```cpp
class a
{
public:
    a();
    ~a();
    int b;
    char c();
protected:
    int d;
    double e;
private:
    char f;
};
class b:public a
{
protected:
    double g;
    int h();
};
```

成员名	类外部	子类	本类
a::b	允许		
b::b			
a::c()			
b::c()			
a::d	禁止		
b::d			
a::e			
b::e			
a::f			
b::g			
b::h()			

（2）

```cpp
class a
{
public:
    a();
    ~a();
    int b;
    char c();
protected:
    int d;
    double e;
```

```
private:
    char f;
};
class b:private a
{
protected:
    double g;
    int h();
};
```

成员名	类外部	子类	本类
a::b			
b::b			
a::c()			
b::c()			
a::d			
b::d			
a::e			
b::e			
a::f			
b::g			
b::h()			

2. 阅读下列程序，写出运行结果。

animal.h 文件

```
#include <iostream>
using namespace std;
class Animal
{
public:
    Animal(int w=0,int a=0);    //构造函数
    ~Animal();                  //析构函数
    void print();
    virtual void show();        //虚函数
protected:
    int weight,age;
};
Animal::Animal(int w,int a)
{
    cout <<"Animal consturctor is running..." <<endl;
    weight=w;
    age=a;
}
Animal::~Animal()
{
    cout <<"Animal destructor is running..." <<endl;
}
void Animal::print()
{
    cout <<"Animal Print" <<endl;
}
void Animal::show()             //这个是虚函数
```

```
{
    cout <<"Animal Show" <<endl;
}
```

cat.h 文件

```
#include "animal.h"
class Cat:public Animal          //继承了 Animal 类
{
public:
    void print();
    virtual void show();
    Cat(int w=0,int a=0);
    virtual ~Cat();
};
Cat::Cat(int w,int a):Animal(w,a)//用父类 Animal 的构造函数
{
    cout <<"Cat constructor is running..." <<endl;
}
Cat::~Cat()
{
    cout <<"Cat destructor is running..." <<endl;
}
void Cat::print()                //这个不是虚函数
{
    cout <<"Cat Print" <<endl;
}
void Cat::show()                 //这个是虚函数
{
    cout <<"Cat Show" <<endl;
}
```

persiancat.h 文件

```
#include "cat.h"
class PersianCat:public Cat
{
public:
    void print();
    void show();
    PersianCat(int w=0,int a=0);
    ~PersianCat();
};
PersianCat::PersianCat(int w,int a):Cat(w,a)//用父类 Cat 的构造函数
{
    cout <<"PersianCat constructor is running..." <<endl;
}
PersianCat::~PersianCat()
{
    cout <<"PersianCat destructor is running..." <<endl;
}
void PersianCat::print()
{
    cout <<"PersianCat Print" <<endl;
}
void PersianCat::show()
{
    cout <<"PersianCat Show" <<endl;
}
```

main.cpp 文件

```cpp
#include "persiancat.h"
int main()
{
    Animal *pa=new Cat(2,4);
    Cat *pc=new PersianCat(4,6);
    pa->show();
    pa->print();                 //注意 show 和 print 的区别
    pc->show();
    pc->print();
    cout <<"delete pa:" <<endl;
    delete pa;                   //注意析构函数和虚析构函数的区别
    cout <<"delete pc:" <<endl;
    delete pc;
    return 0;
}
```

3．根据本章介绍的 RPG 游戏思想，完善以下代码，使之成为一个可以运行的游戏。

container.h 文件

```cpp
class container            //人物的物品栏
{
protected:
    int numOfHeal;         //回复剂数
    int numOfMagicWater;   //魔法水数
public:
    container();           //构造函数
    void set(int i,int j); //重设物品数
    int nOfHeal();         //判断是否还有回复剂
    int nOfMW();           //判断是否还有魔法水
    void display();        //显示物品情况
    bool useHeal();        //使用回复剂
    bool useMW();          //使用魔法水
};
```

container.cpp 文件省略

player.h 文件

```cpp
#include "container.h"
enum property{sw,ar,mg};   //设置三种职业属性，枚举类型
class Player               //人物类
{
    _____(1)_____
    friend class Swordsman;
    friend class Archer;
    friend class Mage;
  __(2)__ :
    int HP,HPmax,MP,MPmax,AP,DP,speed,EXP,LV;      //一般属性
    char name[10];         //人物名称
    property role;         //人物职业（角色）
    container bag;         //物品栏
    bool death;            //是否死亡
public:
    _____(3)_____            //普通攻击
    _____(4)_____            //特殊攻击
    _____(5)_____            //升级设定
```

```
        void ReFill();              //每版结束后人类玩家生命值魔法值恢复
        bool Death();               //告知是否人物已经死亡
        void isDead();              //判断人物是否死亡
        bool useHeal();             //使用回复剂，与职业无关
        bool useMW();               //使用魔法水，与职业无关
        void transfer(Player &p);   //敌人杀死后，人类玩家获得对方物品
        char showRole();            //显示人物的职业
};
void showinfo(Player &p1,Player &p2);   //显示玩家信息
```

player.cpp 文件省略

swordsman.h 文件

```
#include "player.h"
class Swordsman:_____(6)_____              //剑士类
{
public:
    Swordsman(int i,char *cptr);           //构造函数
    void isLevelUp();
    bool attack(Player &p);
    bool specialatt(Player &p);
    void AI(Player &p);                    //计算机 AI
};
```

swordsman.cpp 文件省略

archer.h 文件

```
class Archer:____(7)____     //弓箭手类和剑士类差不多，就是数值设定不同
{
public:
    Archer(int i,char *cptr);
    void isLevelUp();
    bool attack(Player &p);
    bool specialatt(Player &p);
};
```

archer.cpp 文件省略

mage.h 文件

```
class Mage:_____(8)_____        //法师类和剑士类差不多，就是数值设定不同
{
public:
    Mage(int i,char *cptr);
    void isLevelUp();
    bool attack(Player &p);
    bool specialatt(Player &p);
};
```

mage.cpp 文件省略

main.cpp 文件

```
#include <iostream>
#include "swordsman.h"
#include "archer.h"
#include "mage.h"
using namespace std;
int main()
{
    char temp[10];
```

```
    bool success=0;                  //操作是否成功
    cout <<"请输入玩家名字: ";
    cin >>temp;
    _____(9)_____                  //方便实现多态
    int instemp;                     /存放指令数
    do
    {
        cout <<"请选择职业: 1 剑士 2 弓箭手 3 法师" <<endl;
        cin >>instemp;
        system("cls");
        switch (instemp)             //选择职业
        {
        case 1:                      //选择了剑士
            human=new Swordsman(1,temp);
            success=1;               //操作成功
            break;
        case 2:
            human=new Archer(1,temp);
            success=1;
            break;
        case 3:
            human=new Mage(1,temp);
            success=1;
            break;
        default:
            break;
        }
    }while (success!=1);             //循环选择直到操作成功
    int j=0;                         //第几版
    for (int i=1;j<5;i=i+2)
    {
        j++;
        ……//省略游戏代码实现
    }
    system("cls");
    cout <<endl <<endl <<endl <<endl <<endl <<setw(60) <<"所有的敌人都已经被您消灭了! 世界又恢复了
往日的和平。" <<endl <<endl <<endl <<setw(35) <<"终" <<endl <<endl <<endl <<endl <<endl;
    _____(10)_____
    system("pause");
    return 0;
}
```

扫一扫二维码，获取参考答案

第 19 章 再谈输入与输出

输入/输出在之前的章节中已经被频繁使用过。但是 cout 和 cin 在程序中并不是蓝色的关键字，严格意义上不能称为"语句"，因此没有列在附录 A 中。那么 cout 和 cin 究竟是什么呢？本章将继续介绍输入/输出，并且介绍一些常用的输入/输出技巧。

本章的知识点有：

◆ 标准输入/输出流

◆ 输入/输出的重定向

◆ 文件输入/输出流

◆ 输入/输出技巧

◆ 插入操作符的重载

19.1 cout 和 cin 是什么

cout 和 cin 并不是语句，而是输入输出流类的对象。常用的 iostream 头文件中，将 cin 声明并定义为输入流 istream 类的一个对象，将 cout 声明并定义为输出流 ostream 类的一个对象。cin 对象的默认输入设备是键盘，cout 的默认输出设备是屏幕。那么什么是流（Stream）呢？

简单地说，数据如同流水线上的物品在计算机中传输。要读取流中的数据（把输入流中的数据读到内存中），就如同取下流水线上的物品，这是抽取；要向流中写入数据（把数据放到输出流中输出），就如同往流水线上放东西，这是插入。

在 istream 类和 ostream 类中，声明并定义了各种抽取操作符和插入操作符的重载，用以输出各种数据类型的常量或变量。因此，如果有一个整型变量 a，那么"cout<<a;"中的 cout 是 ostream 对象，<<是操作符，a 则是该操作符对应的操作数。

19.2 输入/输出的重定向

在调试程序时，可能会遇到这样的问题：输入的数据非常多且繁琐，每次运行程序都要手工输入，花费了大量时间。那么能不能在不修改程序的情况下，把测试数据存放到一个文件中，然后每次运行程序都直接从文件中读入呢？

19.2.1 输入重定向

生成程序 18.2 后，在 debug 文件夹下会得到一个名为 18.2.exe 的可执行文件。把这个文件复制到 D 盘根目录下，并且在 D 盘根目录下新建一个文本文件，文件名为 data.txt，内容如下。

```
1 a
2 b
3 c
```

　　然后，单击"开始"菜单，单击"运行"。在打开框中输入 cmd，单击"确定"按钮。这时就进入了命令行模式，如图 19.1 所示。

图 19.1　命令行模式

　　使用 D:命令将工作目录切换到 D 盘根目录（即 18.2.exe 和 data.txt 所在目录）下，在命令行模式下输入以下命令，查看运行结果，如图 19.2 所示。

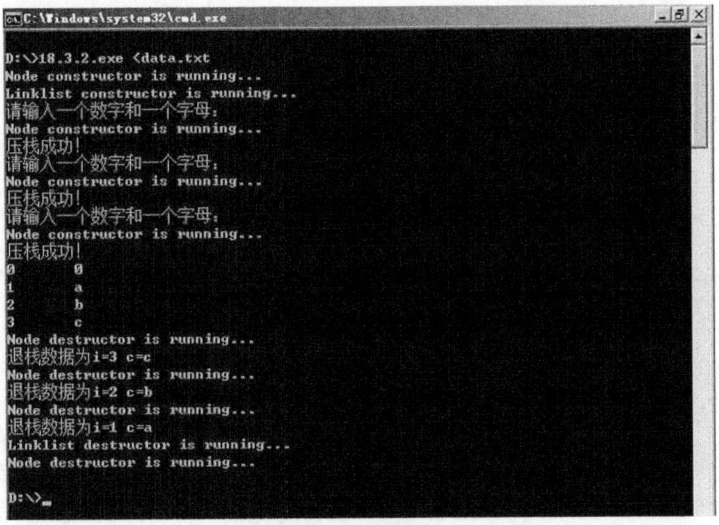

图 19.2　程序运行结果

　　在图 19.2 中，利用"<"符号，可以从文件中读取数据，这种方法称为输入重定向（Input Redirection）。箭头的方向是从文本文件指向程序，表示从文件读入数据。其格式为：

可执行文件名 <数据文件名

　　需要注意的是，在文本文件中的数据也必须完全符合输入顺序和要求，否则程序可能无法读取到正确的数据。

19.2.2　输出重定向

　　既然有输入重定向，那么有没有与之相对的输出重定向呢？继续将 18.2.exe 和 data.txt 文件放置在 D 盘根目录下，并进入命令行模式，输入以下命令，如图 19.3 所示。这次和上次不同，屏幕上不再显示任何内容了。

图 19.3　程序运行结果

　　此时查看 D 盘根目录，发现会多出了一个名为 output.txt 的文本文件，打开后发现内容如下。

```
Node constructor is running...
Linklist constructor is running...
请输入一个数字和一个字母：
Node constructor is running...
压栈成功！
请输入一个数字和一个字母：
Node constructor is running...
压栈成功！
请输入一个数字和一个字母：
Node constructor is running...
压栈成功！
0    0
1    a
2    b
3    c
Node destructor is running...
退栈数据为 i=3 c=c
Node destructor is running...
退栈数据为 i=2 c=b
Node destructor is running...
退栈数据为 i=1 c=a
Linklist destructor is running...
Node destructor is running...
```

原本输出到屏幕上的内容，现在已经被输出到 output.txt 文件中了。利用 ">" 符号，把内容输出到文件中，称为输出重定向（Output Redirection）。箭头的方向是从程序指向文本文件，表示将结果输出到文件。其格式为：

可执行文件名 >输出文件名

在需要对程序进行大规模测试时，通常可以先编写一个小程序，使用输出重定向功能产生一个庞大的测试用例（Test Case）文件，然后使用输入重定向功能来对主程序进行测试。

19.2.3 无法被重定向的 cerr

有些读者可能会在网上或别的参考书上看到 cerr。cerr 和 cout 类似，也是输出流对象。当然，它们也有区别。cout 是平时常用的普通输出，可以被重定向。而 cerr 正如其名，通常是异常情况下输出重要的出错信息。它只会输出到屏幕上，无法被重定向。这样，用户才不会因为信息被重定向而错过了重要的出错提示信息。

下面来编写一个程序，尝试使用 cerr 对象。

程序 19.1　cerr 的用法

```cpp
#include <iostream>
using namespace std;
int main()
{
    cout <<"这条信息将被重定向。" <<endl;
    cerr <<"这条信息无法被重定向。" <<endl;
    return 0;
}
```

生成该程序后，把 debug 文件夹下的 19.1.exe 可执行文件复制到 D 盘根目录下，并在命令行模式下输入以下命令，如图 19.4 所示。

可以看到，cerr 输出的内容没有被重定向到文件中，它仍然从屏幕上显示出来。打开 D 盘根目录下的 out.txt 文件，看到内容如下。

图 19.4　程序运行结果

这条信息将被重定向。

这个结果证明，cout 可以被重定向，而 cerr 无法被重定向。

19.3　文件的输入与输出

在上一节已经介绍了如何使用输入输出重定向。然而重定向始终不是文件读写的正途，它需要通过在命令行模式下输入相应的命令才能实现。那么 C++有没有提供直接从文件输入和输出到文件的方法呢？

先前已经介绍 cin 和 cout 对象的输入输出设备分别是键盘和屏幕。类似地，在 C++中，有文件输入流（ifstream）和文件输出流（ofstream）的类，它们的默认输入/输出设备都是磁盘文件。不过，与标准输入/输出流的类不同，文件输入/输出流没有现成的类对象。

为什么不能像标准输入/输出流一样有个现成的 fin 或者 fout 对象呢？这也不难理解：文件输入/输出流的输入/输出设备是磁盘文件，但是磁盘上有那么多文件，到底应该使用哪一个呢？所以，C++就把创建对象的任务交给用户了。在创建对象时，需要设定输入或输出到哪个文件。下面来看 ifstream 类和 ofstream 类最常用的构造函数。

```
ifstream (const char* filename, ios_base::openmode mode = ios_base::in);
ofstream (const char* filename, ios_base::openmode mode = ios_base::out);
```

这两个构造函数是在 C++的标准中约定的，受到绝大多数编译器的支持。它们的参数格式是类似的：第 1 个字符指针参数实际上是字符串，用于设置文件路径和文件名；第 2 个整型参数用于设置文件的打开方式，如输入、输出或追加写入等。在 Visual Studio 中，这两个构造函数还会有第 3 个整型参数用于设置文件的保护方式，例如是否允许别的程序同时使用被打开的文件。ifstream 和 ofstream 构造函数的第 2 个参数和第 3 个参数都已经有了默认值，如果没有特殊的需要，可以不用设置。需要注意的是，在使用文件输入/输出流之前，必须包含 fstream 头文件，否则将无法创建对象。

下面通过编写一段程序，来学习使用文件输入/输出流的操作。

程序 19.2　文件的输入和输出

```
#include <iostream>
#include <fstream>                      //包含头文件，使用文件输入输出流
using namespace std;
int main()
{
    ifstream fin("D:\\data.txt");        //注意反斜杠应使用转义字符
    ofstream fout("D:\\output.txt");
    int temp,sum=0;
    if (fin==NULL)
    {
        cerr <<"输入文件 data.txt 不存在" <<endl;
        return 1;                        //文件不存在，程序退出
    }
    while (fin >>temp)
    {
```

```
        sum=sum+temp;
    }
    fout <<sum <<endl;
    return 0;
}
```

在 D 盘根目录下放置一个 data.txt 文本文件，内容如下。

```
1 3 5 7 9
```

程序运行之后，在 D 盘根目录下多出一个 output.txt 文件，内容如下。

```
25
```

功能分析：这个程序是将 D:\data.txt 文件中的数据全部读取出来并且累加求和，结果保存到 D:\output.txt 文件中。在指定文件时，既可以使用绝对路径名如 D:\data.txt，也可以使用相对路径名，如 data.txt。使用相对路径时，所指定的文件将与执行程序所在位置呈相对关系。如果通过 ifstream 读取的文件不存在，则会使对象为 NULL。

小提示

在指定文件路径时经常会用到反斜杠，但在编写程序时必须写成两个反斜杠，因为它需要使用转义字符。

在程序 19.2 中，有 while (fin >>temp)的写法，意思是"当能够读到数据时循环"。如果已经读取到文件的末尾，则 fin >>temp 的返回值是 0，循环将停止。这是读取文件数据时常用的技巧。此外，如果使用了 cin 输入流，并重定向为从文件读入，也可以使用类似的方法判断是否读完了整个文件。

19.4 更巧妙地输入和输出

虽然使用 cin 和 cout 非常方便，可是有些问题依然难以处理。既然 cin 和 cout 都是类的对象，它们有没有成员函数呢？成员函数能否提供一些帮助呢？

19.4.1 能整行输入的 getline

在使用 cin 时，往往是把数据放到各种数据类型的变量里。但是在输入字符串时，空格会被当作分隔符或终止符，空格之后的内容将放到下一个变量里或被丢弃。然而有时，空格是不可或缺的内容。例如要输入一句英文句子，空格就是信息的重要组成部分，而不是作为分隔符或终止符。因此，简单地使用 cin 将不能输入一句完整的句子。

用形如 cin>>a;的方式输入数据，就像是以"个"为单位取下流水线上的物品。因为侧重点在于单个物品，空格就犹如分隔物品的纸箱格，与其他数据一起被丢弃。cin 的成员函数 getline 也可以用来获取数据，这时就像以"箱"为单位取下流水线上的物品。纸箱格作为取下的东西的一部分，不会被丢弃。

下面来看 getline 的函数原型。

```
istream& getline (char* s, streamsize n, char delim );
```

getline 成员函数有 3 个参数：第一个参数是一个字符指针，用于指定字符数组的首地址。第二个参数是一个整数，用于指定允许读入的最多字符个数[①]。第三个参数是一个字符，用于指定换行的

---

① 在此函数原型之外，已经声明 steamsize 是整型 int 的别名。

标记，通常为回车（即转义字符'\n'）。下面来看一段程序，了解 getline 成员函数的使用方法。

> **程序 19.3　整行读入和输出**

```
#include <iostream>
using namespace std;
int main()
{
    char temp[256];
    for (int i=0;i<2;i++)
    {
        cin.getline(temp,256);          //调用 getline 成员函数
        cout <<"刚才输入的是: " <<temp <<endl;
    }
    return 0;
}
```

运行结果：

```
I am Tomato.
刚才输入的是: I am Tomato.
Welcome to Shanghai University.
刚才输入的是: Welcome to Shanghai University.
```

使用了 getline 成员函数后，可以将整行字符串输入。因此，getline 成员函数被广泛地应用于文本处理和命令接收中。

> **试试看**
>
> 1. 如果在程序 19.3 中不使用 getline 成员函数，仍旧使用 cin>>temp;，程序的运行结果有什么不同？
>
> 2. 文件输入流的类里面有没有 getline 成员函数？

19.4.2　能读取判断末尾的 eof

在上一节介绍文件输入/输出时，提到了 while (fin >>temp)的写法。它主要是用于判断数据是否已经被读完，以便及时终止循环。除了上一节介绍的方法之外，还可以用成员函数 eof 来判断是否达到了数据流的末尾。

eof 如同流水线上的检测器，当流水线上还有物品可以被取下时，它的返回值为 0（假）；当流水线上已经没有东西可以被取下时，它的返回值为非 0（真）。

eof 的函数原型非常简单，它没有参数。

```
bool eof() const;
```

下面修改程序 19.2，尝试用 eof 成员函数来判断文件末尾。

> **程序 19.4　判断文件末尾**

```
#include <fstream>
using namespace std;
int main()
{
    ifstream fin("D:\\data.txt");
    ofstream fout("D:\\output.txt");
    int temp,sum=0;
    while (!fin.eof())              //当没有达到文件末尾
```

```
    {
        fin >>temp;                    //从文件读入数据到变量 temp 里
        sum=sum+temp;
    }
    fout <<sum <<endl;
    return 0;
}
```

以上程序的运行结果和程序 19.2 相同。从表达方式上来看，用成员函数 eof 来判断文件末尾更容易理解。

19.4.3 能计数的 gcount

成员函数 getline 可以用来读取一行字符，但是这行字符到底有多少个呢？这个问题有点难。如果按照以往的做法，可能会编写一个循环语句，判断在字符串的结尾符之前有多少个字符。但是现在不用了，因为有了可以统计字符数的 gcount，其函数原型为：

```
streamsize gcount() const;
```

gcount 成员函数没有参数，返回值是一个整数。gcount 可以统计使用 getline、get、read 等成员函数读入的无格式字符个数。通过下面的程序来讨论 gcount 的使用。

| 程序 19.5 计算读入的字符数 |

```
#include <iostream>
using namespace std;
int main()
{
    char temp[256];
    cin >>temp;                                //用 cin 读入字符串
    cout <<"字符串长度为" <<cin.gcount() <<endl;
    cin.ignore();                              //用于忽略第一个字符串中的换行
    cin.getline(temp,256);                     //按行读入字符
    cout <<"字符串长度为" <<cin.gcount() <<endl;
    return 0;
}
```

运行结果：

```
TomatoStudio
字符串长度为 0
TomatoStudio
字符串长度为 13
```

观察运行结果，不难发现，使用 cin 和抽取操作符是无法用 gcount 统计字符数的，而通过成员函数 getline 读入字符串则可以用 gcount 统计字符数。

19.4.4 能设置域宽的 width

在第 5 章，介绍了使用 setw 来设置输出时的域宽，但是需要包含一个头文件 iomanip。其实，也可以使用 ostream 类的成员函数 width 来设置域宽，这种方法更加方便。其函数原型为：

```
streamsize width (streamsize wide);
```

width 可用整型参数设置域宽的大小，而返回的整数则是原先设置的域宽大小。如果今后需要恢复到先前的域宽，可以用一个变量将原先的域宽保存起来。下面尝试用 width 来设置域宽。

程序 19.6　设置域宽

```
#include <iostream>
using namespace std;
int main()
{
    int a,b;
    cout <<"请输入长方形的长和宽: " <<endl;
    cin >>a >>b;
    for (int i=1;i<=b;i++)
    {
        for (int j=1;j<=a;j++)
        {
            cout.width(2);                //设置域宽
            cout <<'*';
        }
        cout <<endl;
    }
    return 0;
}
```

运行结果：

请输入长方形的长和宽:
5 3
 * * * * *
 * * * * *
 * * * * *

小提示

width 成员函数和 setw 类似，必须在每次使用插入操作符前都设置域宽。例如将 cout.width(2); 移动到 for 循环的外面，就无法实现上述程序的效果。

19.5　插入操作符的重载

在第 17 章中有编写过一个复数类（程序 17.4）。通过操作符的重载，可以方便地实现复数的加减法和赋值操作。但是如果想要在屏幕上显示一个复数，又不得不使用成员函数 display。那么，能不能像输出整型数据或者字符型数据那样，直接使用 cout 和插入操作符来输出复数呢？

这个方法是可行的。因为插入操作符也是一个操作符，它也可以被重载。

19.5.1　插入操作符

首先研究常用数据类型中插入操作符的定义。

```
ostream& operator<< (intval);
```

这样看来，插入操作符应该有两个操作数，前一个是 ostream 类的对象的引用，例如 cout；后一个是需要输出的内容，例如整型数据或字符型数据。由于此处插入操作符作为 ostream 类的成员函数，所以参数表中只有一个参数。返回值类型为 ostream 对象的引用，可以便于连续地使用插入操作符，如 cout<<1 <<2;。

如果要重载插入操作符，那么返回值类型仍然应该是 ostream 对象的引用，否则就无法实现连续输出的效果了。

19.5.2 插入操作符的常用重载方式

重载插入操作符，往往是和自己编写的类贴近的。一方面，不可能频繁地修改 C++中预先编写好的头文件；另一方面，重载插入操作符的目的往往是为了能够让它处理自己编写的类。那么，将插入操作符作为成员函数，还是友元函数更为合适呢？

上一小节已经分析过，插入操作符应该有两个操作数，前者是 ostream 类对象的引用，后者是需要输出的内容，两者的次序不应该颠倒。如果把插入操作符作为自定义类的成员函数，会影响操作数的次序。因此，通常情况下，只能将插入操作符作为友元函数。

下面就修改一下程序 17.7，实现用插入操作符输出复数。

程序 19.7　带插入操作符重载的复数类

compplex.h 文件

```
#include <iostream>
using namespace std;
class Complex
{
    friend ostream& operator <<(ostream &oo,Complex &a);
    //重载插入操作符作为友元
    friend Complex operator +(Complex a,Complex b);          //+作为友元
    friend Complex operator -(Complex a,Complex b);
    friend Complex operator +(Complex a,double r);
    friend Complex operator -(Complex a,double r);
    friend Complex& operator ++(Complex &a);                 //前增量操作符作为友元
    friend Complex operator ++(Complex &a,int);              //后增量操作符作为友元
public:
    Complex(Complex &a);
    Complex(double r=0,double i=0);
private:
    double real;                            //复数实部
    double img;                             //复数虚部
};
……          //其他函数定义没有变化
ostream& operator <<(ostream&oo,Complex&a)
{
    if (a.img!=0)                           //当 a 是一个虚数时按虚数格式输出
    {
        oo <<a.real <<(a.img>=0?"+":"") <<a.img <<"i";
    }
    else                                    //当 a 是一个实数时仅输出实部
    {
        oo<<a.real;
    }
    return oo;                              //oo 对象要被返回，否则无法实现连续输出了
}
```

main.cpp 文件

```
#include "complex.h"
#include <iostream>
using namespace std;
int main()
```

```
{
    Complex a(2,2),b(2,4);              //创建两个复数对象
    cout <<(a++)+b <<endl;              //这样输出复数的运算结果很方便吧?
    cout <<b-(++a) <<endl;
    cout <<a <<endl;
    return 0;
}
```

运行结果:

```
4+6i
-2
4+4i
```

功能分析:重载插入操作符后,主函数中的代码看着"清爽"了很多。此外,用于输出计算结果的临时变量 temp 也被省略掉了。需要注意的是,当重载插入操作符时,应尽量保证它的通用性,因为插入操作符不仅能用于标准输出 cout,还能用于文件输出或其他输出形式。

试试看

改写程序 19.7,将插入操作符作为成员函数,能否通过编译?如果发生错误,原因是什么?

19.6　缩略语和术语表

英文全称	中文
Stream	流
Input Redirection	输入重定向
Output Redirection	输出重定向
Test Case	测试用例

19.7　方法指导

输入/输出是人与计算机的交互方式。本章主要介绍了输入/输出的一些技巧。从实用性的角度来看,插入操作符的重载能够使代码更简洁易懂。事实上,插入操作符重载也是操作符重载的一种。但为了保证它的通用性,它的用法有点与众不同。

除了本章中介绍的各种输入/输出技巧,C++的输入/输出流还提供了更多功能。需要时可以通过网络或工具书来了解这些知识。

19.8　习题

1. 在 D 盘根目录下有 test.exe 和 data.in 两个文件。其中 test 程序使用的是标准输入/输出流。data.in 文件内含有 test 程序的输入数据。现在要运行 test 程序,数据从文件 data.in 读入,并且把程序的运行结果写到文件 data.out 中。请根据以上要求填写执行命令。

D:\>_____

2. 改写程序 12.2，使之符合注释的要求。

```
#include <iostream>
        (1)                         //需要文件输入功能
using namespace std;
int main()
{
    int i,j;
    streamsize lenorg,lensub;
         (2)                        //输入文件为 D 盘根目录下 data.in
    char orgstr[256],substr[256];
    fin.    (3)    ;                //从文件按行读取最多 256 字符的内容，放入 orgstr 中
    lenorg=    (4)    ;             //记录读取的字符个数
    if (    (5)    )                //如果此时已经读取到文件尾说明缺少数据
    {
        (6)    <<"文件中缺少数据！" <<endl;
        return 1;
    }
    fin.    (7)    ;                //从文件按行读取最多 256 字符的内容，放入 substr 中
    lensub=    (8)    ;             //记录读取的字符个数
    for (i=0;i<lenorg;i++)
    {
        for (j=0;j<lensub;j++)
        {
            if (orgstr[i+j]!=substr[j])
            {
                break;
            }
        }
        if (substr[j]=='\0')
            break;
    }
    cout <<"查询结果: ";
    if (orgstr[i]=='\0')
    {
        cout <<"Peter 没有写过这个单词。" <<endl;
    }
    else
    {
        cout <<i+1 <<endl;
    }
    return 0;
}
```

3. 改写程序 18.1，重载插入操作符，使之能够直接用输出流输出学生的姓名、年龄、身高和体重。

扫一扫二维码，获取参考答案

第 20 章　万用的模板

在编写链表程序时，你可能会有这样的困惑：链表里面存储的数据类型可能是各种各样的，难道我们要为各种数据类型都写一个链表程序么？能不能写一个万用的链表程序呢？本章所介绍的模板，可以圆满地完成这一任务。在数据结构等后续课程中，也将经常使用到模板。

本章的知识点有：

- ◆ 函数模板的重载
- ◆ 模板类与类模板
- ◆ 链表类模板实例
- ◆ 向量及其操作

20.1　函数模板

在 PowerPoint 之类的软件中，有一种模板功能。模板提供的文档框架是基本完整的，只需要在一些地方填写上自己需要的内容，就是一个完整的文档。在 C++中，也有这么一种模板（Template），只需要在使用之前填写自己需要的数据类型，就是一个完整的程序。模板是 C++的一个重要功能。

20.1.1　从为什么需要模板说起

程序开发过程中经常需要把实现某一个独立功能的模块编写为一个函数。在函数的参数列表中，需要说明各个参数分别是属于什么数据类型的。为了适应不同的数据类型，需要利用 C++的重载机制。例如要编写一个实现整型数据交换以及字符交换的 swap 函数，通过之前所学的知识，你可能会通过下面的方法来实现。

程序 20.1　重载的方法实现数据交换

```
#include <iostream>
using namespace std;
void Swap(int &a,int &b);
void Swap(char &ch1, char &ch2);
int main()
{
    int a=2,b=3;
    char ch1='a',ch2='b';
    cout <<"a = " <<a <<", b = " <<b <<endl;
    cout <<"ch1 = " <<ch1 <<", ch2 = " <<ch2 <<endl;
    Swap(a, b);
    cout <<"交换后: a = " <<a <<", b = " <<b <<endl;
    Swap(ch1, ch2);
    cout <<"交换后: ch1 = " <<ch1 <<", ch2 = " <<ch2 <<endl;
    return 0;
}
void Swap(int &a,int &b)
```

```
{
    int temp=a;
    a=b;
    b=temp;
}
void Swap(char &ch1, char &ch2)
{
    char temp=ch1;
    ch1=ch2;
    ch2=temp;
}
```

运行结果：

```
a = 2, b = 3
ch1 = a, ch2 = b
交换后: a = 3, b = 2
交换后: ch1 = b, ch2 = a
```

上述 swap 函数实现了字符数据交换和整型数据交换的功能。设想一下，如果数据类型种类增加，为每一种数据类型编写一个重载函数会显得非常麻烦；或者如果无法预知那些自定义数据类型的名字（例如结构名或类名），仅使用重载，则无法圆满地完成任务。是否可以仅编写一个函数而适应所有类型的数据？C++的模板特性，很好地实现了这一功能。无论是什么数据类型，基本上用一个函数模板就能实现大多数变量的交换功能。

20.1.2 声明与定义函数模板

在使用函数模板前，必须声明和定义一个函数模板。函数模板与函数有类似之处，也必须有函数模板原型、函数模板头和函数模板体。不同的是，函数模板与普通函数的函数原型、函数头有所差异。函数模板原型的结构为：

```
template <数据类型参数表>返回值类型 函数名(参数表);
```

需要说明的是，这个数据类型参数表不同于函数名之后的参数表。数据类型参数表中的参数是数据类型，而普通参数表中的参数是数据（常量或变量）。数据类型参数表可以由多个表项组成，每个表项由关键字 typename 或 class 与类型名组成。其实，在大多数声明模板的情况下，typename 和 class 是一致的。为了与诸多 C++中定义的好的模板保持一致，本书仍然以关键字 class 为例。以下是一个函数模板的原型。

```
template <class T> T func(T a,int b,T c);
```

T 为数据类型参数，即在声明和定义中，所有的 T 都指代一个数据类型。该数据类型在调用函数时被匹配。如果调用 func(1,2,1)，则 T 为整型，该函数的返回值类型也为整型。如果调用 func('a',2,'c')，则 T 为字符型，该函数的返回值类型也为字符型。

数据类型参数表可以由多个表项组成，以下是带有两个数据类型参数的函数模板原型。

```
template <class T,class U> U func(T a,int b,U c);
```

此时，T 和 U 分别指代一个数据类型。它们指代的数据类型可以相同，也可以不同。函数的返回值类型将由第三个数据参数 c 的数据类型确定。

下面通过模板来实现 swap 函数。

程序 20.2 交换数据的函数模板

```
#include <iostream>
```

```
using namespace std;
template <class T> void Swap(T &a,T &b);        //函数模板的声明
int main()
{
    int a=2,b=3;
    char ch1='a',ch2='b';
    cout <<"a = " <<a <<", b = " <<b <<endl;
    cout <<"ch1 = " <<ch1 <<", ch2 = " <<ch2 <<endl;
    Swap(a, b);                              //此时 T 为 int
    cout <<"交换后: a = " <<a <<", b = " <<b <<endl;
    Swap(ch1, ch2);                          //此时 T 为 char
    cout <<"交换后: ch1 = " <<ch1 <<", ch2 = " <<ch2 <<endl;
    return 0;
}
template <class T> void Swap(T &a,T &b)       //函数模板的定义
{
    T temp=a;                                 //函数体内的 T 也指代数据类型
    a=b;
    b=temp;
}
```

运行结果：
```
a = 2, b = 3
ch1 = a, ch2 = b
交换后: a = 3, b = 2
交换后: ch1 = b, ch2 = a
```

功能分析：与程序 20.1 相比，程序代码变得更加简洁，可读性也有了很大提升。程序 20.2 不仅能进行整型数据的交换和字符型数据的交换，还适用于其他各种数据类型，模板的优点得到了很好的体现。在调用 swap 函数时，编译器将根据数据参数的类型依照函数模板生成一个重载函数，再调用它。依照函数模板生成的重载函数称为模板函数。也就是说，函数模板是模板，模板函数是函数。

试试看

在声明和定义函数模板时，是否必须使数据类型参数表出现在参数表的类型中，例如 template<class T,class U>int func(T a,T b);能否通过编译？

结论：函数模板中数据类型参数表中的数据类型 T 和 U 必须都出现在模板的形式参数表中，否则将不能通过编译。

20.1.3　函数模板与重载

虽然函数模板能让所有数据类型的参数通用，但是仅仅靠它无法解决所有问题，例外时常会发生。例如当需要用 swap 函数交换两个字符数组中的数据时，不能只是简单地交换两个字符指针，因为它们的算法和实现有着很大的差异，函数模板会无法满足需要。这时，可以使用重载。重载函数可以作为模板的例外或补充，如下面这个程序所示。

程序 20.3　支持字符串交换的函数模板

```
#include <iostream>
using namespace std;
template <class T> void Swap(T &a,T &b);
void Swap(char a[],char b[]);
```

```
int main()
{
    int a=3,b=2;                        //int 和 char 变量用函数模板实现交换
    char c='a',d='b';
    char s1[32]="Tomato Studio";        //字符数组要用重载函数实现交换
    char s2[32]="Shanghai University";
    Swap(a,b);                          //调用函数模板
    cout <<"交换后为" <<a <<"," <<b <<endl;
    Swap(c,d);                          //调用函数模板
    cout <<"交换后为" <<c <<"," <<d <<endl;
    Swap(s1,s2);                        //调用重载函数
    cout <<"交换后为" <<s1 <<"," <<s2 <<endl;
    return 0;
}
template <class T> void Swap(T &a,T &b)
{
    T temp=a;                           //简单交换
    a=b;
    b=temp;
    return;
}
void Swap(char a[],char b[])
{
    int i;
    char temp[32];                      //临时数组
    for (i=0;a[i]!='\0';i++)
        temp[i]=a[i];                   //所有 a 数组元素复制到 temp 数组
    temp[i]='\0';                       //填补结尾符
    for (i=0;b[i]!='\0';i++)
        a[i]=b[i];                      //所有 b 数组元素复制到 a 数组
    a[i]='\0';
    for (i=0;temp[i]!='\0';i++)
        b[i]=temp[i];                   //所有 temp 数组元素复制到 b 数组
    b[i]='\0';
    return;
}
```

运行结果：
交换后为 2, 3
交换后为 b, a
交换后为 Shanghai University, Tomato Studio

虽然运行结果中，s1 和 s2 显示的内容互换了，但是这还不足以证明它们究竟是以什么方式交换的。可以通过程序调试设置断点的方法，查看调用了 Swap(s1,s2) 之后运行了哪个语句。事实证明，此时的确调用了重载函数。

小提示

当有合适的重载函数时，编译器优先调用该重载函数，否则依照函数模板生成一个重载函数并调用。

试试看

删去程序 20.2 中 swap 对字符数组的重载函数，程序是否能正常编译运行？

20.2　类模板

除了函数可能与参数的数据类型无关之外，类也可能与之服务的数据类型无关。比较典型的是用于存储数据的类。数据的类型众多，为了让类能够存储各种各样的数据，不可能给每个数据类型都定义一个类。这时，可以根据需要在类模板中填写合适的数据类型，生成一个模板类。

20.2.1　类模板的声明和定义

类模板在使用前同样需要声明和定义。声明一个类模板的方法为：

```
template <数据类型参数表> class 模板名;
```

类模板中的数据类型参数表与函数模板中的数据类型参数表是一致的，这里不再赘述。需要注意的是，成员函数的定义放在类模板定义之外时，类模板成员函数的定义与普通类成员函数的定义会有所区别。在类模板外部定义一个类模板成员函数的方法为：

```
template <数据类型参数表>返回值类型模板名<类型参数顺序表>::成员函数名(参数表)
{
    语句1；
    语句2；
    ……
}
```

注意，在定义类模板的成员函数时，template 后的数据类型参数表必须与声明类模板时的数据类型参数表一致。类名之后的类型参数顺序表不同于数据类型参数表，它只用于说明类型参数的顺序，因此没有关键字 typename 或 class。以下是一个类模板成员函数的定义。

```
template <class T,class D> void Cla<T,D>::func(T pa,D pb,int c)
{
    ……
}
```

20.2.2　链表类模板实例

下面以链表为例，创建一个链表类模板。

> **程序 20.4　链表类模板**

node.h 文件

```
#include <iostream>
using namespace std;
template <class T> class Linklist;
//如果要将一个类模板作为友元，必须声明它的存在
template <class T> class Node                    //定义一个链表结点类模板
{
    friend class Linklist<T>;                    //链表类模板作为友元
public:
    Node();
    Node(Node<T> &n);                            //参数是一个模板类对象的引用，<T>不可缺少
    Node(T a);                                   //构造函数重载1
    Node(T a,Node<T> *p,Node<T> *n);             //构造函数重载2
    ~Node();
```

```
private:
    T data;                                    //成员数据的类型由类型参数 T 决定
    Node<T> *prior;
    Node<T> *next;
};
template <class T> Node<T>::Node()
{
    cout <<"Node constructor is running..." <<endl;
    prior=NULL;
    next=NULL;
}
template <class T> Node<T>::Node(T a)
{
    cout <<"Node constructor is running..." <<endl;
    data=a;
    prior=NULL;
    next=NULL;
}
template <class T> Node<T>::Node(T a,Node<T> *p,Node<T> *n)
{
    cout <<"Node constructor is running..." <<endl;
    data=a;
    prior=p;
    next=n;
}
template <class T> Node<T>::Node(Node<T> &n)
{
    data=n.data;
    prior=n.prior;
    next=n.next;
}
template <class T> Node<T>::~Node()
{
    cout <<"Node destructor is running..." <<endl;
}
```

linklist.h 文件

```
#include "node.h"
#include <iostream>
using namespace std;
template <class T> class Linklist
{
public:
    Linklist(T a);
    Linklist(Linklist<T> &l);              //拷贝构造函数
    ~Linklist();
    bool Locate(T a);                      //参数的数据类型由 T 决定
    bool Insert(T a);
    bool Delete();
    void Show();
    void Destroy();
private:
    Node<T> head;
    Node<T> * pcurrent;
};
//链表类模板的构造函数
```

```
template <class T> Linklist<T>::Linklist(T a):head(a)
{
    cout <<"Linklist constructor is running..." <<endl;
    pcurrent=&head;
}
template <class T> Linklist<T>::Linklist(Linklist<T> &l):head(l.head)
{
    cout <<"Linklist Deep cloner running..." <<endl;
    pcurrent=&head;
    Node<T> * ptemp1=l.head.next;            //创建模板类对象时一定要注明类型
    while(ptemp1!=NULL)                      //逐一拷贝结点的data
    {
        Node<T> * ptemp2=new Node<T>(ptemp1->data,pcurrent,NULL);
        pcurrent->next=ptemp2;
        pcurrent=pcurrent->next;
        ptemp1=ptemp1->next;
    }
}
template <class T> Linklist<T>::~Linklist()
{
    cout <<"Linklist destructor is running..." <<endl;
    Destroy();
}
template <class T> bool Linklist<T>::Locate(T a)
{
    Node<T> * ptemp=&head;
    while(ptemp!=NULL)
    {
        if(ptemp->data==a)
        {
            pcurrent=ptemp;
            return true;
        }
        ptemp=ptemp->next;
    }
    return false;
}
template <class T> bool Linklist<T>::Insert(T a)
{
    if(pcurrent!=NULL)
    {
        Node<T> * temp=new Node<T>(a,pcurrent,pcurrent->next);       //先连
        if (pcurrent->next!=NULL)
        {
            pcurrent->next->prior=temp;                 //后断
        }
        pcurrent->next=temp;                            //后断
        return true;
    }
    else
    {
        return false;                                   //插入失败
    }
}
template <class T> bool Linklist<T>::Delete()
```

```
{
    if(pcurrent!=NULL && pcurrent!=&head)
    {
        Node<T> * temp=pcurrent;
        if (temp->next!=NULL)
        {
            temp->next->prior=pcurrent->prior;          //先连
        }
        temp->prior->next=pcurrent->next;               //先连
        pcurrent=temp->prior;
        delete temp;                                    //后断
        return true;
    }
    else
    {
        return false;
    }
}
template <class T> void Linklist<T>::Show()
{
    Node<T> * ptemp=&head;
    while (ptemp!=NULL)                                 //链表的遍历
    {
        cout <<ptemp->data <<endl;
        ptemp=ptemp->next;
    }
}
template <class T> void Linklist<T>::Destroy()
{
    Node<T> * ptemp1=head.next;
    while (ptemp1!=NULL)                                //逐一删除结点对象
    {
        Node<T> * ptemp2=ptemp1->next;
        delete ptemp1;
        ptemp1=ptemp2;
    }
    head.next=NULL;
}
```

main.cpp 文件

```
#include "linklist.h"
#include <iostream>
using namespace std;
int main()
{
    int tempi;
    char tempc;
    cout <<"请输入一个整数: " <<endl;
    cin >>tempi;
    Linklist<int> a(tempi);              //创建模板类对象时一定要注明类型
    a.Locate(tempi);
    a.Insert(1);                         //参数为 int 类型
    a.Insert(2);
    cout <<"After Linklista Insert" <<endl;
    a.Show();
    cout <<"请输入一个字符: " <<endl;
```

```
    cin >>tempc;
    Linklist<char> b(tempc);            //创建模板类对象时一定要注明类型
    b.Locate(tempc);
    b.Insert('C');                      //参数为 char 类型
    b.Insert('P');
    cout <<"After Linklist b Insert" <<endl;
    b.Show();
    return 0;
}
```

运行结果:

```
请输入一个整数:
3
Node constructor is running...
Linklist constructor is running..
Node constructor is running...
Node constructor is running...
After Linklista Insert
3
2
1
请输入一个字符:
A
Node constructor is running...
Linklist constructor is running..
Node constructor is running...
Node constructor is running...
After Linklist b Insert
A
P
C
Linklist destructor is running...
Node destructor is running...
Node destructor is running...
Node destructor is running...
Linklist destructor is running...
Node destructor is running...
Node destructor is running...
Node destructor is running...
```

功能分析:从原理上来说,先给类模板填上数据类型,使其成为一个模板类。如 Linklist<int>和 Linklist<char>都是模板类,它们是类模板的一个类实例。然后,创建模板类对象。如链表 a 和 b,它们都是模板类的对象实例。所以,从类模板到对象应该经过两个实例化的过程。

试试看

　　修改程序 20.4 中 linklist.h 文件第 4 行,改为 template <class T=int> class Linklist,并修改 main.cpp 文件第 10 行,改为 Linklist<> a(tempi);,观察运行结果是否会有变化?

　　结论:与数据参数类似,数据类型参数也可以设置默认值。

有了程序 20.4,无论是什么数据类型的链表,都可以使用这个类模板来实现。类模板的存在也大大减少了程序员的工作量,使程序的通用性更高。C++有一个标准模板库,简称 STL(Standard Template Library),它提供了大量的类模板,并且这些模板的性能和可靠性也是相当高的。因此,使

用 STL 进行程序设计已经越来越流行。在下一节中，将介绍 STL 中常用的向量。关于 STL，在下一章会有更详细的讲解。本节需要理解的是通过类模板经过两次实例化后变为对象的过程。

20.3　从数组到向量

向量（Vector）是一个深奥的词。不过这里的向量不是数学里的向量，也不是物理里的向量。在 C++中的向量，就是一个存放数据的地方，类似于一维数组和链表。

20.3.1　向量的性能

在第 9 章的末尾，介绍了数组存储和链表存储的优缺点。数组的缺点是分配空间不灵活；链表的缺点是无法通过下标快速找到结点。然而向量却吸收了这两种数据结构各自的优点，综合性能较高。

向量的分配空间会随着数据量而变化。如果空间不够，向量的空间会自动增长。类似于数组，向量也可以通过下标来访问数据元素，加快访问数据的速度。

20.3.2　对向量的操作

在 C++的 STL 中有一个 vector 模板，可以通过包含头文件#include <vector>来创建和使用 vector 类。创建向量对象的常见方式为：

vector<数据类型> 向量名(初始化元素个数);

其中，初始化元素的个数可以被省略，默认为 0。同字符串 string 类一样，向量也有着自己的各种操作。表 20.1 中列出了向量常用的操作。

表 20.1　　　　　　　　　　　　　　　　向量的常用操作

成员函数名	操作内容	常用参数格式
back	返回最后一个数据元素的值	back()
clear	清空向量中的数据	clear()
empty	判断向量是否为空，空则返回 true	empty()
front	返回第一个数据元素的值	front()
pop_back	删除最后一个数据元素	pop_back()
push_back	将参数作为数据元素插入到向量末尾	push_back(对应类型的数据)
size	返回向量中数据元素个数	size()
swap	与另一个向量作交换	swap(vector)

由于向量的插入数据操作涉及迭代器的知识，在本节中暂不介绍。

下面将用向量来模拟栈操作。

程序 20.5　用 vector 实现栈

```
#include <vector>
#include <iostream>
using namespace std;
int main()
{
    vector<char> stack(0);
    //新建一个名为 stack 的存放字符数据的向量，初始元素个数为 0
```

```
        char temp;
        cout <<"请输入指令: " <<endl;
        do
        {
            cin >>temp;
            if (temp!='#')
            {
                if (temp!='$')
                {
                    stack.push_back(temp);        //模拟压栈操作
                }
                else
                {
                    stack.pop_back();             //模拟退栈操作
                }
            }
        }while (temp!='#');
        for (int i=0;i<stack.size();i++)
            cout <<stack[i];                      //可以用下标访问数据元素
        cout <<endl;
        return 0;
    }
```

运行结果:

请输入指令:
ABC$DEFG$$$HIJKLM#
ABDHIKL

功能分析:以上程序实现了栈的功能,只不过将实现方法做了改动。不难发现,用现成的向量来实现模拟栈的功能非常方便。不需要研究压栈和退栈的详细实现方法,只需要知道何时操作即可。

20.4　缩略语和术语表

英文全称	英文缩写	中文
Template	-	模板
Template Instantiation		模板实例化
Standard Template Library	STL	标准模板库
Vector	-	向量

20.5　方法技巧

模板的概念还是很好理解的,而且功能也非常实用。初学者在学习本章时,必须要了解模板的工作原理,知道从模板变成对象的过程。函数模板和类模板的定义格式冗长难记,所以更要努力去记住它们。模板在数据结构课程中会经常用到,在学习语言的阶段必须重视这个概念。

20.6　习题

1. 请写出外部定义一个类模板成员函数的格式。

2. 请根据运行结果填空，编写函数模板。

```cpp
#include <iostream>
#include <string>
using namespace std;
template <   (1)  >   (2)    smaller(   (3)   )
{
    if ( (4) )
    {
        return a;
    }
    else
    {
        return b;
    }
}
      (5)      smaller(   (6)   )
{
    if (strlen(a)<=strlen(b))          //strlen 函数返回字符串的长度
    {
            (7)
    }
    else
    {
            (8)
    }
}
int main()
{
    cout <<smaller(8,22) <<endl;
    cout <<smaller(99.88,2.65) <<endl;
    cout <<smaller("Tomato Studio","Shanghai University") <<endl;
    cout <<smaller("Tomato","tomato") <<endl;
    return 0;
}
```

运行结果：

```
8
2.65
Tomato Studio
Tomato
```

3. 有一缓冲区名为 Buffer，可以放置某种类型的数据，其空间大小是固定的。该缓冲区可以进行存和取的操作，取出数据的顺序与存入顺序一致。当缓冲区满时，无法存入数据；当缓冲区空时，无法取出数据。请根据以上要求和程序运行结果，完成以下填空。

buffer.h 文件

```cpp
template <   (1)   ,int cap=1024> class Buffer
{
    public:
        Buffer();
        bool Put(   (2)    a);          //放入缓冲区
        bool Get(   (3)    &a);         //从缓冲区取出
        int Size();
    private:
        Type data[cap];                //缓冲区的容量
```

```
                int pStart;
                int pEnd;
                int size;
};
template <class Type,int cap> Buffer<   (4)   >::Buffer()
{
        pStart=0;
        pEnd=0;
        size=0;
}
template <class Type,int cap> bool Buffer< (5) >::Put(   (6)   a)
{
        if (Size()<cap)              //判断缓冲区是否已满
        {
                    (7)        ;
                if(pEnd<cap-1)       //判断缓冲区存储情况
                {
                        pEnd++;
                }
                else
                {
                        pEnd=0;          //缓冲区尾部已满，回到头部
                }
                size++;
                return true;
        }
        else
        {
                return false;
        }
}
template <class Type,int cap> bool Buffer< (8)   >::Get(   (9)   &a)
{
        if (Size()>0)                //判断缓冲区是否已空
        {
                    (10)        ;
                if(pStart<cap-1)     //判断缓冲区存储情况
                {
                        pStart++;
                }
                else
                {
                        pStart=0;
                }
                size--;
                return true;
        }
        else
        {
                return false;
        }
}
template <class Type,int cap> int Buffer<   (11)   >::Size()
{
        return size;
}
```

main.cpp 文件

```cpp
#include <iostream>
#include <conio.h>                      //为了使用_getch 函数，使每次输入都有响应
#include "buffer.h"
using namespace std;
int main()
{
    Buffer<char,8> Ba;
    char Temp='\0';
    do
    {
        cout <<(Temp=_getch()) <<endl;          //每次键入字符都响应
        if (Temp!='~')
        {
            if (Temp!='^')
            {
                if (Ba.Put(Temp)==false)
                {
                    cout <<"缓冲区已经满了！" <<endl;
                }
            }
            else
            {
                if (Ba.Get(Temp)==true)
                {
                    cout <<"取出数据：" <<Temp <<endl;
                }
                else
                {
                    cout <<"缓冲区空！" <<endl;
                }
            }
        }
    }while (Temp!='~');
    return 0;
}
```

运行结果：

```
a
2
b
2
c
1
d
0
e
缓冲区已经满了！
^
取出数据：a
^
取出数据：2
^
取出数据：b
^
取出数据：2
```

```
^
取出数据：c
^
取出数据：1
^
取出数据：d
^
取出数据：0
^
缓冲区空！
~
```

（操作说明：^取出数据，~退出程序，其他字符存入数据）

扫一扫二维码，获取参考答案

第21章 博大精深的STL

在上一章中提到了标准模板库和向量，但事实上向量只是标准模板库中很小的一部分。在本章中将要介绍更多标准模板库的知识，并且让大家知道如何去深入地学习和应用标准模板库。学好本章的内容会给今后编写程序带来很多便捷。

本章的知识点有：

◆ 标准模板库的概念

◆ 标准模板库的组成部分

◆ 迭代器的使用方法

◆ 常用的算法功能

◆ 容器的概念

◆ 列表和集合的使用方法

◆ 函数对象的原理

◆ 空间配置器的概念

21.1 STL 里有什么

在某些 C++的书籍中，并不会介绍标准模板库，因为它们并不算是 C++的语法特性（例如 if…else…语句和 for 语句），而是一套"工具"。和标准库函数类似，这些"工具"都保存在一些头文件中。标准模板库是一群精通 C++的人在惠普实验室（Hewlett-Packard Laboratory）开发出来的。这些人充分利用了 C++语言的特性，通过各种精妙的方法来解决大家编程时常常会遇到的问题。因此，标准模板库和标准库函数一样，具有较高的性能和可靠性。目前，标准模板库已经被列为 C++标准的一部分，在 C++的发展史中具有举足轻重的地位。

那么，这神奇的标准模板库中到底有些什么呢？它共有 5 大部分[①]：

（1）迭代器（Iterator）：一种面向对象的"超级指针"。

（2）算法（Algorithm）：提供排序、查找、复制、合并等一系列常见算法功能。

（3）容器（Container）：一系列现成的数据存储方案，可实现各种常用的数据结构。上一章介绍的 vector 就是容器的一种。

（4）函数对象（Function Object）[②]：把传统的函数变成一个对象，但基本上不改变原来的使用习惯。

[①] 在某些书中，认为 STL 有 6 大部分。但事实上在 C++标准中并未将适配器（Adapter）单独列出，在微软的 MSDN 中也没将其单独列为 STL 的一部分。适配器广泛应用于容器和函数对象中。有些书中也将其翻译为"配接器"。

[②] 函数对象在 1998 版的 C++标准中称为仿函数（Functor）。

（5）空间配置器（Allocator）：提供比 new、delete 操作更智能的空间申请、分配和回收功能。

相较于求正弦值、平方根，退出程序，或者是设置域宽的函数而言，标准模板库提供的"工具"显得更加高端。使用标准模板库中提供的功能，可以大大减少代码的复杂程度和开发的工作量，同时提高程序的性能和可靠性。与标准库函数类似，使用标准模板库也只需要包含一些编译器提供的头文件即可，无需额外安装其他的组件。接下来，将分别介绍标准模板库中的这 5 个部分。

小提示

STL 里的内容博大精深，足以写出另外一本书来。因此，本章只是简单介绍其中的部分内容，更多内容有待读者自己去深入学习研究。

21.2　超级指针——迭代器

在链表中，可以用指针来遍历各个节点，并访问节点上的数据。而如果有一个指向数组的指针，也可以方便地使用增量操作符和减量操作符使指针后移或者前移，访问数组中的数据。上一章中介绍的向量 vector 是一个类（模板），具有面向对象的封装性。用户难以了解其内部是如何存储数据的，更别说用一个指针去访问里面的数据了。那么，是否有其他方法呢？

在 C++的标准模板库中，有一种称为迭代器的超级指针。它能够访问到类似于 vector 的类（模板）中的数据，可以方便地进行遍历、定位操作。在后面几节中，还将介绍除 vector 之外的其他容器，它们几乎都支持迭代器。因此，使用迭代器可以使一些功能的程序代码尽量统一。

与指针类似，迭代器也是需要先声明一下，同时还需要包含头文件#include <iterator>。声明一个放置整型数据的向量迭代器方法为：

```
vector<int>::iterator iter;
```

对于迭代器变量，可以对其进行赋值、比较、增量或减量操作，也可以用间接引用操作符来访问迭代器所指向的数据元素。如果在向量中存储的是结构或类，则迭代器还能够使用箭头操作符来访问它们的成员。下面以向量为例，了解迭代器的使用。

程序 21.1　迭代器的使用示例

```
#include <vector>
#include <iterator>
#include <iostream>
using namespace std;
int main()
{
    vector<int> data;
    vector<int>::iterator iter,iter8;          //声明了两个迭代器
    cout <<"初始化数据..." <<endl;
    for (int i=0;i<10;i++)
    {
        data.push_back(i);                     //利用 push_back 添加数据
    }
    cout <<"遍历读取中..." <<endl;
    for (iter=data.begin();iter!=data.end();iter++)
    {
        cout.width(3);
        cout <<*iter;                          //间接引用输出数据
```

```
            if (*iter==8)
            {
                iter8=iter;
            }
        }
        cout <<endl <<"向数据 8 前面插入 99，结果为: " <<endl;
        data.insert(iter8,99);                 //插入也需要用到迭代器
        for (iter=data.begin();iter!=data.end();iter++)
        {
            cout.width(3);
            cout <<*iter;
        }
        cout <<endl;
        return 0;
    }
```

运行结果：

初始化数据...

遍历读取中...

  0 1 2 3 4 5 6 7 8 9

向数据 8 前面插入 99，结果为:

  0 1 2 3 4 5 6 7 99 8 9

功能分析：相比第 20 章的程序 20.5，通过迭代器实现了对向量内部数据元素的访问。data 向量的成员函数 begin() 和 end() 能够分别返回一个迭代器，指向该向量的首个元素或末个元素。迭代器 iter 的增量操作使得它能够去访问下一个元素，直至 iter 到达 data 向量的最后一个元素。迭代器 iter8 为 data 向量的成员函数 insert 提供了插入元素的位置，以实现在该元素前面插入 99。

> **小提示**
>
> 本节只是简单介绍了迭代器的概念。对于不同类型的容器，有不同类型的迭代器。迭代器根据其功能分类也有对应的操作限制，例如输入迭代器、输出迭代器、前向迭代器、双向迭代器、随机访问迭代器等。关于这些知识，请参阅专门介绍 STL 的书籍或资料。

21.3　有了算法，何必还需自己写

在第 12 章提到过，通过程序设计解决的问题，无外乎计算、寻找或执行某项功能。而这些中最常见的莫过于排序、查找、替换等。对于如此常用的功能，能否提供一些通用的函数或者模板，以最佳的效率来实现呢？在 C++ 的标准模板库中，提供了一些常用的算法，主要分为以下 3 类[①]：

（1）不改变序列的操作：例如计数、比较、查找等，不会改变原有数据。

（2）会改变序列的操作：例如复制、替换、交换等，可能会改变原有数据。

（3）排序及相关的操作：包括排序以及一些与排序相关的操作（例如部分排序，或使用特定方法的排序等），可能会改变原有数据的顺序。

此处的序列是指一系列数据元素的顺序和值。对于这些算法的操作，需要使用迭代器来限定其范围。如果要在向量 data 的所有数据元素中进行操作，可以利用它的成员函数 begin() 和 end() 获取指向首个元素和末个元素的迭代器。下面仍以向量为例，用程序演示计数、替换和排序等算法的使用。

---

① 在 C++ 的标准中，共列出了 4 类算法。其中前三类包含在 STL 中，最后一类为 C 语言的标准库算法。

注意，在使用标准模板库的算法时，需要包含头文件#include <algorithm>。

```
程序 21.2  STL 的算法使用示例

#include <vector>
#include <algorithm>
#include <iterator>
#include <iostream>
using namespace std;
int main()
{
    vector<int> data;
    vector<int>::iterator iter;
    cout <<"请输入数据，以-1 表示结束: " <<endl;
    int temp;
    do
    {
        cin >>temp;
        if (temp!=-1)
        {
            data.push_back(temp);
        }
    }while(temp!=-1);
    int count8=count(data.begin(),data.end(),8);
    cout <<"一共输入了" <<count8 <<"次数字 8。" <<endl;
    replace(data.begin(),data.end(),8,5);
    cout <<"将数字 8 替换为数字 5 之后: " <<endl;
    for (iter=data.begin();iter!=data.end();iter++)
    {
        cout.width(2);
        cout <<*iter;
    }
    cout <<endl;
    sort(data.begin(),data.end());
    cout <<"将数字排序之后: " <<endl;
    for (iter=data.begin();iter!=data.end();iter++)
    {
        cout.width(2);
        cout <<*iter;
    }
    cout <<endl;
    return 0;
}
```

运行结果：

```
请输入数据，以-1 表示结束:
 0 4 8 6 7 2 1 9 8 8 3 5 -1
一共输入了 3 次数字 8。
将数字 8 替换为数字 5 之后:
 0 4 5 6 7 2 1 9 5 5 3 5
将数字排序之后:
 0 1 2 3 4 5 5 5 5 6 7 9
```

功能分析：在这个程序中，演示了计数（count）、替换（replace）和排序（sort）这 3 个算法功能。在 Visual Studio 2012 中，在代码里输入了这些函数名称后即可看到备选的函数原型，对于那些以 It 结尾的类型或别名（例如_FwdIt、_InIt），通常是指不同类型的迭代器。在 algorithm 头文件中提供的主要算法如表 21.1 所示。

表 21.1   algorithm 头文件中的主要算法

类型	算法名称	用途
不改变序列的操作	count	返回一组迭代器范围内等于特定值的元素个数
	equal	如果两组迭代器范围内的元素值全部相等，则返回 true，否则返回 false
	find	返回一组迭代器范围内某个特定值第一次出现的位置
	search	返回一组迭代器范围内的序列第一次出现特定子序列的位置
会改变序列的操作	copy	将一组迭代器范围内的序列复制到另一个迭代器指定的目标位置
	random_shuffle	将一组迭代器范围内的元素重新随机排布
	remove	删除一组迭代器范围内等于特定值的元素
	replace	将一组迭代器范围内等于特定值的元素替换为其他值
	swap	交换两个元素或对象的值
排序及相关的操作	merge	将两个有序的序列归并为一个序列
	sort	对一组迭代器范围内的元素进行排序

上述表格中只是标准模板库中的很小一部分。可见，如果能够熟练掌握更多现有的算法，就能够大大减少开发程序时的工作量，无需亲自去编写那些常用的算法功能。

> **小提示**
>
> algorithm 头文件中的完整算法列表可通过访问 http://msdn.microsoft.com/zh-cn/library/chzkfc23%28v=vs.110%29.aspx 了解。除了 algorithm 头文件之外，numeric 头文件中还提供了一些简单的数学算法（不同于 cmath 中的函数），例如对一个序列的数据元素求和。关于这些知识，请参阅专门介绍 STL 的书籍或资料。

21.4 从箱子到容器

在先前的章节中已经学习过很多数据存储的方案，例如变量、数组、堆内存、链表、向量，还顺便了解了栈。其实有些内容今后需要在数据结构这门课程中继续深入学习下去。然而，你可能还是会被繁琐的链表所困扰。不就要找个地方存放数据吗，何必搞得这么麻烦？在 C++ 的标准模板库中，为用户提供了一系列的数据存储方案，还提供了这些方案对应的操作，之前学习过的向量就是其中一种。在标准模板库中，这些数据存储方案被称为容器。

容器有很多种，除了已经学习过的向量之外，还有列表（list）、队列（queue）、双向队列（deque）、集合（set）、栈（stack）、映射（map）等。为了避免过多地引入数据结构课程中的内容，本节将以列表和集合为例，介绍这两种容器的使用方法。

21.4.1 链表，再见！

在第 9 章学习链表时，会关注表头指针、表尾指针、结点的插入、结点的查找和结点的删除。由于链表的结点是申请的堆内存，因此在程序执行完毕之后需要通过 delete 语句来释放所有的空间。

C++ 标准模板库所提供的列表是一种可以使用双向迭代器的序列存储容器，它能够在序列的任何位置以恒定时间进行插入或删除数据元素的操作。此外，存储管理（空间分配和回收）也是由其自动完成的。双向迭代器意味着列表中使用的迭代器既可以使用增量操作符（前进），也可以使用减量操作符（后退）。

　　与创建一个向量类似，创建一个列表需要包含对应的头文件 list，并声明一个列表。

list<数据类型> 列表名;

　　此外，列表也有其常用的成员函数，如表 21.2 所示。

表 21.2　　　　　　　　　　　　　　　列表的常用操作

成员函数名	操作内容	常用参数格式
back	返回最后一个数据元素的值	back()
begin	返回指向第一个数据元素的迭代器	begin()
clear	清空列表中的数据	clear()
empty	判断列表是否为空，空则返回 true	empty()
end	返回指向最后一个数据元素的迭代器	end()
front	返回第一个数据元素的值	front()
insert	在特定位置插入数据元素	insert(插入位置,数据)
pop_back	删除最后一个数据元素	pop_back()
push_back	将数据元素插入到列表末尾	push_back(数据)
remove	删除所有等于特定值的数据元素	remove(数据)
size	返回列表中数据元素个数	size()
swap	与另一个列表作交换	swap(另一个列表)

　　下面以 STL 中的列表来实现第 9 章中链表的功能。

程序 21.3　用列表实现链表

```
#include <iostream>
#include <list>
#include <algorithm>
using namespace std;
void Showlist(list<char> &llist);              //输出列表的函数
int main()
{
    list<char> linklist;
    list<char>::iterator iter;
    cout <<"请输入字符串，以#结束: " <<endl;
    char temp;
    do
    {
        cin >>temp;
        if (temp!='#')
        {
            linklist.push_back(temp);
        }
    }while (temp!='#');
    cout <<"原始字符串为: " <<endl;
    Showlist(linklist);
    iter=find(linklist.begin(),linklist.end(),'h');     //搜索到 h 的位置
    linklist.insert(++iter,'c');                        //在 h 后面插入 c
    cout <<"在字符 h 后面插入 c 后为: " <<endl;
```

```
        Showlist(linklist);
        linklist.remove('t');
        cout <<"删除字符 t 后为: " <<endl;
        Showlist(linklist);
        linklist.clear();
        cout <<"列表清空后为: " <<endl;
        Showlist(linklist);
        return 0;
}
void Showlist(list<char> &llist)
{
        list<char>::iterator iter;
        if (llist.empty())      //判断列表中是否还有元素
        {
            cout <<"该列表中无数据元素。" <<endl;
            return;
        }
        else
        {
            for(iter=llist.begin();iter!=llist.end();iter++)
            {
                cout <<*iter;
            }
            cout <<endl;
            return;
        }
}
```

运行结果：

请输入字符串，以#结束：
applehtcsony#
原始字符串为：
applehtcsony
在字符 h 后面插入 c 后为：
applehctcsony
删除字符 t 后为：
applehccsony
列表清空后为：
该列表中无数据元素。

功能分析：这个程序利用列表的成员函数实现了链表的创建、查找、插入、删除等功能。事实上，列表提供的成员函数功能非常丰富，通常比自己编写的链表更为可靠好用。因此，在熟悉了链表的原理之后，可以多多使用标准模板库中的列表，甚至不用再自己动手编写链表程序。标准模板库的列表容器会让程序代码更加简洁而高效。

> **小提示**
>
> 与向量不同，列表是无法通过下标访问数据元素的，这一点和链表非常类似。

21.4.2 交集和并集

集合中的元素具有确定性、互异性和无序性。在 C++的标准模板库中，也有一种容器称为集合。相比于列表、向量等容器，集合具有更高的检索效率。与数学中的集合类似，集合容器中的元素也都必须是确定的（确定性）。集合容器中不会出现两个相同的元素（互异性）。集合容器中的元素顺序是由容器自行安排的，用户无法干预（无序性）。

创建一个集合需要包含对应的头文件 set，并声明一个集合。

set<数据类型> 集合名;

集合除了其自身的成员函数外，在 algorithm 头文件提供的算法中，也有专门用于集合的交集、并集[1]、差集等运算，如表 21.3 所示。

表 21.3　　　　　　　　　　　　　　集合的常用操作

成员函数

成员函数名	操作内容	常用参数格式
begin	返回指向第一个元素的迭代器	begin()
clear	清空集合中所有的元素	clear()
empty	判断集合是否为空，空则返回 true	empty()
end	返回指向最后一个元素的迭代器	end()
erase	删除特定位置的元素	erase(删除位置)
find	查找特定元素，并返回指向它的迭代器	find(数据)
insert	插入元素	insert(数据)
size	返回集合中元素个数	size()
swap	与另一个集合做交换	swap(另一个集合)

算法

算法名称	用途
set_difference	求两个集合的差集（属于第一个集合但不属于第二个集合的元素）
set_intersection	求两个集合的交集（同时属于两个集合的元素）
set_union	求两个集合的并集（属于第一个集合或第二个集合的不重复元素）

下面来看一个程序，了解如何使用集合的各项功能。

程序 21.4　集合容器的使用

```
#include <iostream>
#include <set>
#include <string>
#include <iterator>
#include <algorithm>
using namespace std;
int main()
{
    set<string> studentA,studentB;
    ostream_iterator<string> out (cout, " "); //创建输出迭代器
    set<string>::iterator iter;
    studentA.insert("数据结构");
    studentA.insert("操作系统");
    studentA.insert("数字逻辑");
    studentA.insert("高等数学");
    studentA.insert("大学物理");
    studentA.insert("线性代数");
```

---

[1] 在 4.1.2 小节中有交集和并集的图示。

```
        studentA.insert("数字逻辑");        //尝试添加重复的元素
        studentB.insert("数据结构");
        studentB.insert("高等数学");
        studentB.insert("线性代数");
        studentB.insert("大学英语");
        cout <<"所有选过的课程包括: " <<endl;
        set_union(studentA.begin(),studentA.end(),studentB.begin(),studentB.end(),out);
        cout <<endl;
        cout <<"共同选过的课程包括: " <<endl;
        set_intersection(studentA.begin(),studentA.end(),studentB.begin(),studentB.end(),out);
        cout <<endl;
        cout <<"学生 A 选了" <<studentA.size() <<"门课" <<endl;
        cout <<"学生 B 选了" <<studentB.size() <<"门课" <<endl;
        cout <<endl;
        return 0;
    }
```

运行结果：

所有选过的课程包括:
操作系统 大学物理 大学英语 高等数学 数据结构 数字逻辑 线性代数
共同选过的课程包括:
高等数学 数据结构 线性代数
学生 A 选了 6 门课
学生 B 选了 4 门课

功能分析：通过上述程序，证明了在集合容器中重复添加的相同元素将被忽略。在计算两个集合的交集和并集时，必须要用到输出迭代器（Output Iterator）。而比较现成的输出迭代器就有输出流迭代器类 ostream_iterator，程序中通过该类创建了一个输出迭代器 out。根据输出的交集和并集可以看到，集合里元素的顺序是自动排序的，例如在上述程序中就是以课程名的拼音为序。用户既无需为这些元素排序，也无法为它们排序。

小提示

ostream_iterator<string> out (cout, " ");是创建输出迭代器的最简单方法之一。该语句的含义是创建一个名为 out 的输出流迭代器，使用 cout 标准输出流，输出的数据类型为字符串，并以空格作为分隔符。

试试看

请尝试向 D:\result.txt 文件中输出学生 A 选择而学生 B 没有选择的课程名称。

21.5   函数也能是对象

根据第 6 章介绍的函数，很难把它和对象联系起来。在传统的印象中，函数就是函数，是 C++ 语言的固有特性。当编写了函数声明和函数定义之后，只有编译器能够处理它们。正如之前所介绍的，如果仅提供一个函数调用的方式，那么这个函数就犹如一个黑盒子，没有人能够获取其运行中的内部状态。类似于 sin(0)、sqrt(4)的程序代码就是典型的函数调用。在学习函数对象之前，真的很难有办法获取或保存函数的内部状态。即便是有，也要借助于静态局部变量或是全局变量。如果这些变量比较多，函数会显得不可靠甚至混乱。

有意思的是，C++的语言有很多特性，之前学过的操作符重载就是其中之一。操作符的重载可使两个复数对象做加减法。C++的牛人们就想到：如果操作符是一对括号，操作数是函数的参数时，一个对象的操作符重载是不是就像是函数的调用呢？

既然把对象"伪装"成了函数，那么函数对象就有了一些新的特性。函数对象可以有成员数据和成员函数，它们都是被封装起来的。当"调用"函数对象时，只是调用该对象的一个操作符重载。只要这个对象没有被析构，其成员数据可以保存这个函数的各种状态，其成员函数能够提供接口，让外部了解其内部状态。

下面来改写程序 11.2，利用函数对象来实现对密码的验证和输错次数限制。

程序 21.5　函数对象的实现

DetectPass.h 文件

```
#include <string>
#include <iostream>
using namespace std;
enum PassStatus {pass,failed,reject};        //枚举类型定义密码状态
class DetectPass
{
public:
    DetectPass();
    ~DetectPass();
    PassStatus operator() (string passstr);          //括号操作符重载
protected:
    int numOfRun;          //用成员数据记录输入密码的次数
    string getpass();        //（模拟）通过数据库获取密码
};
```

DetectPass.cpp 文件

```
#include "DetectPass.h"
DetectPass::DetectPass()
{
    cout <<"构造函数对象..." <<endl;
    numOfRun=0;
}
DetectPass::~DetectPass()
{
    cout <<"析构函数对象..." <<endl;
}
PassStatus DetectPass::operator() (string passstr)
{
    cout <<"这是第" <<++numOfRun <<"次输入密码, ";
    if (numOfRun<3)
    {
        if (passstr.compare(getpass())==0)
        {
            cout <<"密码正确。" <<endl <<"欢迎进入系统！" <<endl;
            return pass;
        }
        else
        {
            cout <<"密码错误！" <<endl;
            return failed;
        }
    }
```

```
        else
        {
            cout <<"您已经输错密码三次! 异常退出! " <<endl;
            return reject;
        }
}
string DetectPass::getpass()
{
    return string("123456");
}
```

main.cpp 文件

```
#include "DetectPass.h"
#include <string>
#include <iostream>
using namespace std;
DetectPass password;        //声明一个与 password 函数同名的对象
int main()
{
    string input;
    do
    {
        cout <<"请输入密码: ";
        cin >>input;
    }while(password(input)==failed);        //看起来像是调用 password 函数
    return 0;
}
```

第一次运行结果:

构造函数对象...
请输入密码: abcdefg
这是第 1 次输入密码，密码错误!
请输入密码: 12345
这是第 2 次输入密码，密码错误!
请输入密码: 111111
这是第 3 次输入密码，您已经输错密码三次! 异常退出!
析构函数对象...

第二次运行结果:

构造函数对象...
请输入密码: 13579
这是第 1 次输入密码，密码错误!
请输入密码: 123456
这是第 2 次输入密码，密码正确。
欢迎进入系统!
析构函数对象...

功能分析：这个程序简单演示了函数对象的实现原理。通过使用函数对象，避免了使用静态局部变量或全局变量，一定程度上确保了数据的安全性。声明了与原来的 password 函数同名的 password 对象之后，在主函数中“调用 password 函数”，其实是调用了 password 对象的括号操作符重载。如果给 DetectPass 类增加更多成员函数，也可以了解 password“函数”的状态，例如密码输错了几次等。

21.6　空间分配好管家

在学习容器时，相信不少人都会有这样的疑问：为什么使用标准模板库容器不像我们使用数组、堆内存或者链表那么麻烦呢？这是因为，数组的大小必须在编译时确定，而且运行时无法改变其大小；堆内存的大小尽管可以在运行时确定，但一旦申请完之后也不能轻易扩容；链表呢，即便它能够在运行时确定大小，也可以逐渐扩容，可是每次都要建立新的链表结点并插入到链表上。需要注意，当用完堆内存或链表后，必须小心地将它们释放掉，否则就会造成内存泄露。

相较之下，容器就显得安全多了。除非这个容器本身就是用堆内存申请的对象，否则它存储空间的申请、扩容和释放都不需要用户操心。然而，由于容器本身的众多特性和功能，似乎没有必要再用堆内存申请容器对象。其实，在标准模板库的容器背后，有一个好管家在支持它，那就是空间配置器。空间配置器的存在是标准模板库功能如此强大的重要原因之一。

不难想象，对于相对固定的空间需求，采用数组或堆内存通常具有较高的效率。因为申请次数少，不需要考虑扩容。链表虽然在扩容方面比较灵活，但过于频繁的空间申请、插入操作将严重影响整体性能。空间配置器则是权衡了这两种方式的优缺点，它采用了内存池（Memory Pool）的概念[①]。空间配置器每次会以内存池中的较大空间为单位，以一定的策略向操作系统申请。掌管了内存池中的空间之后，空间配置器再向其他的类或者对象提供空间。空间配置器和 C++的类、对象之间的空间申请非常方便。这就像一个小少爷每次没钱的时候都要去银行取，很累。如果管家每个月都去取一笔钱出来，在小少爷没钱的时候就给他一点，取钱的麻烦事儿就少了很多。偶尔小少爷花钱超支了，继续由管家负责去银行取钱。

关于空间配置器的具体实现方法，请参阅专门介绍 STL 的书籍或资料。

21.7　缩略语和术语表

英文全称	英文缩写	中文
Hewlett-Packard Laboratory	-	惠普实验室
Iterator	-	迭代器
Container	-	容器
Function Object	-	函数对象
Allocator	-	空间配置器
Adapter	-	适配器
Functor	-	仿函数（即函数对象）
List	-	列表
Queue	-	队列
Dequeue	-	双向队列
Set	-	集合
Map	-	映射
Output Iterator	-	输出迭代器
Memory Pool	-	内存池

21.8　方法指导

标准模板库是 C++中比较深奥的知识。虽然随着 C#、Java 等语言的流行，曾经给用户带来无

[①] 事实上空间配置器还提供了一种简单方式，仅仅对堆内存申请和释放进行了封装。

数欣喜的 STL 有逐渐被人淡忘的趋势，但其精心设计、巧妙封装的各种类、对象都是很难逾越的经典之作。对于初学者而言，能够知道 STL 里的基本概念，熟悉几种常用的容器、迭代器和算法就很不错了。别忘了，STL 还有函数对象、空间配置器和适配器之类的幕后英雄，为我们的使用带来方便。

如果你想成为 C++的顶尖高手，也不妨去看看 STL 里面的具体代码，学习 STL 是怎么实现的。

21.9 习题

1. 多项选择题

（1）以下不属于 C++的 STL 组成部分的是（ ）。

    A．算法   B．容器   C．迭代器   D．操作符重载   E．内存池

（2）以下操作符无法供迭代器使用的是（ ）。

    A．++   B．--   C．==   D．!=   E．>=

（3）以下算法可以直接使用 STL 实现的是（ ）。

    A．排序   B．查找   C．交换   D．替换   E．合并

（4）以下无法在容器中存放的内容是（ ）。

    A．变量   B．对象   C．头文件   D．操作符

（5）使函数对象与函数调用形式相同的根本机理是（ ）。

    A．函数的默认参数   B．函数的重复定义

    C．类对象的操作符重载   D．函数指针

2. 用 STL 中的容器实现 20.6 节中习题第 3 题的程序，运行结果如下。

```
a
1
b
2
c
3
d
4
缓冲区已经满了！
^
取出数据：a
^
取出数据：1
^
取出数据：b
^
取出数据：2
^
取出数据：c
^
取出数据：3
^
```

取出数据：d
^
缓冲区空！
~

（操作说明：^取出数据，~退出程序，其他字符存入数据）

扫一扫二维码，获取参考答案

附录 A　常用保留字列表

C++保留字	含义或用法
asm	在 C++中嵌入汇编指令
auto	用于定义局部变量，为默认属性，可省略
bool	布尔型、逻辑型（数据类型）
break	终止循环或 switch 语句的分支
case	switch 语句的分支
catch	捕捉 throw 语句抛出的异常
char	字符型（数据类型）
class	类
const	常量
const_cast	去除常量属性
continue	直接进入下一次循环
default	switch 语句中的默认分支
delete	释放由 new 申请的堆内存
do	do-while 循环语句
double	双精度型（数据类型）
dynamic_cast	在程序运行中对数据作类型检测
else	if-else 分支语句，否则
enum	枚举型（自定义数据类型）
explicit	只使用精确匹配的构造函数，禁止类型转换
export	允许模板的声明与定义分离
extern	外部定义的变量或函数
false	假，布尔型数据值
float	浮点型（数据类型）
for	for 循环语句
friend	友元
goto	跳转语句
if	if 语句，根据条件执行不同分支
inline	内联函数，可优化规模较小的函数
int	整数型（数据类型）
long	长的，可用于修饰整数型和双精度型
mutable	突破 const 修饰的限制
namespace	名字空间
new	申请堆内存

续表

C++保留字	含义或用法
operator	运算符，操作符
private	私有的
protected	保护的
public	公有的
register	将变量优先存放在寄存器中优化
reinterpret_cast	转换指针的类型
return	返回语句
short	短的，可用于修饰整数型
signed	有符号的，用于修饰数据类型
sizeof	返回一个变量或数据类型的大小
static	静态变量或静态成员
static_cast	在相关的对象或指针类型之间进行类型转换
struct	结构型（自定义数据类型）
switch	switch 语句，多路分支
template	函数模板或类模板
this	一个特殊的指针，始终指向当前对象
throw	抛出异常
true	真，布尔型数据值
try	尝试运行错误检测代码
typedef	新建一个数据类型名称
typeid	描述一个对象，可用于判断数据类型
typename	类型名称，可表示类或其它数据类型
union	联合型（自定义数据类型）
unsigned	无符号的，用于修饰数据类型
using	使用名字空间
virtual	虚函数，用于实现多态
void	空类型（数据类型）
volatile	告知编译器该变量会被（操作系统等）意外地更改
while	while 或 do-while 循环语句

附录 B　常见编译错误和解决方法

错误信息	含义	可能的解决方法
A followed by B is illegal (did you forget a ';'?)	B 跟在 A 之后是非法的	检查是否缺少了分号
Ambiguouscallto overloadedfunction	函数重载发生歧义	修改重载函数参数表，避免歧义
cannot access private member declared in class	无法访问类中的私有成员	① 编写公有成员函数实现访问 ② 设置友元
cannot convert from A to B	无法将 A 类型转换为 B 类型	① 强制转换 ② 其他合理的转换方式
cannot convert parameter N from A to B	无法将第 N 个参数从 A 类型转换为 B 类型	检查函数调用和定义的数据类型是否一致
cannot open.exe for writing	无法写入文件	关闭正在执行的程序
Cannot open include file	无法打开包含文件	查找文件的正确路径
case expression not constant	case 后表达式不是常量	改为常量表达式
case value already used	case 分支已存在	去除重复的 case 分支
catch handlers must specify one type	异常处理程序只能指定一种数据类型	catch 之后只填写一个数据类型
conversion from A to B, possible loss of data	从 A 类型转换为 B 类型可能丢失数据	强制类型转换
does not exist or is not a namespace	不存在或不是名字空间	检查拼写是否正确
error in function definition or declaration; function not called	函数声明或定义错误，函数未被调用	检查函数的声明和定义
expected ':' to follow access specifier	访问限定符后应该有冒号	检查是否缺少了冒号
function does not take 0 parameters	函数参数表不匹配	正确地调用函数
function already has a body	已经存在函数体	删除重复的函数定义
function call missing argument list	函数调用缺少参数表	检查函数的调用方式
function should return a value	函数必须返回一个值	在函数原型中给出返回值类型
has too few parameters	太少的参数	检查参数个数是否正确
has too many parameters	太多的参数	检查参数个数是否正确
invalid template argument for A, type expected	给 A 的模板参数无效，应该是一种数据类型	正确填写模板参数
illegal indirection	非法的间接访问	① 检查指针是否正确 ② 确认是否要使用间接访问
illegal, left operand has type A	左侧操作数类型 A 非法	① 检查操作数类型是否正确 ② 检查操作符使用是否正确
illegal pure syntax, must be '= 0'	非法的纯虚函数语句	纯虚函数后只能用=0
is caught by A on line N	已在第 N 行被类型 A 捕捉	去除重复类型的 catch
is not a member of	不是一个类的成员	检查拼写是否正确
left of A must have class/struct/union type	A 的左边必须是类、结构或联合	① 检查拼写是否正确 ② 检查是否用错了成员操作符

错误信息	含义	可能的解决方法
left of A must point to class/struct/union	A 的左边必须是指向类、结构或联合的指针	① 检查拼写是否正确 ② 检查是否用错了箭头操作符
left operand must be l-value	左边的操作数必须是左值	把操作数改为左值
local variable A used without having been initialized	局部变量 A 未初始化	初始化该变量
l-value specifies const object	左值是一个常量	取消赋值操作
missing ')' before	缺少括号	检查括号是否匹配
missing ';' before	缺少分号	在语句尾加上分号
missing function header	丢失函数头	检查函数头写法是否正确
missing storage-class or type specifiers	缺少存储类型或类型说明	添加已定义的数据类型
missing subscript	缺少下标	按正确方式使用下标
needs l-value	需要左值	改用左值
newline in constant	字符串常量非正常换行	为字符串两边加上双引号
non-template class has already been defined as a template class	非模板类已被定义为一个模板类	① 检查类定义的写法是否正确 ② 检查是否缺少 template
not permitted on data declarations	不允许出现在数据声明中	检查是否缺少语法成分
no try block associated with this catch handler	没有 try 语句块与此异常处理程序相关联	编写 try 语句块
no variable declared before '='	在赋值号前没有变量声明	声明变量后再初始化
operator has no effect	操作符无效	检查操作符使用和前后语句
overloaded function differs only by return type from A	重载函数仅靠不同返回值类型区分	检查重载函数形参表是否符合要求
redefinition	标志符重复定义	更改标志符名
redefinition of default parameter	重复定义默认参数	去除函数定义中的默认参数
storage-class specifier illegal on function definition	函数定义前非法类型限定	① 检查函数头写法是否正确 ② 去除虚函数定义中的 virtual
subscript requires array or pointer type	下标必须用于数组或指针	改用数组或指针
switch statement contains no 'case' or 'default' labels	switch 语句没有 case 或 default 标签	添加合理的 case 或 default 分支
syntax error	语法错误	根据提示修正错误
term does not evaluate to a function	调用的不是一个函数	检查调用的函数名是否正确
too few template arguments	过少的模板参数	正确填写模板参数
too many initializers	过多的初始值	① 减少初始值 ② 增大存储空间
too many template arguments	过多的模板参数	正确填写模板参数
truncation from A to B	从 A 类型削减成 B 类型	检查两者类型是否匹配
'try' block starting on line N has no catch handlers	第 N 行开始的 try 语句块没有对应的 catch 处理	编写 catch 捕捉异常并处理
type A does not have an overloaded member operator	A 类型没有该操作符重载	① 检查拼写是否正确 ② 重载操作符
unable to resolve function overload	无法识别函数重载	① 检查拼写是否正确 ② 确认是否在调用函数

续表

错误信息	含义	可能的解决方法
undeclared identifier	标识符未定义	① 定义该标志符 ② 检查是否正确包含了头文件
unexpected end of file found	文件异常结束	检查语句块括号是否匹配
unknown character	未知的字符	检查是否在字符串外使用中文
unknown size	未知大小	确定数组大小
unreferenced local variable	未引用的局部变量	① 使用该变量 ② 如果是多余变量，则删去
unresolved external symbol	无法识别的外部符号	① 检查变量和函数名的拼写 ② 添加正确的库文件
unresolved external symbol _main	找不到主函数	编写一个主函数
use of class template requires template argument list	使用类模板需要模板参数表	填写模板参数表
'&' on constant	取地址操作符被用于常量	① 检查拼写是否正确 ② 确认是否要使用取地址符

附录 C 参考文献

[1] 钱能. C++程序设计教程[M]. 北京：清华大学出版社，1999.

[2] Stanley B.Lippman, Josée Lajoie. C++ Primer [M]. 潘爱民，张丽，译. 3 版. 北京：中国电力出版社，2002.

[3] 钱能. C++程序设计教程[M]. 2 版. 北京：清华大学出版社，2005.

[4] 缪淮扣，顾训穰，沈俊. 数据结构——C++实现[M]. 北京：科学出版社，2002.

[5] Peter van der Linden. Java 2 教程[M]. 刑国庆，译. 6 版. 北京：电子工业出版社，2005.

[6] 汪燮华，吕传兴，王心园，等. 小学电子计算机[M]. 长春：北方妇女儿童出版社，1986.

[7] 张海藩. 软件工程导论[M]. 4 版. 北京：清华大学出版社，2003.

[8] http://www.cppreference.com/keywords/index.html.

附录 D 推荐书目

[1] Herb Sutter，Andrei Alexandrescu．C++编程规范：101 条规则、准则与最佳实践[M]．刘基诚，译．北京：人民邮电出版社，2016.

[2] 纪磊．啊哈！算法①[M]．北京：人民邮电出版社，2014.

[3] NiColai M. Josuttis. The C++ Standard Literary a Tutainal Relerence [M]．2 版．北京：人民邮电出版社，2013.

[4] 程杰．大话设计模式[M]．北京：清华大学出版社，2007.

[5] Stanley B.Lippman，Josée Lajoie，Barbara E. Moo. C++ Primer [M]．王刚，杨巨峰，译．5 版．北京：电子工业出版社，2013.

[6] 钟迪龙．Cocos2d-x3.x 游戏开发之旅[M]．北京：电子工业出版社，2014.

[7] Andrew Hunt，David Thomas．程序员修炼之道：从小工到专家[M]．马维达，译．北京：电子工业出版社，2011.

[8] 结城浩．程序员的数学[M]．管杰，译．北京：人民邮电出版社，2012.

[9] 董山海．C 和 C++程序员面试秘籍[M]．北京：人民邮电出版社，2014.

---

① 《啊哈！算法》是用 C 语言实现数据结构和算法的。但这并不妨碍读者学习和理解相关知识，并用 C++去实现和验证。

欢迎来到异步社区！

异步社区的来历

异步社区（www.epubit.com.cn）是人民邮电出版社旗下 IT 专业图书旗舰社区，于 2015 年 8 月上线运营。

异步社区依托于人民邮电出版社 20 余年的 IT 专业优质出版资源和编辑策划团队，打造传统出版与电子出版和自出版结合、纸质书与电子书结合、传统印刷与 POD 按需印刷结合的出版平台，提供最新技术资讯，为作者和读者打造交流互动的平台。

社区里都有什么？

购买图书

我们出版的图书涵盖主流 IT 技术，在编程语言、Web 技术、数据科学等领域有众多经典畅销图书。社区现已上线图书 1000 余种，电子书 400 多种，部分新书实现纸书、电子书同步出版。我们还会定期发布新书书讯。

下载资源

社区内提供随书附赠的资源，如书中的案例或程序源代码。

另外，社区还提供了大量的免费电子书，只要注册成为社区用户就可以免费下载。

与作译者互动

很多图书的作译者已经入驻社区，您可以关注他们，咨询技术问题；可以阅读不断更新的技术文章，听作译者和编辑畅聊好书背后有趣的故事；还可以参与社区的作者访谈栏目，向您关注的作者提出采访题目。

灵活优惠的购书

您可以方便地下单购买纸质图书或电子图书，纸质图书直接从人民邮电出版社书库发货，电子书提供多种阅读格式。

对于重磅新书，社区提供预售和新书首发服务，用户可以第一时间买到心仪的新书。

用户帐户中的积分可以用于购书优惠。100 积分 =1 元，购买图书时，在 里填入可使用的积分数值，即可扣减相应金额。

纸电图书组合购买

社区独家提供纸质图书和电子书组合购买方式，价格优惠，一次购买，多种阅读选择。

社区里还可以做什么？

提交勘误

您可以在图书页面下方提交勘误，每条勘误被确认后可以获得 100 积分。热心勘误的读者还有机会参与书稿的审校和翻译工作。

写作

社区提供基于 Markdown 的写作环境，喜欢写作的您可以在此一试身手，在社区里分享您的技术心得和读书体会，更可以体验自出版的乐趣，轻松实现出版的梦想。

如果成为社区认证作译者，还可以享受异步社区提供的作者专享特色服务。

会议活动早知道

您可以掌握 IT 圈的技术会议资讯，更有机会免费获赠大会门票。

加入异步

扫描任意二维码都能找到我们：

| 异步社区 | 微信服务号 | 微信订阅号 | 官方微博 | QQ 群：368449889 |

社区网址：www.epubit.com.cn

投稿 & 咨询：contact@epubit.com.cn